"十二五"国家重点出版规划项目

雷达与探测前沿技术丛书

平流层预警探测飞艇

Stratospheric Airship for Early Warning and Detection

徐忠新　主编

国防工业出版社

·北京·

内 容 简 介

本书是为具有一定飞艇或雷达设计基础的读者而编写的，书中介绍了平流层预警探测飞艇的特点、发展现状和技术领域，并按照该类飞艇所涉及的主要专业，较为详细地阐述了相关技术的研究现状、研究内容、要点难点和研究方法等，主要包括飞艇所要经历的空间环境、总体设计、空气动力、飞行载荷、超热与热控、结构材料与载荷强度、动力推进、飞行力学、压力调节、能源与配电以及飞艇雷达载荷等方面。为提高平流层飞艇的装载效率，书中特别介绍了几种飞艇结构载荷一体化的形式。

本书可供从事飞艇、雷达的设计及研制人员参考。

图书在版编目(CIP)数据

平流层预警探测飞艇 / 徐忠新主编. 一北京：国防工业出版社，2017.12
（雷达与探测前沿技术丛书）
ISBN 978 – 7 – 118 – 11373 – 0

Ⅰ. ①平… Ⅱ. ①徐… Ⅲ. ①平流层 – 探测 – 飞艇 – 研究 Ⅳ. ①V274

中国版本图书馆 CIP 数据核字（2018）第 008368 号

※

国防工业出版社出版发行
（北京市海淀区紫竹院南路 23 号　邮政编码 100048）
天津嘉恒印务有限公司印刷
新华书店经售

*

开本 710 × 1000　1/16　印张 17¾　字数 290 千字
2017 年 12 月第 1 版第 1 次印刷　印数 1—3000 册　定价 86.00 元

（本书如有印装错误，我社负责调换）

国防书店：(010)88540777　　　发行邮购：(010)88540776
发行传真：(010)88540755　　　发行业务：(010)88540717

"雷达与探测前沿技术丛书"
编审委员会

主　　任	左群声				
常务副主任	王小谟				
副　主　任	吴曼青	陆　军	包养浩	赵伯桥	许西安
顾　　问	贲　德	郝　跃	何　友	黄培康	毛二可

（按姓氏拼音排序）

	王　越	吴一戎	张光义	张履谦	
委　　员	安　红	曹　晨	陈新亮	代大海	丁建江

（按姓氏拼音排序）

高梅国	高昭昭	葛建军	何子述	洪　一
胡卫东	江　涛	焦李成	金　林	李　明
李清亮	李相如	廖桂生	林幼权	刘　华
刘宏伟	刘泉华	柳晓明	龙　腾	龙伟军
鲁耀兵	马　林	马林潘	马鹏阁	皮亦鸣
史　林	孙　俊	万　群	王　伟	王京涛
王盛利	王文钦	王晓光	卫　军	位寅生
吴洪江	吴晓芳	邢海鹰	徐忠新	许　稼
许荣庆	许小剑	杨建宇	尹志盈	郁　涛
张晓玲	张玉石	张召悦	张中升	赵正平
郑　恒	周成义	周树道	周智敏	朱秀芹

编辑委员会

主　　　编	王小谟	左群声			
副　主　编	刘　劲	王京涛	王晓光		
委　　　员	崔　云	冯　晨	牛旭东	田秀岩	熊思华

（按姓氏拼音排序）

张冬晔				

总　序

雷达在第二次世界大战中初露头角。战后，美国麻省理工学院辐射实验室集合各方面的专家，总结战争期间的经验，于 1950 年前后出版了一套雷达丛书，共 28 个分册，对雷达技术做了全面总结，几乎成为当时雷达设计者的必备读物。我国的雷达研制也从那时开始，经过几十年的发展，到 21 世纪初，我国雷达技术在很多方面已进入国际先进行列。为总结这一时期的经验，中国电子科技集团公司曾经组织老一代专家撰著了"雷达技术丛书"，全面总结他们的工作经验，给雷达领域的工程技术人员留下了宝贵的知识财富。

电子技术的迅猛发展，促使雷达在内涵、技术和形态上快速更新，应用不断扩展。为了探索雷达领域前沿技术，我们又组织编写了本套"雷达与探测前沿技术丛书"。与以往雷达相关丛书显著不同的是，本套丛书并不完全是作者成熟的经验总结，大部分是专家根据国内外技术发展，对雷达前沿技术的探索性研究。内容主要依托雷达与探测一线专业技术人员的最新研究成果、发明专利、学术论文等，对现代雷达与探测技术的国内外进展、相关理论、工程应用等进行了广泛深入研究和总结，展示近十年来我国在雷达前沿技术方面的研制成果。本套丛书的出版力求能促进从事雷达与探测相关领域研究的科研人员及相关产品的使用人员更好地进行学术探索和创新实践。

本套丛书保持了每一个分册的相对独立性和完整性，重点是对前沿技术的介绍，读者可选择感兴趣的分册阅读。丛书共 41 个分册，内容包括频率扩展、协同探测、新技术体制、合成孔径雷达、新雷达应用、目标与环境、数字技术、微电子技术八个方面。

（一）雷达频率迅速扩展是近年来表现出的明显趋势，新频段的开发、带宽的剧增使雷达的应用更加广泛。本套丛书遴选的频率扩展内容的著作共 4 个分册：

（1）《毫米波辐射无源探测技术》分册中没有讨论传统的毫米波雷达技术，而是着重介绍毫米波热辐射效应的无源成像技术。该书特别采用了平方千米阵的技术概念，这一概念在用干涉式阵列基线的测量结果来获得等效大口径阵列效果的孔径综合技术方面具有重要的意义。

（2）《太赫兹雷达》分册是一本较全面介绍太赫兹雷达的著作,主要包括太赫兹雷达系统的基本组成和技术特点、太赫兹雷达目标检测以及微动目标检测技术,同时也讨论了太赫兹雷达成像处理。

（3）《机载远程红外预警雷达系统》分册考虑到红外成像和告警是红外探测的传统应用,但是能否作为全空域远距离的搜索监视雷达,尚有诸多争议。该书主要讨论用监视雷达的概念如何解决红外极窄波束、全空域、远距离和数据率的矛盾,并介绍组成红外监视雷达的工程问题。

（4）《多脉冲激光雷达》分册从实际工程应用角度出发,较详细地阐述了多脉冲激光测距及单光子测距两种体制下的系统组成、工作原理、测距方程、激光目标信号模型、回波信号处理技术及目标探测算法等关键技术,通过对两种远程激光目标探测体制的探讨,力争让读者对基于脉冲测距的激光雷达探测有直观的认识和理解。

（二）传输带宽的急剧提高,赋予雷达协同探测新的使命。协同探测会导致雷达形态和应用发生巨大的变化,是当前雷达研究的热点。本套丛书遴选出协同探测内容的著作共 10 个分册:

（1）《雷达组网技术》分册从雷达组网使用的效能出发,重点讨论点迹融合、资源管控、预案设计、闭环控制、参数调整、建模仿真、试验评估等雷达组网新技术的工程化,是把多传感器统一为系统的开始。

（2）《多传感器分布式信号检测理论与方法》分册主要介绍检测级、位置级(点迹和航迹)、属性级、态势评估与威胁估计五个层次中的检测级融合技术,是雷达组网的基础。该书主要给出各类分布式信号检测的最优化理论和算法,介绍考虑到网络和通信质量时的联合分布式信号检测准则和方法,并研究多输入多输出雷达目标检测的若干优化问题。

（3）《分布孔径雷达》分册所描述的雷达实现了多个单元孔径的射频相参合成,获得等效于大孔径天线雷达的探测性能。该书在概述分布孔径雷达基本原理的基础上,分别从系统设计、波形设计与处理、合成参数估计与控制、稀疏孔径布阵与测角、时频相同步等方面做了较为系统和全面的论述。

（4）《MIMO 雷达》分册所介绍的雷达相对于相控阵雷达,可以同时获得波形分集和空域分集,有更加灵活的信号形式,单元间距不受 $\lambda/2$ 的限制,间距拉开后,可组成各类分布式雷达。该书比较系统地描述多输入多输出(MIMO)雷达。详细分析了波形设计、积累补偿、目标检测、参数估计等关键技术。

(5)《MIMO雷达参数估计技术》分册更加侧重讨论各类MIMO雷达的算法。从MIMO雷达的基本知识出发,介绍均匀线阵,非圆信号,快速估计,相干目标,分布式目标,基于高阶累计量的、基于张量的、基于阵列误差的、特殊阵列结构的MIMO雷达目标参数估计的算法。

(6)《机载分布式相参射频探测系统》分册介绍的是MIMO技术的一种工程应用。该书针对分布式孔径采用正交信号接收相参的体制,分析和描述系统处理架构及性能、运动目标回波信号建模技术,并更加深入地分析和描述实现分布式相参雷达杂波抑制、能量积累、布阵等关键技术的解决方法。

(7)《机会阵雷达》分册介绍的是分布式雷达体制在移动平台上的典型应用。机会阵雷达强调根据平台的外形,天线单元共形随遇而布。该书详尽地描述系统设计、天线波束形成方法和算法、传输同步与单元定位等关键技术,分析了美国海军提出的用于弹道导弹防御和反隐身的机会阵雷达的工程应用问题。

(8)《无源探测定位技术》分册探讨的技术是基于现代雷达对抗的需求应运而生,并在实战应用需求越来越大的背景下快速拓展。随着知识层面上认知能力的提升以及技术层面上带宽和传输能力的增加,无源侦察已从单一的测向技术逐步转向多维定位。该书通过充分利用时间、空间、频移、相移等多维度信息,寻求无源定位的解,对雷达向无源发展有着重要的参考价值。

(9)《多波束凝视雷达》分册介绍的是通过多波束技术提高雷达发射信号能量利用效率以及在空、时、频域中减小处理损失,提高雷达探测性能;同时,运用相位中心凝视方法改进杂波中目标检测概率。分册还涉及短基线雷达如何利用多阵面提高发射信号能量利用效率的方法;针对长基线,阐述了多站雷达发射信号可形成凝视探测网格,提高雷达发射信号能量的使用效率;而合成孔径雷达(SAR)系统应用多波束凝视可降低发射功率,缓解宽幅成像与高分辨之间的矛盾。

(10)《外辐射源雷达》分册重点讨论以电视和广播信号为辐射源的无源雷达。详细描述调频广播模拟电视和各种数字电视的信号,减弱直达波的对消和滤波的技术;同时介绍了利用GPS(全球定位系统)卫星信号和GSM/CDMA(两种手机制式)移动电话作为辐射源的探测方法。各种外辐射源雷达,要得到定位参数和形成所需的空域,必须多站协同。

（三）以新技术为牵引，产生出新的雷达系统概念，这对雷达的发展具有里程碑的意义。本套丛书遴选了涉及新技术体制雷达内容的 6 个分册：

（1）《宽带雷达》分册介绍的雷达打破了经典雷达 5MHz 带宽的极限，同时雷达分辨力的提高带来了高识别率和低杂波的优点。该书详尽地讨论宽带信号的设计、产生和检测方法。特别是对极窄脉冲检测进行有益的探索，为雷达的进一步发展提供了良好的开端。

（2）《数字阵列雷达》分册介绍的雷达是用数字处理的方法来控制空间波束，并能形成同时多波束，比用移相器灵活多变，已得到了广泛应用。该书全面系统地描述数字阵列雷达的系统和各分系统的组成。对总体设计、波束校准和补偿、收/发模块、信号处理等关键技术都进行了详细描述，是一本工程性较强的著作。

（3）《雷达数字波束形成技术》分册更加深入地描述数字阵列雷达中的波束形成技术，给出数字波束形成的理论基础、方法和实现技术。对灵巧干扰抑制、非均匀杂波抑制、波束保形等进行了深入的讨论，是一本理论性较强的专著。

（4）《电磁矢量传感器阵列信号处理》分册讨论在同一空间位置具有三个磁场和三个电场分量的电磁矢量传感器，比传统只用一个分量的标量阵列处理能获得更多的信息，六分量可完备地表征电磁波的极化特性。该书从几何代数、张量等数学基础到阵列分析、综合、参数估计、波束形成、布阵和校正等问题进行详细讨论，为进一步应用奠定了基础。

（5）《认知雷达导论》分册介绍的雷达可根据环境、目标和任务的感知，选择最优化的参数和处理方法。它使得雷达数据处理及反馈从粗犷到精细，彰显了新体制雷达的智能化。

（6）《量子雷达》分册的作者团队搜集了大量的国外资料，经探索和研究，介绍从基本理论到传输、散射、检测、发射、接收的完整内容。量子雷达探测具有极高的灵敏度，更高的信息维度，在反隐身和抗干扰方面优势明显。经典和非经典的量子雷达，很可能走在各种量子技术应用的前列。

（四）合成孔径雷达（SAR）技术发展较快，已有大量的著作。本套丛书遴选了有一定特点和前景的 5 个分册：

（1）《数字阵列合成孔径雷达》分册系统阐述数字阵列技术在 SAR 中的应用，由于数字阵列天线具有灵活性并能在空间产生同时多波束，雷达采集的同一组回波数据，可处理出不同模式的成像结果，比常规 SAR 具备更多的新能力。该书着重研究基于数字阵列 SAR 的高分辨力宽测绘带 SAR 成像、极化层析 SAR 三维成像和前视 SAR 成像技术三种新能力。

(2)《双基合成孔径雷达》分册介绍的雷达配置灵活,具有隐蔽性好、抗干扰能力强、能够实现前视成像等优点,是 SAR 技术的热点之一。该书较为系统地描述了双基 SAR 理论方法、回波模型、成像算法、运动补偿、同步技术、试验验证等诸多方面,形成了实现技术和试验验证的研究成果。

(3)《三维合成孔径雷达》分册描述曲线合成孔径雷达、层析合成孔径雷达和线阵合成孔径雷达等三维成像技术。重点讨论各种三维成像处理算法,包括距离多普勒、变尺度、后向投影成像、线阵成像、自聚焦成像等算法。最后介绍三维 MIMO-SAR 系统。

(4)《雷达图像解译技术》分册介绍的技术是指从大量的 SAR 图像中提取与挖掘有用的目标信息,实现图像的自动解译。该书描述高分辨 SAR 和极化 SAR 的成像机理及相应的相干斑抑制、噪声抑制、地物分割与分类等技术,并介绍舰船、飞机等目标的 SAR 图像检测方法。

(5)《极化合成孔径雷达图像解译技术》分册对极化合成孔径雷达图像统计建模和参数估计方法及其在目标检测中的应用进行了深入研究。该书研究内容为统计建模和参数估计及其国防科技应用三大部分。

(五)雷达的应用也在扩展和变化,不同的领域对雷达有不同的要求,本套丛书在雷达前沿应用方面遴选了 6 个分册:

(1)《天基预警雷达》分册介绍的雷达不同于星载 SAR,它主要观测陆海空天中的各种运动目标,获取这些目标的位置信息和运动趋势,是难度更大、更为复杂的天基雷达。该书介绍天基预警雷达的星星、星空、MIMO、卫星编队等双/多基地体制。重点描述了轨道覆盖、杂波与目标特性、系统设计、天线设计、接收处理、信号处理技术。

(2)《战略预警雷达信号处理新技术》分册系统地阐述相关信号处理技术的理论和算法,并有仿真和试验数据验证。主要包括反导和飞机目标的分类识别、低截获波形、高速高机动和低速慢机动小目标检测、检测识别一体化、机动目标成像、反投影成像、分布式和多波段雷达的联合检测等新技术。

(3)《空间目标监视和测量雷达技术》分册论述雷达探测空间轨道目标的特色技术。首先涉及空间编目批量目标监视探测技术,包括空间目标监视相控阵雷达技术及空间目标监视伪码连续波雷达信号处理技术。其次涉及空间目标精密测量、增程信号处理和成像技术,包括空间目标雷达精密测量技术、中高轨目标雷达探测技术、空间目标雷达成像技术等。

(4)《平流层预警探测飞艇》分册讲述在海拔约 20km 的平流层,由于相对风速低、风向稳定,从而适合大型飞艇的长期驻空,定点飞行,并进行空中预警探测,可对半径 500km 区域内的地面目标进行长时间凝视观察。该书主要介绍预警飞艇的空间环境、总体设计、空气动力、飞行载荷、载荷强度、动力推进、能源与配电以及飞艇雷达等技术,特别介绍了几种飞艇结构载荷一体化的形式。

(5)《现代气象雷达》分册分析了非均匀大气对电磁波的折射、散射、吸收和衰减等气象雷达的基础,重点介绍了常规天气雷达、多普勒天气雷达、双偏振全相参多普勒天气雷达、高空气象探测雷达、风廓线雷达等现代气象雷达,同时还介绍了气象雷达新技术、相控阵天气雷达、双/多基地天气雷达、声波雷达、中频探测雷达、毫米波测云雷达、激光测风雷达。

(6)《空管监视技术》分册阐述了一次雷达、二次雷达、应答机编码分配、S 模式、多雷达监视的原理。重点讨论广播式自动相关监视(ADS-B)数据链技术、飞机通信寻址报告系统(ACARS)、多点定位技术(MLAT)、先进场面监视设备(A-SMGCS)、空管多源协同监视技术、低空空域监视技术、空管技术。介绍空管监视技术的发展趋势和民航大国的前瞻性规划。

(六)目标和环境特性,是雷达设计的基础。该方向的研究对雷达匹配目标和环境的智能设计有重要的参考价值。本套丛书对此专题遴选了 4 个分册:

(1)《雷达目标散射特性测量与处理新技术》分册全面介绍有关雷达散射截面积(RCS)测量的各个方面,包括 RCS 的基本概念、测试场地与雷达、低散射目标支架、目标 RCS 定标、背景提取与抵消、高分辨力 RCS 诊断成像与图像理解、极化测量与校准、RCS 数据的处理等技术,对其他微波测量也具有参考价值。

(2)《雷达地海杂波测量与建模》分册首先介绍国内外地海面环境的分类和特征,给出地海杂波的基本理论,然后介绍测量、定标和建库的方法。该书用较大的篇幅,重点阐述地海杂波特性与建模。杂波是雷达的重要环境,随着地形、地貌、海况、风力等条件而不同。雷达的杂波抑制,正根据实时的变化,从粗犷走向精细的匹配,该书是现代雷达设计师的重要参考文献。

(3)《雷达目标识别理论》分册是一本理论性较强的专著。以特征、规律及知识的识别认知为指引,奠定该书的知识体系。首先介绍雷达目标识别的物理与数学基础,较为详细地阐述雷达目标特征提取与分类识别、知识辅助的雷达目标识别、基于压缩感知的目标识别等技术。

（4）《雷达目标识别原理与实验技术》分册是一本工程性较强的专著。该书主要针对目标特征提取与分类识别的模式，从工程上阐述了目标识别的方法。重点讨论特征提取技术、空中目标识别技术、地面目标识别技术、舰船目标识别及弹道导弹识别技术。

（七）数字技术的发展，使雷达的设计和评估更加方便，该技术涉及雷达系统设计和使用等。本套丛书遴选了3个分册：

（1）《雷达系统建模与仿真》分册所介绍的是现代雷达设计不可缺少的工具和方法。随着雷达的复杂度增加，用数字仿真的方法来检验设计的效果，可收到事半功倍的效果。该书首先介绍最基本的随机数的产生、统计实验、抽样技术等与雷达仿真有关的基本概念和方法，然后给出雷达目标与杂波模型、雷达系统仿真模型和仿真对系统的性能评价。

（2）《雷达标校技术》分册所介绍的内容是实现雷达精度指标的基础。该书重点介绍常规标校、微光电视角度标校、球载BD/GPS（BD为北斗导航简称）标校、射电星角度标校、基于民航机的雷达精度标校、卫星标校、三角交会标校、雷达自动化标校等技术。

（3）《雷达电子战系统建模与仿真》分册以工程实践为取材背景，介绍雷达电子战系统建模的主要方法、仿真模型设计、仿真系统设计和典型仿真应用实例。该书从雷达电子战系统数学建模和仿真系统设计的实用性出发，着重论述雷达电子战系统基于信号/数据流处理的细粒度建模仿真的核心思想和技术实现途径。

（八）微电子的发展使得现代雷达的接收、发射和处理都发生了巨大的变化。本套丛书遴选出涉及微电子技术与雷达关联最紧密的3个分册：

（1）《雷达信号处理芯片技术》分册主要讲述一款自主架构的数字信号处理（DSP）器件，详细介绍该款雷达信号处理器的架构、存储器、寄存器、指令系统、I/O资源以及相应的开发工具、硬件设计，给雷达设计师使用该处理器提供有益的参考。

（2）《雷达收发组件芯片技术》分册以雷达收发组件用芯片套片的形式，系统介绍发射芯片、接收芯片、幅相控制芯片、波速控制驱动器芯片、电源管理芯片的设计和测试技术及与之相关的平台技术、实验技术和应用技术。

（3）《宽禁带半导体高频及微波功率器件与电路》分册的背景是，宽禁带材料可使微波毫米波功率器件的功率密度比Si和GaAs等同类产品高10倍，可产生开关频率更高、关断电压更高的新一代电力电子器件，将对雷达产生更新换代的影响。分册首先介绍第三代半导体的应用和基本知识，然后详细介绍两大类各种器件的原理、类别特征、进展和应用：SiC 器件有功率二极管、MOSFET、JFET、BJT、IBJT、GTO 等；GaN 器件有 HEMT、MMIC、E 模 HEMT、N 极化 HEMT、功率开关器件与微功率变换等。最后展望固态太赫兹、金刚石等新兴材料器件。

  本套丛书是国内众多相关研究领域的大专院校、科研院所专家集体智慧的结晶。具体参与单位包括中国电子科技集团公司、中国航天科工集团公司、中国电子科学研究院、南京电子技术研究所、华东电子工程研究所、北京无线电测量研究所、电子科技大学、西安电子科技大学、国防科技大学、北京理工大学、北京航空航天大学、哈尔滨工业大学、西北工业大学等近 30 家。在此对参与编写及审校工作的各单位专家和领导的大力支持表示衷心感谢。

2017 年 9 月

本书编写组

主　编　徐忠新
副主编　谭百贺
编　者（按姓氏笔画排序）
　　　　王　健　王永林　成　琴　李　琦　李大鹏
　　　　李小建　吴　晴　武　伟　周　星　倪　勇
　　　　徐　亮

前 言

海拔约 20km 高度的平流层区域，由于相对风速低、风向稳定，适合大型飞艇的长期驻空并做定点飞行。平流层飞艇利用太阳能电池和高效储能电池为能源，利用电动机驱动螺旋桨作为推进和方向操控的手段来控制飞艇按规划飞行。平流层飞艇由于飞行高度合适，作为空中装载预警探测电子装备的平台，可对半径 500km 的广阔区域的地面目标进行长时间凝视观察，在时间和空间上是卫星和预警飞机的重要补充，与之相比又具有独特的优势。

平流层预警探测飞艇体积巨大的特点使其具有较好的装载能力，其大而广的表面积为结构载荷一体化设计提供了广阔的空间，可使系统设计师的想象力发挥到极致。

平流层预警探测飞艇所具有的优势以及抢占平流层战略资源的重要意义而受到以美国为首的发达国家高度重视。但平流层预警探测飞艇的设计是一个庞大的系统工程，与多学科相关，主要涉及浮空器、航空、空间环境、军事电子四大领域。多年来，各国科技工作者和工程技术人员在这些领域所取得的成果和积累的经验为该项目的开发提供了一定的基础，而平流层预警探测飞艇自身的特殊性使原有的知识和经验又远不能满足需求，如特殊气动力问题、稳定性判据问题、操纵手段和方式问题、满足平流层飞艇和电子设备一体化设计的材料问题、高低空动力兼容问题、能源循环问题、软式结构的刚强度问题、柔性轻质大阵面天线设计与校正问题等。除了诸多理论问题需要研究外，该系统对现有材料、能源、电子元器件等的要求极其苛刻，对结构和各分系统的设计也多是在挑战极限。没有创新，就没有平流层预警探测飞艇。书中对该类飞艇的设计要点进行了理论上的论述，并对难点问题进行了分析，提出了解决方案。

为提高平流层飞艇的装载效率，进行结构载荷一体化设计也是平流层预警探测飞艇必须要走的道路。本书给出几种新颖的载荷设计方式并与传统的吊挂载荷进行比较。

为适应平流层飞艇平台的特点而设计的艇载雷达任务载荷，具有载重小、体积大、能耗低的特征，适合采用薄膜有源阵列天线体制。薄膜结构将给相控阵天线带来革命性的变化，相对于目前常用的片式有源阵列天线具有更轻的重量，而且能与平台结构共形。围绕薄膜有源阵列天线的研究，在薄膜阵面、T/R 组件、柔性馈电网络、展开机构等多个方面进行技术攻关，也将进一步推动相控阵天线技术的发展。

本书在编著过程中得到了中国电子科技集团公司第三十八研究所的大力支持，汇集了飞艇与电子领域 13 位专家的研制经验：绪论（谭百贺、王健），技术范畴（徐忠新、谭百贺、王健、成琴），空间环境（李大鹏、李小建），总体设计（谭百贺），空气动力与飞行载荷（李琦、徐忠新），超热与热控（李大鹏、李小建），结构材料与载荷强度（徐忠新、成琴），动力推进（吴晴、周星），飞行力学（王永林），压力调节（徐亮），能源与配电（倪勇、武伟），雷达载荷（王健）。对于他们在技术资料的整理及有关内容的审定方面所给予的协助，表示衷心感谢。

由于平流层飞艇及艇载预警探测电子装备等技术仍属于崭新的发展领域，涉及专业众多，书中疏漏之处在所难免，欢迎广大读者批评和指正。

作　者

2017 年 6 月

目 录

第1章 绪论 ··· 001
1.1 概念特点 ··· 001
1.2 发展现状 ··· 002
1.2.1 飞艇平台 ··· 002
1.2.2 雷达载荷 ··· 008
参考文献 ··· 014

第2章 技术范畴 ··· 016
2.1 飞艇平台 ··· 016
2.2 雷达载荷 ··· 020
2.3 平台与载荷需求 ··· 021
2.3.1 高度与视距范围 ··· 021
2.3.2 雷达载荷需求 ··· 023
参考文献 ··· 025

第3章 空间环境 ··· 026
3.1 概述 ··· 026
3.2 大气环境 ··· 027
3.2.1 温度 ··· 027
3.2.2 压力和密度 ··· 029
3.2.3 风场 ··· 030
3.3 热环境 ··· 035
3.3.1 对流换热环境 ··· 035
3.3.2 辐射环境 ··· 039
3.4 臭氧 ··· 042
3.5 粒子辐射环境 ··· 044
参考文献 ··· 045

第4章 总体设计 ··· 046
4.1 总体概念 ··· 046
4.2 总体布局 ··· 049
4.2.1 囊体 ··· 049

XVII

4.2.2 尾翼 ………………………………………………………… 051
4.2.3 动力推进布局 …………………………………………… 052
4.2.4 任务载荷布局 …………………………………………… 053
4.3 总体参数 …………………………………………………………… 055
4.3.1 指标输入 …………………………………………………… 055
4.3.2 平衡关系 …………………………………………………… 055
4.3.3 重量估算 …………………………………………………… 058
参考文献 ………………………………………………………………… 060

第5章 空气动力与飞行载荷 …………………………………………… 062
5.1 空气动力 ………………………………………………………… 062
5.1.1 空气动力简介 ……………………………………………… 062
5.1.2 气动力计算 ………………………………………………… 064
5.1.3 特殊问题 …………………………………………………… 068
5.1.4 流动显示 …………………………………………………… 073
5.1.5 计算方法 …………………………………………………… 075
5.1.6 风洞试验 …………………………………………………… 078
5.2 飞行载荷 ………………………………………………………… 079
5.2.1 飞行载荷简介 ……………………………………………… 079
5.2.2 机动载荷 …………………………………………………… 079
5.2.3 突风载荷 …………………………………………………… 081
参考文献 ………………………………………………………………… 082

第6章 超热与热控 ……………………………………………………… 083
6.1 超热 ……………………………………………………………… 083
6.1.1 超热简介 …………………………………………………… 083
6.1.2 超热影响 …………………………………………………… 084
6.1.3 超热产生的机理 …………………………………………… 086
6.1.4 超热应对措施 ……………………………………………… 091
6.2 热控系统 ………………………………………………………… 094
6.2.1 热控系统简介 ……………………………………………… 094
6.2.2 设计原则及设计方法 ……………………………………… 095
6.2.3 热平衡试验 ………………………………………………… 099
参考文献 ………………………………………………………………… 099

第7章 结构材料与载荷强度 …………………………………………… 100
7.1 囊体结构与材料 ………………………………………………… 100
7.1.1 国内、外发展现状 ………………………………………… 100

  7.1.2 囊体材料的功能和要求 ………………………………… 101
  7.1.3 设计方法 ……………………………………………… 102
 7.2 刚度与强度 …………………………………………………… 102
  7.2.1 结构形式选择 …………………………………………… 102
  7.2.2 面临的特殊问题 ………………………………………… 104
  7.2.3 刚度设计方法 …………………………………………… 107
  7.2.4 强度设计方法 …………………………………………… 108
  7.2.5 内压选取原则 …………………………………………… 110
 参考文献 …………………………………………………………… 111

第8章 动力推进 …………………………………………………… 112
 8.1 低空动力推进 ………………………………………………… 113
  8.1.1 低空动力推进简介 ……………………………………… 113
  8.1.2 发动机与螺旋桨 ………………………………………… 113
  8.1.3 动力配置 ………………………………………………… 121
  8.1.4 动力推进需求 …………………………………………… 123
  8.1.5 动力推进性能 …………………………………………… 125
 8.2 高空动力推进 ………………………………………………… 130
  8.2.1 高空动力推进 …………………………………………… 130
  8.2.2 研究现状 ………………………………………………… 132
  8.2.3 设计方法 ………………………………………………… 132
  8.2.4 关键技术 ………………………………………………… 135
 参考文献 …………………………………………………………… 137

第9章 飞行力学 …………………………………………………… 138
 9.1 概述 …………………………………………………………… 138
 9.2 坐标与方程 …………………………………………………… 138
  9.2.1 坐标系和标记 …………………………………………… 138
  9.2.2 运动方程 ………………………………………………… 140
 9.3 稳定性 ………………………………………………………… 148
  9.3.1 运动方程的线性化 ……………………………………… 148
  9.3.2 静稳定性 ………………………………………………… 152
  9.3.3 动稳定性 ………………………………………………… 152
 9.4 操纵性 ………………………………………………………… 155
  9.4.1 操纵手段 ………………………………………………… 155
  9.4.2 操纵特性 ………………………………………………… 156

9.5 飞行性能 ·158
   9.5.1 飞艇性能计算方法 ·158
   9.5.2 基本飞行性能 ·159
参考文献 ·162

第10章 压力调节 ·163
10.1 压力调节特点 ·164
   10.1.1 压力调节工作原理 ·164
   10.1.2 环境的影响 ·164
   10.1.3 升降过程中能源消耗 ·167
10.2 流量需求 ·167
   10.2.1 升降过程中空气流量 ·167
   10.2.2 温度变化过程中空气流量 ·168
10.3 系统设计 ·169
   10.3.1 阀门设计 ·169
   10.3.2 风机设计 ·169
   10.3.3 压力采集单元设计 ·170
   10.3.4 压力控制策略设计 ·170
参考文献 ·171

第11章 能源与配电 ·172
11.1 能源系统 ·172
   11.1.1 能源系统构成 ·172
   11.1.2 能源系统设计要素 ·173
   11.1.3 微波输能 ·190
11.2 配电系统 ·192
   11.2.1 配电系统简介 ·192
   11.2.2 配电模式 ·194
   11.2.3 负载统计与分析 ·195
参考文献 ·202

第12章 雷达载荷 ·204
12.1 概述 ·204
12.2 雷达设计 ·204
12.3 关键技术 ·208
参考文献 ·211

主要符号表 ·212
缩略语 ·222

第 1 章
绪论

1.1 概念特点

世界上第一艘平流层飞艇是美国 Raven 工业公司在 20 世纪 60 年代末研制的小型平流层技术验证平台——High Platform Ⅱ[1]，如图 1.1 所示。

到 20 世纪 70 年代，Lockheed-Martin 公司在为美国海军开发的高空超压带动力浮空器项目中提出了现代平流层飞艇的概念：在 20km 左右的低风速区布置飞艇，以薄膜太阳能电池和可再生燃料电池为能源，可实现长期驻空。

图 1.1 High Platform Ⅱ

从最初的概念可以看出平流层飞艇的技术内涵与特点，包括"20km 左右低风速区""昼夜能量循环""长期驻空"等，这同时也是对平流层飞艇设计的最基本要求。

平流层飞艇的驻留高度一般在 20km 左右，高度越高，其上搭载任务设备的视野就越开阔，战时平台本身的生存机会也越大。目前规划的平流层飞艇多数为长期值守型，功能类似于一个位于平流层高度的空中工作站，一般要求在空中连续工作数月甚至数年的时间。

平流层飞艇包括预警探测在内的大多数应用都要求其具备很强的区域定点能力，能够长期稳定地保持在指定位置上空，提供可靠的空中服务。平流层飞艇驻留的高度层，风速风向相对稳定，飞艇必须具备持续不间断的抗风能力，才能保证停留在指定的位置不会被风吹跑或吹毁。

实时数据传输能力也是未来平流层飞艇应用的一项关键能力。对于平流层预警探测飞艇而言,其上运行的应用业务种类多、数据量大且在空运行时间长,需要将海量的数据及时准确下传至地面接收站,宽带数据传输能力必不可少。面向未来信息化发展趋势,作为一种实用的平流层信息平台,平流层飞艇还需要具备与其他平流层飞艇平台,以及与卫星系统、飞机系统、地面系统的组网和数据交换能力,嵌入到未来覆盖空、天、地、网的信息网络体系中,以网络为中心,实现网络化运行。

平流层飞艇巨大的囊体体积空间和表面积使其适合搭载大尺寸、重量适合的多种任务载荷。为保证工作性能,预警探测等载荷需要根据平流层飞艇特殊的使用环境进行针对性的设计。通常的载荷质量在 100kg 至 2000kg 之间较为适宜,更大的载荷质量需要考虑一体化设计,以提高飞艇整体结构的利用效率。

平流层飞艇要在空中长期运行,必须具有极高的运行稳定性和可靠性。系统中使用的每项技术或产品对可靠性带来的影响都应该认真对待,关键环节要有冗余设计以及故障自动报警、诊断和修复功能。同时,由于需要在高辐射、低密度、低温的环境中长期运行,对平流层飞艇的囊体材料、艇载仪器设备的环境耐受能力也都有非常特殊的要求。

平流层飞艇要成为成熟实用的商用或军用系统,经济性是其市场竞争力的核心要素之一。必须对成熟应用期系统的运行和维护成本进行核算,并在设计阶段就予以考虑和控制。平流层飞艇寿命周期内的运行成本低于目前正在研制的平流层无人飞行器以及卫星,这也是其成为未来空中平台的一项重要优势。

1.2 发展现状

1.2.1 飞艇平台

世界各国典型平流层飞艇发展情况如表 1.1 所列。

表 1.1 世界各国典型平流层飞艇发展情况

项目名称	国家/部门	主要特点	进展情况
高空飞艇 (HAA)	美国导弹防御局,后转移到陆军空间与导弹防御司令部	保形升降、保形飞行	2003 年开始论证,仍处于样机研制阶段
高空哨兵 (HiSentinel)	美国 Aerostar 国际公司、西南研究所和空军研究实验室	不保形升降、保形飞行	2005 年飞行试验到达 22km 高度,留空时间 5h;2010 年飞行试验到达 21km 高度,留空时间 8h

(续)

项目名称	国家/部门	主要特点	进展情况
传感器结构一体化(ISIS)	美国国防高级研究计划局等	保形升降、保形飞行	2006年启动,正在进行缩比尺寸验证艇的研制
平流层卫星(Stratellite)	美国Sanswire Networks公司	保形升降、保形飞行	2005年研制公司宣称已经按计划完成原型的演示验证
攀登者(Ascender)	美国JP宇航公司、空军天战实验室	保形升降、保形飞行	2003年进行了部分低空试验,但在准备进行高空试验时损毁
欧洲平流层飞艇(如HALE)	欧洲航空局	保形升降、保形飞行	仍处于概念设计阶段
日本平流层平台(SPF)	日本航空航天技术研究所	保形上升、飞行,不保形下降	2003年开展了无动力飞行试验,升空到达16.4km高度

进入20世纪90年代,科学技术飞速发展,平流层飞艇平台的实用化成为可能,世界先进国家一致认为现在是研制平流层飞艇的有利时机,美国、英国、德国、日本、以色列、韩国等都在积极投入巨资进行研发,争占制高点。

1.2.1.1 美国高空飞艇

2005年底,美国导弹防御局宣布启动高空飞艇(HAA)项目。HAA为多用途飞艇(图1.2),可承载较重的载荷和提供较大的功率,长期自主运行在平流层高度,作为稳定的、相对地球静止的通信、遥感和武器平台。设计目标艇长152m,艇体体积$1.47 \times 10^5 m^3$,最大载荷质量1814kg,运行高度19.8km,一次升空运行时间30天。主要作战任务是长时间停留在美国大陆边缘地区的高空中,监视可能飞向北美大陆的弹道导弹、巡航导弹等目标[2]。

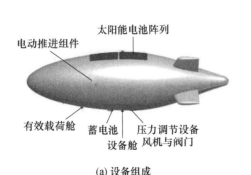
(a) 设备组成

(b) 外形示意图

图1.2 HAA总体构型(见彩图)

2008年4月,美国导弹防御局将HAA项目移交给美国陆军空间与导弹防御司令部,空间与导弹防御司令部将结合自身任务需求,继续HAA项目的开发和验证。其用于演示验证的原型艇HALE-D(高空长航时演示验证艇)(图1.3)设计指标为:艇长约73m,动力系统采用"薄膜电池+锂离子电池+电动螺旋桨"技术方案,飞行高度为18.3km,驻空时间不小于15天,有效载荷质量为23kg,有效载荷功率500W。2011年7月,HALE-D进行了升空飞行试验,达到9.75km的高度后由于技术原因被迫终止。

(a) 牵引近照

(b) 牵引出库

图1.3 HALE-D飞艇(见彩图)

1.2.1.2 美国传感器结构一体化飞艇

美国传感器结构一体化(ISIS)项目是2006年4月启动的、由美国国防高级研究计划局提供经费支持、由美国空军研究实验室负责实施和管理的平流层飞艇研究项目,其设计采用飞艇结构/探测器共形的方式(图1.4),携带一个与艇体尺寸相当的巨型雷达,实现对地面和空中目标的持续监视侦察,可以将有效载荷比从2%提高到12%。

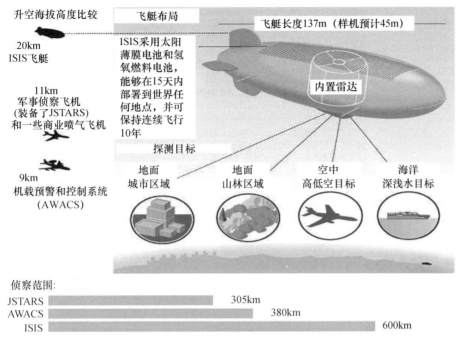

图 1.4 ISIS 飞艇示意图(见彩图)

2009年4月,Lockheed-Martin公司开始研制原型应用艇,该艇将装载用于跟踪地面目标的双波段 UHF 雷达和用于跟踪小型巡航弹及无人飞行器等空中目标的 X 波段雷达[3]。

1.2.1.3 高空哨兵飞艇

高空哨兵(HiSentinel)飞艇项目由美国陆军空间与导弹防御司令部管理,由美国 Raven 工业公司下属的 Aerostar 国际公司、西南研究所和美国空军研究实验室联合研制,重点是研制小型平流层飞艇,实现低成本战术通信和完成情报、监视和侦察任务。该飞艇(图1.5)动力系统采用了尾部安装的由电动机驱动螺旋桨来产生推力的方案。螺旋桨直径3m,采用碳纤维复合材料制造。电动机为无刷直流电动机。飞艇采用内部带换向器的太阳能电池板供电,这种太阳能电池能时刻保持指向太阳,极大提高了太阳能转换的效率,从而减小了太阳能电池的质量。为减小技术难度,该飞艇采用非保形升降的技术路线,因此囊体及相关结构不能重复使用。

2005年11月,长44.5m的HiSentinel飞艇在首次验证试验中,成功进入22.6km的平流层区域,飞行时间5h。2008年6月,美国陆军航天司令部表示,HiSentinel飞艇再次完成一次飞行试验,飞行高度为20km,有效载荷质量为

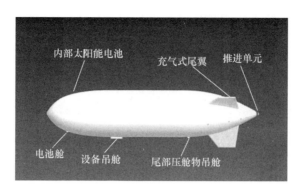

图 1.5　HiSentinel 飞艇结构

27kg,功耗为 50W,但由于蒙皮发生氦气泄漏,飞行时间比较短,部分试验未能完成。2010 年 11 月 HiSentinel80 进行了演示飞行,携带有效载荷质量为 36.3kg,飞行高度为 21km,飞行时间超过 8h[4]。

1.2.1.4　攀登者飞艇

攀登者(Ascender)飞艇由美国空军空间作战实验室和空间作战中心支持,由 JP 宇航公司研制,外形采用"V"形设计(图 1.6),全长 53m,宽 30m,装有 2 台由锂电池驱动的螺旋桨推进器,自身携带的控制系统可以调节各气囊氦气容量,以实现机动飞行,预计飞行高度为 19.8~24.4km,留空时间 5 天。

(a) 整体外形

(b) 地面近照

图 1.6　Ascender 飞艇(见彩图)

2003 年,美国空军空间作战实验室对 Ascender 飞艇进行了初步验证试验。随后,JP 宇航公司和美国空军又进行了两次 Ascender 的飞行试验,但未达到预期目的。

1.2.1.5　平流层卫星

平流层卫星(Stratellite)由美国 Sanswire Networks 公司研制,携带用于通信的多种载荷。该飞艇外形设计较特殊,有宽阔并收缩的前鼻锥,尾部也是扁平收缩形状,四片尾翼呈"X"形布局(图1.7)。飞艇结构采用先进的刚性骨架设计,计划在19~21km高的一个点上持续停留18个月,由GPS卫星导航系统和螺旋桨推进系统自动定位。其能源来自于背部的薄膜太阳能电池组。

(a) 尾部结构　　　　　　　　(b) 内部框架

图1.7　Stratellite 飞艇(见彩图)

1.2.1.6　欧洲平流层飞艇

欧洲平流层飞艇 HALE 计划是欧洲航天局(ESA)制定的平流层飞艇计划。该计划拟研制长度为200m、直径为55m的高空飞艇,用于通信、对地观察、大气科学研究和天文学研究等。该飞艇可携带质量为1000kg的有效载荷升至20km,白天由非晶硅太阳能电池供电(400kW)、夜间由燃料电池供电,留空时间为5年。

1.2.1.7　英国 StratSat 平流层飞艇

英国先进技术集团公司准备实施 StratSat 平流层飞艇发展计划,悬停高度为19.5km,载荷质量达到1000kg,希望能够执行长时间(5年)的监视任务。

1.2.1.8　日本平流层平台

1998年4月,日本平流层平台(SPF)研究开发项目通过了国家立项,并成立了"平流层平台开发协会",提出用15艘平流层飞艇构建覆盖全国的通信和导航定位网的设想,设计的平流层飞艇长250m,可在20km高空进行定点保持。2003年8月,由日本航空航天技术研究所研制的无动力飞艇 SPF-1 成功到达16.4km 的高度。2004年,又试飞了 SPF-2 平流层验证飞艇,飞行高度为4km[5]。SPF 飞艇如图1.8所示。

 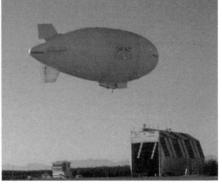

(a) SPF-1 飞艇　　　　　　　　　　(b) SPF-2 飞艇

图 1.8　日本 SPF 飞艇(见彩图)

1.2.2　雷达载荷

平流层飞艇载雷达体积大、能耗低、载重有限的特点需要采用薄膜有源阵列天线体制。薄膜结构将给相控阵天线带来革命性的变化,其技术相对于目前常用的片式有源阵列天线具有更轻的重量。围绕薄膜有源阵列天线的研究,需要在薄膜阵面、收/发(T/R)组件、柔性馈电网络、展开机构等多个方面进行技术攻关。

国外在薄膜有源相控阵天线方面已经开展了多年研究,内容包括总体方案的设想及元器件方面的研制。尽管天线还未达到大规模工程应用的程度,但已具备相当的技术积累。国外在薄膜相控阵轻量化方面的研究大致可分为两大方向:

一是高集成片式有源阵列天线技术。高集成片式有源阵列天线用于满足高频段及高功率密度状态下的天线应用需求。其具体设想如图 1.9 所示,天线的剖面结构由辐射阵面、冷板、T/R 组件和馈网组成,展开方面则沿用传统的机械展开方式。通过优化阵面设计,并采用更高集成度的 T/R 模块技术和馈电连接方案,天线阵面重量有望进一步降低。

高集成片式有源阵列天线尚未见有定型应用方面的报道,但其在片式 T/R 组件、一体化馈电网络和系统集成技术三个方面已有较多研究成果。组件方面,工作在 X 波段 4 合 1 组件尺寸已在 28mm×28mm×8mm 以下;爱立信公司也已开发出小型的片式 T/R 组件(S 波段),这些组件结构如图 1.10 所示。而在馈网方面,Globalstar 系统中针对 L 波段应用设计了多达 68 层的微波多层板,采用综合电路技术实现多条的微波分配/合成网络,实现包含 T/R 组件与子阵级组件所用的数字控制电路与供电电路,节省了大量的阵面空间,提高了性能的可靠

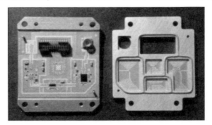

图 1.9 高效相控阵天线的 3D 架构(见彩图)

性,同时也减小了阵面的体积与重量。图 1.11 则展示了国外 SANTANA 项目为 Ka 波段设计的天线阵面,用于星载多媒体通信。其天线形式为 4×4 的贴片单元,采用了低温共烧陶瓷(LTCC)技术实现阵面、组件芯片的高密度集成,相对于传统分立组件连接而成的相控阵天线系统,在重量和体积方面都更具优势。

(a) T/R 组件

(b) 接收组件

图 1.10 X 波段片式 T/R 组件(1997 年)与爱立信公司片式接收组件(2005 年)(见彩图)

(a) 高集成LTCC天线

(b) 贴片单元

图 1.11 LTCC 贴片 4×4 天线(见彩图)

二是柔性有源阵列天线技术。柔性有源阵列天线的提出,主要满足雷达天线轻型、可展开的应用需求,尤其是满足有大口径天线需求的应用场合,如天基预警雷达、平流层飞艇载雷达等。薄膜结构将给相控阵天线带来革命性的变化,其技术相对于目前常用的片式有源阵列天线具有更轻的重量。

在大型有源阵面实现方案方面,1999 年美国空军研究实验室 Toyon 小组提出了一个超大规模的用于战略地面目标检测的雷达卫星透镜天线设计理念,将紧凑、轻型、刚性且可展开的空间结构和可调整的天线电信系统结合到一起,称为桁架式空馈有源阵面方案。图 1.12 为有源透镜天线原理及局部空间波束馈电结构示意图,单个的馈源馈电(单个波束)具有较大带宽,若需要支持更宽的瞬时带宽,解决天线扫描时的时间延迟问题,可使用多波束馈源来使天线在高度方向上实现时延扫描。

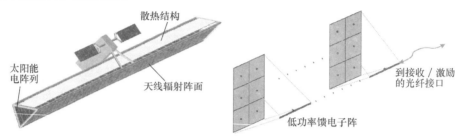

(a) 充气硬化可展开有源透镜天线　　　　(b) 局部空间波束馈电结构

图 1.12　充气硬化可展开有源透镜天线及局部空间波束馈电结构示意图(见彩图)

在薄膜阵列天线实现的具体技术研究方面,美国喷气动力实验室(JPL)围绕这一项目已开展十余年的工作,目前积累了较多的技术基础,技术处于领先地位。早期的平面薄膜阵列天线是 JPL 分别与 ILC Dover 公司和 L'Garde 公司在 20 世纪末发展的 L 波段合成孔径雷达(SAR)应用双极化天线阵列,见图 1.13。两个天线结构类型非常类似,尺寸为 3.3m×1.0m,是实物尺寸的 1/3。阵面均采用三层 Kapton 薄膜构成,薄膜经由张力索与支撑柱相连接并进行张紧,辐射单元为微带贴片天线,采用共面/孔径耦合馈电实现双极化性能,天线阵面每平方米平均质量在 1kg 以下,天线 T/R 组件以及馈电网络均采用传统设计方法独立制作。为进一步缩减重量,JPL 进一步研制了带组件和馈网一体化的小尺寸(2×4 个单元)L 波段有源相控阵天线,在天线阵面上集成组件和馈网,极大地

(a) ILC Dover 公司天线　　　　　　　(b) L'Garde 公司天线

图 1.13　JPL 与 ILC Dover 公司和 L'Garde 公司
分别开发的 L 波段薄膜阵列天线(见彩图)

(a) 天线整体　　　　　　　　(b) 天线局布

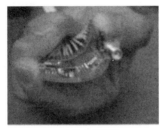

(c) 天线单元模块

图 1.14　JPL 开发的具有 2×4 个单元的 L 波段有源相控阵天线(见彩图)

减轻天线总体重量,见图 1.14。最新资料显示,JPL 正着手研制 8×16 个单元的一体化薄膜有源相控阵,相控阵实验样件尺寸正在逐步加大。

加拿大航天局也有相关的研究。其薄膜 SAR 天线研究以减少雷达天线重量和发射体积为研究背景,采用薄膜结构可望把天线重量和发射体积分别减少 70%。为此从 20 世纪末开始,加拿大航天局和 EMS 公司合作,对薄膜 SAR 天线进行深入的研究。图 1.15 所示是一个 2.6m×1.7m 的演示样机。该样机由 3 层薄膜组成,均为 0.05mm 厚的 Kapton 薄膜,顶层为辐射层,中间层为接地层,底层为网络层。3 层薄膜通过 3 个悬链系统在四角处拉紧,整个阵面质量(含薄膜、网络和张拉系统)共 5.7kg。

(a) 天线整体　　　　　　　　(b) 天线局部

图 1.15　加拿大研制的薄膜 SAR 天线演示样机(见彩图)

美国在结构融合方面进行了深入的研究。

为了便于将面板快速安装到平台,受到飞机安全带搭扣的启发提出了一种新颖的插入式锁扣方式。如图1.16、图1.17所示,连接器的顶端设计成可以插入雷达面板背部卡槽并锁住。从图1.18可以看到固定好的4个卡槽和连接器。

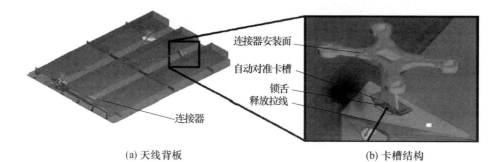

(a) 天线背板　　　　　　　　　　(b) 卡槽结构

图1.16　面板背部的卡槽[6](见彩图)

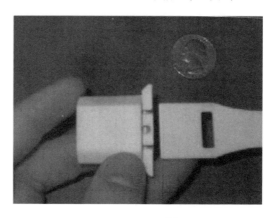

图1.17　连接器和卡槽[6](见彩图)

天线面板集成的第一步是将4个柔片系固到任务囊体上,松弛安装它们的固定硬件。在这个构件上,每个柔片底座都是活动可调的,因此可以保证4个柔片和柔片校直标准工具上对应的孔相吻合。

后面板安装设备在校直期间支撑面板,并给面板上的固定点提供镶嵌件安装力,使面板结构加强。随后,6轴设备到位,面板被定位在任务囊体上的4个柔片上,同时天线电缆连接到天线面板的背面,如图1.19所示。紧接着,通过从左到右、从上到下的移动以及转动控制,将4个柔片与它们在面板背部对应的镶嵌件调整到一条直线上。由于面板和柔片校准设备在镶嵌件入口的外面,面板滑向6轴设备使柔片锁入镶嵌件,从而安装面板。图1.20为成功安装到任务囊体上的首个天线面板。

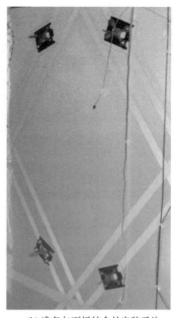

(a) 柔片校直标准工具　　　　　(b) 准备与面板结合的安装柔片

图 1.18　固定位置以及准备与面板结合的柔片[6]（见彩图）

图 1.19　准备安装到任务囊体　　图 1.20　安装到任务囊体上的第一个
上的天线面板[6]（见彩图）　　　　　天线面板[6]（见彩图）

图 1.21 为安装到任务囊体上的前两个天线面板，若不考虑任务囊体安装设备的位置误差，两个面板的间距满足 25mm 的要求。

美国通过热循环试验对天线面板的连接设计方法进行了验证（图 1.22），证

(a) 安装好的天线面板　　　　　(b) 天线面板间距

图 1.21　安装到任务囊体上的前两个天线面板[6]（见彩图）

实活动的连接柔片可以消除由支撑固定装置随温度的变化而引发的膨胀或者收缩现象。此外,试验还证明由柔片弯曲而引起的镶嵌件周围面板的局部应力不会导致面板的结构失效。

图 1.22　热循环试验中的天线面板[6]（见彩图）

参考文献

[1] Smith M S, Rainwater E L. Applications of Scientific Ballooning Technology to High Altitude Airships [C]. Denver:AIAA's 3rd Annual Aviation Technology, Integration, and Operation (ATIO) Tech,2003.

[2] Lee M, Smith S, Androulakakis S. The High Altitude Lighter Than Air Airship Efforts at the US Army Space and Missile Defense Command/Army Forces Strategic Command [C]. Seattle: 18th AIAA Lighter-Than-Air Systems Technology Conference, 2009.

[3] Watthews W. Toward a 10-Year Airship, DARPA's ISIS Project Heads for 400-Foot Phototype UAV [N]. Defence News, 2009-03-11.

[4] Smith S, Fortenberry M. HiSentinel80: Flight of a High Altitude Airship [C]. Virginia Beach: 11th AIAA Aviation Technology, Integration, and Operations (ATIO) Conference, 2011.

[5] Onda M, Sano M. Test Vehicle Proposal to Next Japanese Stratospheric LTA Developments [C]. Wichita:6th AIAA Aviation Technology, Integration and Operations Conference, 2006.

[6] Williams R B, Maxhimer K M, Brennan T, et al. Design of Radar Panel Mounting Hardware for ISIS Radar Antenna [C]. Boston:54th AIAA/ASME/ASCE/AHS/ASC Structures Structural Dynamics, and Materials Conference,2013.

第 2 章
技术范畴

平流层预警探测飞艇是一项全新的涉及多学科的工程项目,它既继承了人类多年的科学知识和工程经验,又要运用创新的思维去解决新的特殊问题。它对平台和载荷的一体化设计有很高要求,不过为叙述方便,在本章还是将平台和载荷分开论述。

2.1 飞艇平台

归纳目前国内外平流层飞艇平台的形式,可将其分为两类:一类为自由气球型,另一类为常规飞艇型。

自由气球型平流层飞艇在技术上继承了高空探测气球的特点。在起飞阶段,飞艇囊体内充入足够浮力的气体,飞艇没有确定的气动外形。随着飞艇的上升,环境压力减小,囊内气体逐渐膨胀,到达设计高度时,飞艇囊体完全充满,艇载的各种设备开始进入留空工作模式(图 2.1)。进入下降回收阶段,一般采用吊舱和囊体分离的形式,将吊舱伞降回收。

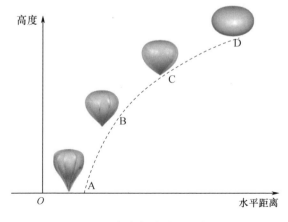

图 2.1 自由气球升空示意图

自由气球型平流层飞艇在技术上具有很多优点:

(1) 结构和系统简单。因为没有保持确定外形的需要,因此可设计成单囊体结构,不设置或简化副气囊及压力调节系统,飞艇囊体依靠内部浮升气体在上升过程中的自动膨胀而逐渐饱满。

(2) 能源需求小。该类飞艇的大部分设备只在到达设计高度后才开始工作,而且基本没有下降、返场的能源消耗,因此如果不考虑抗风动力能耗,将大大减小从起飞、驻空到下降全过程的能源需求。

(3) 放飞操作简便。该类飞艇对上升速度的限制较小,在放飞过程中对囊体姿态和重浮力的控制也大大减少,飞艇基本就是依靠很快的速度直接通过急流区达到设计高度。另外由于系统简单,重量易于控制,飞艇的总体积相对较小,也给操作带来方便。

(4) 规避了下降、返场的技术难点。该类飞艇下降返回时通常会丢弃囊体,而仅是对吊舱或部分载荷采取直接伞降的方式回收,不需对整个飞艇进行操纵,也不需设计中低空性能良好的动力系统,因此在工程上绕过了许多技术障碍。

目前,国内、外已上到平流层高度的飞艇或气球都是属于这一类型的平台,如美国高空哨兵(HiSentinel)(图 2.2)和 JP 宇航公司的多囊体气球(图 2.3)。

(a) 地面满充状态　　　　　　(b) 初始上升状态

图 2.2　高空哨兵满充状态及上升状态[1](见彩图)

  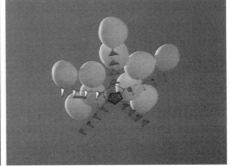

(a) 双球　　　　　(b) 三球　　　　　(c) 多球

图 2.3　JP 宇航公司多囊体气球(见彩图)

该类平流层飞艇或气球虽然技术上易于实现,但由于设备(太阳能电池、动力系统等)与囊体的可靠连接困难、不能返场重复使用、不能进行结构/载荷一体化设计等缺点,使其难以成为一型装备。

常规飞艇型平流层飞艇的特点是飞艇有固定的空气动力学外形,具有较好的气动稳定性,操纵性好、能驻空、可返场重复使用。因此虽然与自由气球型相比,常规飞艇型飞艇系统复杂、能源需求较大、技术难点多,但目前仍是多个国家平流层飞艇研制的主要技术路线。

本书论述的平流层预警探测飞艇也只有在此类飞艇平台上才能实现。

平流层预警探测飞艇平台的技术范畴如图 2.4 所示,主要涉及三个方面的技术:浮空器领域、航空领域、平流层空间环境。

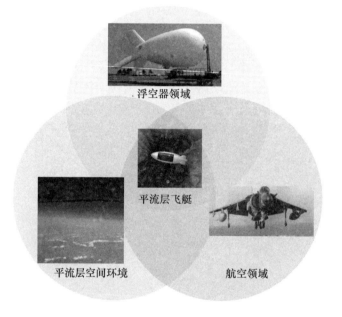

图 2.4　平流层飞艇技术范畴(见彩图)

(1)浮空器领域:平流层飞艇作为一种浮空器,它主要依靠气囊中的轻于空气的气体(如氦气、氢气)所产生的浮力来平衡自身的重量,并利用浮力的调整来实现可控的上升和下降。我们称这种浮力为静升力,有别于物体在空气中运动所产生的空气动力。

静升力产生的原理如图 2.5 所示,当气囊中填充了轻于空气的气体时,在底部气囊内、外压力相等,压差为零。不考虑环境和囊体内的温度变化,压力随高度的增加而减小,而减小的梯度与气体的密度呈正比。因为气囊内浮升气体的密度小于空气的密度,所以气囊外的压力 p_2 小于气囊内的压力 p_1,压差$(p_1 - p_2)$

沿囊体高度 H 分布,合力形成了向上的静升力[2]。

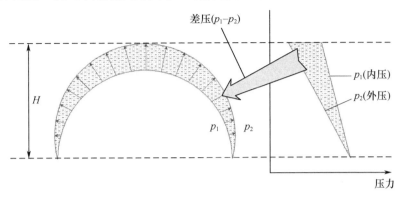

图 2.5　静升力产生基本原理

平流层飞艇除了具有以静升力为主要升空手段这一浮空器的主要特征外,它的材料及生产技术、压力调节原理、超热超压控制技术等都继承和借鉴了低空飞艇和自由升空气球的技术。

(2) 航空领域:平流层飞艇的工作高度在海拔 20km 附近,在该区域的大气环境中空气仍有一定的密度,飞艇的机动飞行和姿态改变主要依靠空气动力的作用,飞艇的自身稳定特性和操纵特性的分析方法也较多地借用了固定翼飞机的设计经验和研究成果。

目前平流层飞艇的设计方案多数是采用空气螺旋桨作为推进动力源,这是一种典型的用于低空低速航空飞行器的动力技术,平流层飞艇的特点在于高空时采用电动机而不是航空发动机来驱动螺旋桨。如果采用高低空动力分开设计的动力系统方案,低空动力选择航空发动机无疑是最高效的。人类使用航空发动机驱动螺旋桨作为飞行动力已有 100 多年的历史,有成熟的技术可借鉴,只是空气螺旋桨多适用于低空低速的飞行器,面对高空低速的平流层飞艇,设计轻质高效的螺旋桨与特定的电动机相配具有很大的技术挑战。

与其他飞行器一样,平流层飞艇的结构设计也始终在追求结构功能、强度、重量几个矛盾参数的最佳组合,这方面可以充分借鉴现有的飞机设计规范和方法。其中重量因素已成为平流层飞艇因体积巨大而难以设计的罪魁祸首,对于升空 20km 的平流层飞艇,每增加 1kg 质量就需要增加约 $18m^3$ 的气囊容积来平衡它和因它而带来的其他结构和分系统的重量增量。因此,控制总重的成效也是平流层飞艇设计水平的体现。

(3) 平流层空间环境:平流层飞艇合适的工作高度是其他空中平台所不具有的优势之一,但这同时也局限了平流层飞艇的活动范围。平流层飞艇的设计是按照在海拔 20km 高度的准零风层的环境条件设计的。在该区域风速小,风向变化不大,适合大型飞艇的长期留空工作。理论上准零风层是一个大的规律,实际上在该区域风速、风向都在变化,特别是不同的季节、不同的纬度差异甚大,如图2.6所示。另外,平流层飞艇在到达工作区域和返回地面的过程中,还要经过风场、温度场变化巨大的对流层区域。

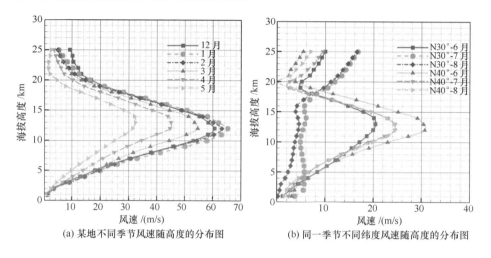

(a) 某地不同季节风速随高度的分布图　　(b) 同一季节不同纬度风速随高度的分布图

图2.6　风速随高度分布图(见彩图)

除了风的影响外,在平流层区域的臭氧环境、雷暴以及重力波影响也都有可能对飞艇的生存或正常工作带来挑战。因此,研究和开发平流层飞艇必须与研究此领域的环境条件同步展开(这部分内容详见第3章)。

2.2　雷达载荷

平流层预警探测飞艇雷达载荷的技术范畴主要涉及三个方面的领域:有源天线领域、电子设备结构领域和微系统领域。

(1) 有源天线领域:有源天线阵面与飞艇采用一体化集成设计以容纳超大口径天线。天线设计的重点是减轻重量,一般采用薄膜天线(图2.7)形式,需要解决天线多层布局设计、馈线设计以及动态校正补偿设计等难题。

(2) 电子设备结构领域:超大阵面载荷与飞艇采用一体化集成设计(图2.8)方式,需要重点考虑结构融合设计问题,包括结合方式、散射设计以及结构强度保证等。

(3) 微系统领域:由于平流层飞艇艇上能源有限,而载荷天线阵面巨大,需要设计低功耗、小质量的T/R组件,为支撑其研制,需要基于微系统技术(图2.9),满足高集成要求。

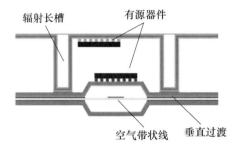

图 2.7　薄膜天线设计（见彩图）

图 2.8　超大阵面与平台结构融合[3]（见彩图）

图 2.9　采用微系统技术实现系统级芯片（见彩图）

2.3　平台与载荷需求

2.3.1　高度与视距范围

由于电磁波的直线传播特性，雷达无法探测视距外的目标（图 2.10）。受地球曲率及地形的限制，雷达探测存在盲区。为了及早发现高速入侵的低空、超低空飞行器，解决远程探测低空、超低空目标及地形遮蔽的问题，采用升空的雷达系统最直接有效。

视距范围与飞艇升空高度及目标高度关系式为

$$R_{\text{S}} = R\left[\arccos\left(\frac{R_0}{R_0 + H_{\text{airship}}}\right) + \arccos\left(\frac{R_0}{R_0 + H_{\text{target}}}\right)\right] \quad (2.1)$$

式中：R_{S} 为视距范围；H_{airship} 为飞艇升空高度；H_{target} 为目标升空高度；R_0 为地球半径[4]。

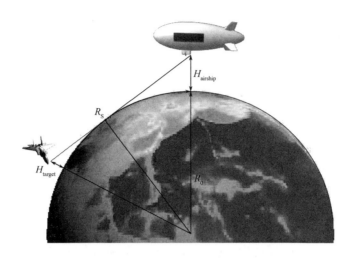

图 2.10 升空高度视距范围(见彩图)

升空的雷达系统根据平台形式的不同,可分为浮空器(包括飞艇和气球)载、机载和星载等几种形式,它们在空中的部署高度如图 2.11 所示。表 2.1 给出了不同升空高度的雷达对应的最大低空探测距离。

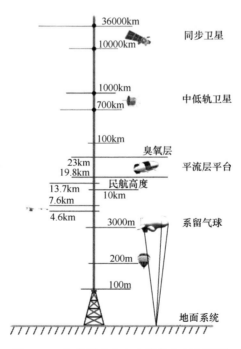

图 2.11 各种雷达在空中的分布(见彩图)

表 2.1　不同升空高度对目标的探测距离

平台	典型升空高度/m	对不同高度目标的雷达视距/km				
		0	100m	1000m	10000m	20000m
平流层飞艇	20000	504	539	616	860	1007
飞机	8000	319	354	432	675	822
系留气球	3000	195	231	308	552	699
地面	15	14	49	127	370	517

由表 2.1 数据可以看出,对飞行高度为 100m 的目标,地面监视雷达(假如雷达架高 15m)的监视距离为 49km,升空 3km 的飞艇载雷达系统或系留气球载雷达系统的监视距离为 231km,升空 8km 的预警机系统的监视距离为 354km,而升空 20km 的平流层飞艇预警探测系统的监视距离可达 539km。对飞行高度为 10km 的目标,地面监视雷达的监视距离只有 370km,而对升空 20km 的平流层飞艇预警探测系统,监视距离则可以达到 860km。因此,平流层飞艇相对机载和地面雷达系统来说,可以提供更远的探测距离和更大的覆盖范围。

2.3.2　雷达载荷需求

雷达的功率孔径积公式为

$$P_{AV}A_r = \frac{4\pi R_{max}^4 \sigma T_0 F_n \Omega_s L_{SE} D_S M_S}{S_{RCS} \eta_T \eta_G t_s} \quad (2.2)$$

式中:P_{AV} 为雷达平均功率;A_r 为雷达接收孔径面积;σ 为 Stefan – Boltzmann 常数;T_0 为温度常数;F_n 为噪声系数;Ω_s 为搜索空域;L_{SE} 为系统损耗(含带宽校正因子),包含传输损耗和处理损耗;D_S 为单个脉冲检测力因子;M_S 为系统余量;S_{RCS} 为目标截面积;η_T 为搜索占用时间比例;η_G 为天线增益效率;t_s 为空域搜索时间。

根据升空高度 20km 测算,其对 100m 高度 0.1m² 低空目标视距达到 539km,按三面阵覆盖 360°计算,单面阵需要功率孔径积为 65dBW·m²,由于飞艇采用太阳能供电,在单面阵供电量不超过 9kW 约束条件下,阵面规模要求达到 1900m²,总面积要求达到 5700m²,按密度 1.6kg/m² 计算,考虑结构安装及线缆、数字处理器等重量,雷达系统总质量接近 10^4kg,雷达系统总耗电量约 30kW。雷达功率 – 孔径关系见图 2.12。

采用大阵面轻量化设计带来以下好处:①由于阵面巨大,具有很高的角度分辨力,可以对目标进行精确的定位;②可以拆分成多部雷达使用,增加了使用的灵活性;③降低了系统热密度,可采用更简单的散热方式,甚至是自然散热。

当然,采用巨大的阵面口径也会带来相应的问题:①如何尽可能地降低阵面密度,减少总体质量;②如何实现大阵面与平台的有效结构融合;③如何降低单

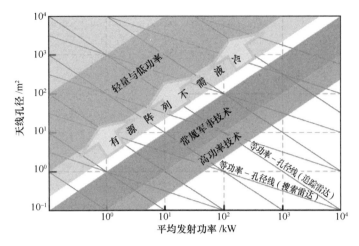

图 2.12 雷达功率-孔径关系[5]（见彩图）

位面积的功耗,实现电力资源的平均分配。下面予以进一步说明。

1) 低阵面密度的要求

天线面板内部集成了天线单元、馈线、有源 T/R 组件、连接器以及相应的电源和控制信号线。天线面板设计的重点是减轻重量、降低制造工艺难度并提高可靠性。在天线减重方面采取的主要措施包括:①利用安装天线面板的气囊的表面作为天线反射板,有效降低天线面板的厚度和重量;②面板内所有射频和控制信号线均采用薄膜图案刻蚀方式,实现减重;③天线面板支撑结构设计采用轻质复合材料和减重设计方式,在满足面板刚强度条件下有效减重。

2) 结构融合的要求

美国人在 ISIS 项目上对结构融合进行了深入研究,其主要设计思想为将雷达天线阵面与飞艇内部压力气囊共形,充分利用气囊的空间与面积,降低天线安装结构等重量,大幅提升有效载荷比重[6]。

3) 低功耗设计的要求

传统的 T/R 组件采用分立的模块或者采用多芯片组件(MCM)形式,其体积、重量、功耗难以进一步提升,为此,平流层飞艇 T/R 组件拟采用以下方案:

(1) 多功能芯片:将多种功能模块集成在一个芯片上,这样可以大大减少组件内部的元器件数量,简化设计,减小组件体积和重量。

(2) 新型滤波器:为了实现小型化,采用新型的多层基板滤波器,体积更小,可靠性更高;采用表贴结构,适合贴装工艺。

(3) 一体化封装技术:为了实现小体积、低重量及良好的散热,采用多层基板为底板、围框一体化封装设计,可实现表贴于天线阵面设计要求。

(4) 高效率低功耗芯片:有源相控阵天线的功耗主要集中在 T/R 组件,本系统能源有限,必须采用高效的功放器件和低功耗的芯片降低组件功耗。

参考文献

［1］ Smith S, Fortenberry M. HiSentinel80:Flight of a High Altitude Airship［C］. Virginia Beach:11th AIAA Aviation Technology, Integration, and Operations (ATIO) Conference, 2011.

［2］ Khoury G A, Gillett J D. Airship Technology［M］. London:Cambridge University Press, 2002.

［3］ Clark T, Jaska E. Million Element ISIS Array［C］. Waltham:IEEE International Symposium on Phased Array Systems and Technology, 2010.

［4］ Colozza A, Dolce J L. High-Altitude, Long-Endurance Airships for Coastal Surveillance［R］. NASA/TM-2005-213427, 2005.

［5］ 曹锐,吴曼青,阎跃鹏,等. 传感器即结构件关键技术及研究进展［J］. 雷达科学与技术, 2011, 9 (6).

［6］ Watthews W. Toward a 10-Year Airship, DARPA's ISIS Project Heads for 400-Foot Phototype UAV［N］. Defence News, 2009-03-11.

第 3 章

空间环境

3.1 概　　述

平流层飞艇的飞行高度涵盖 0~22km 范围,空间大气密度、温度、风场等大气环境以及对流、辐射等空间热环境变化大,并直接影响到飞艇的运动特性、飞行控制策略、驻空高度保持能力以及艇体承压状态[1]。另外,空间环境中的紫外辐射和臭氧对于艇体、太阳能电池等的使用寿命具有重要影响。因此,了解运行过程中的空间环境对于平流层飞艇总体及各功能分系统的设计具有十分重要的意义。

如图 3.1 所示,根据大气层垂直方向划分结果,平流层飞艇运行过程中要穿越整个对流层,并在平流层底部长期驻空飞行。基于现有气象资料,在 0~22km 高度范围内,随海拔高度上升,空间环境各气象参数也随之发生变化,包括大气密度、压力、环境温度、太阳辐射强度等,例如从地面至海拔 20km 高度,大气压力、密度、温度分别降至约 5500Pa、0089kg/m³、-70℃。另外,对流层内大气兼

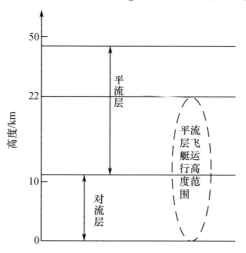

图 3.1 对流层与平流层高度近似划分

具水平运动和垂直运动,而平流层内大气主要以水平运动为主。

下文分别对 0~22km 高度范围内的空间大气环境、空间热环境以及紫外、臭氧环境进行说明。

3.2 大气环境

本节主要对大气的温度、压力、密度和风场等气象参数随海拔高度、季节的变化情况进行论述。

3.2.1 温度

根据现有探空气象资料,在对流层内,气温随高度升高而降低,平均每上升 100m,气温约降低 0.65℃。气温随高度升高而降低是由于对流层大气接收到的主要热源是地面长波辐射,而随海拔高度增加,长波辐射强度逐渐降低,大气受热也减少,对应大气温度(下面称气温)也就越低。但在一定条件下,对流层中也会出现气温随高度增加而上升的现象,称为"逆温现象"。逆温是在对流层中气温垂直分布的一种特殊现象。

在平流层内,气温表现出随高度增加而上升的总体趋势,尤其是在 20km 以上的高度空间,这种趋势表现更明显。这种气温随高度升高而增高的特征,是由于大气中的臭氧主要集中在这一层,而臭氧对太阳紫外辐射具有强烈吸收能力造成的。平流层温度垂直递增速率约为 2~3℃/km,平流层顶年平均气温随纬度增加而递减。

中纬度平均温度垂直廓线如图 3.2 所示。

考虑到平流层飞艇运行高度主要在 30km 以下,下面重点对该高度以下,尤其是 20km 附近的气温进行详细分析。

基于现有研究结果,30km 以下标准大气温度 $T_a(K)$ 随位势高度 $\overline{H}(km)$ 的变化可采用如下关系式,为

$$T_a = \begin{cases} 288.15 - 6.5\overline{H} & (\overline{H} \leq 11\text{km}) \\ 216.65 & (11\text{km} < \overline{H} \leq 20\text{km}) \\ 216.65 + (\overline{H} - 20.0) & (20\text{km} < \overline{H} \leq 30\text{km}) \end{cases} \quad (3.1)$$

位势高度 $\overline{H}$ 与几何高度 h 的关系式为

$$\overline{H} = \frac{R_0 H}{R_0 + H} \quad (3.2)$$

式中:R_0 为有效地球半径 6356.766km。

图 3.3 给出了 30km 高度范围内各高度层的平均气温曲线图。

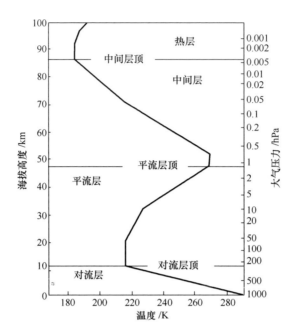

图 3.2 中纬度平均温度垂直廓线(基于美国参考大气(1976))[2]

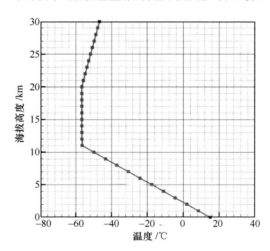

图 3.3 30km 高度范围内大气温度随位势高度变化曲线

另外,气温极值同样是平流层飞艇研制和使用过程中重要的设计输入,根据现有探空气象资料数据,国内 30km 高度范围内各高度区间的最低和最高气温如图 3.4 所示。从中可以看到,在 10～20km 高度区间,最低气温在 -80℃ 以下,接近 -90℃;而最高气温则在 -40℃ 以上。

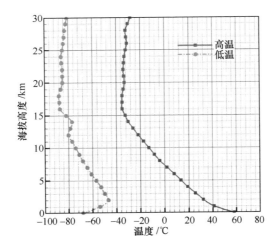

图 3.4 30km 高度范围内大气温度极值(见彩图)

3.2.2 压力和密度

环境大气压力和密度及其变化情况同样是平流层飞艇设计的重要输入参数。

式(3.3)和式(3.4)给出了 30km 以下高度区间大气压力 p_a(Pa) 和密度 ρ_a(kg/m³) 随位势高度 $\overline{H}$(km) 变化的关系[3]为

$$p_a = \begin{cases} 1.013 \times 10^5 \times (1 - 0.0225577\overline{H})^{5.25588} & (\overline{H} \leqslant 11\text{km}) \\ 2.263204 \times 10^4 \exp[-0.1576885 \times (\overline{H} - 11.0)] & (11\text{km} < \overline{H} \leqslant 20\text{km}) \\ 5.474879 \times 10^3 \times [1 + 4.615740 \times 10^{-3}(\overline{H} - 20.0)]^{-34.16322} & (20\text{km} < \overline{H} \leqslant 30\text{km}) \end{cases}$$

(3.3)

$$\rho_a = \begin{cases} 1.225 \times (1 - 0.0225577\overline{H})^{4.25588} & (\overline{H} \leqslant 11\text{km}) \\ 0.36391\exp[-0.1576885 \times (\overline{H} - 11.0)] & (11\text{km} < \overline{H} \leqslant 20\text{km}) \\ 0.0803471 \times [1 + 4.615740 \times 10^{-3}(\overline{H} - 20.0)]^{-35.16322} & (20\text{km} < \overline{H} \leqslant 30\text{km}) \end{cases}$$

(3.4)

根据上述公式计算可以得到 30km 高度范围大气密度和压力变化情况,如图 3.5 所示。从图中可以看到,大气压力和密度都呈现随高度递减趋势。20km 高度处的大气压力和密度分别约为 5500Pa 和 0.089kg/m³,分别约为地面的 1/18 和 1/14。

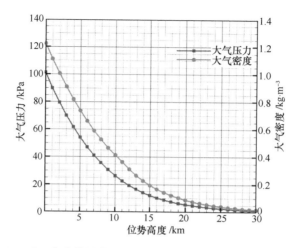

图 3.5　30km 高度范围内大气压力、密度随高度变化曲线（见彩图）

3.2.3　风场

3.2.3.1　概况

　　风场直接影响平流层飞艇的运动特性及控制策略的设计结果。现有气象资料表明从对流层开始至平流层低层，风场随着季节、经纬度的变化而变化，相应的每个高度层的风速、风向也随之发生变化。在对流层内，经纬度不同的地区对流层顶的高度也不同，从而影响平流层低层高度的变化。对流层和平流层交汇区域是气流运动最剧烈的区域，该区域通常被称为急流层，此层中风速较大。

　　图 3.6 给出了 90km 以下的大气环流和风场示意图。冬、夏两个半球中纬度地区对流层顶附近都存在西风急流（常称为副热带急流）；而平流层中冬、夏半球大气环流截然不同。在平流层下部，由热力驱动的赤道附近上升的大气部分向两极运动，并受地转偏向力作用形成东风或西风急流，部分继续上升直到中间层，成为 Brewer-Dobson 环流的一个上升支。同时，由于辐射加热的差异，平流层中夏极点处也有一定强度的上升运动，这一上升支与赤道处的上升支一样到达中间层下部，向冬极点运动并下沉，成为 Brewer-Dobson 环流的一个下沉支。这样，冬半球被一个强的绕极气旋性涡旋所控制，低气压中心位于冬季极地上空，冬半球盛行西风；夏半球则完全相反，被一个强大的反气旋所控制，高气压中心位于夏极点上空，夏半球盛行东风。同时重力波和行星尺度的波动也将对流层中的能量向上或水平传播，对平流层甚至中间层的环流进行调制。

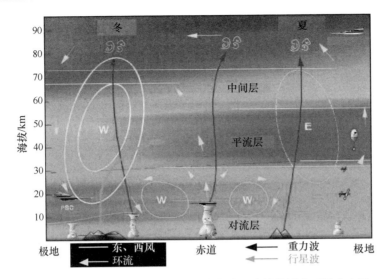

图 3.6 大气环流和风场示意图(白色实线和虚线分别为西风和东风,
黄色箭头为环流,黑色和绿色箭头分别为重力波和行星波。
图的左侧为冬半球,右侧为夏半球)(见彩图)

3.2.3.2 中国高空风场[4]

冬季,我国上空存在两支西风急流,其中南支为副热带西风急流,活动在 $25°N \sim 30°N$,急流轴位于 12km 高度附近,为东-西走向;另一支为温带西风急流,活动在 $40°N$ 附近,其强度次于副热带西风急流,急流轴位于 12km 高度附近,为西北-东南走向。受两支西风急流的影响,风速随高度增加到 12km 附近达最大值,最大可以达到 60m/s 以上。冬季月平均风速大于 30m/s 的空间范围会很广,如 1 月 12km 高度上,其南北最大跨度为 20 个纬距($20°N \sim 40°N$),长度横贯我国东西;其垂直厚度,自西向东逐渐增加,如 1 月在 $30°N$、$120°E$ 处厚度达 11km($6.5 \sim 18$km),并在急流轴上、下方,即 8km 和 18km 附近,存在较强的风垂直切变(风切变是一种大气现象,指风向和风速在空中水平或垂直距离上的变化)。

图 3.7 示出某地冬季 25km 范围内各高度层风速随海拔高度的变化。

春季,我国上空仍然存在两支西风急流,副热带西风急流移至 $27°N \sim 34°N$ 间,且轴线随高度北倾;温带西风急流移至 $40°N \sim 45°N$ 间。两支西风急流的强度减弱,大于 30m/s 的等风速线范围大大缩小,如图 3.8 所示,平均风速最大值为 50m/s 左右,两支急流间的风速差和急流本身东西向的风速差均在减小。西北地区风速有所增大,温带西风急流发展比较完整。东北地区及 $15°N$ 以南低纬度地区仍是弱风区。风速急流中心继续南移,风速减小,最大风速层高度下

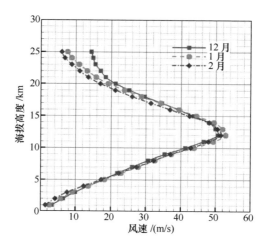

图 3.7　某地冬季 25km 范围内各高度层风速随海拔高度的变化（见彩图）

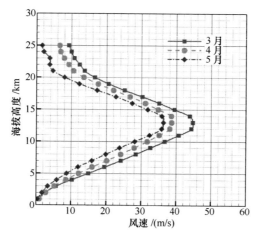

图 3.8　某地春季 25km 范围内各高度层风速随海拔高度变化（见彩图）

降,例如 3 月 45°N115°E 的 11km 高度处风速有最大值为 29m/s；35°N115°E13km 处风速最大值约为 45m/s。而在 20~25km 范围内,3、4 月份的风速仍然是减小的。5 月份开始由低纬向高纬,由高层向低层,逐渐为偏东风。

夏季,温带西风急流在我国上空已消失,副热带西风急流 7 月份移至 40°N 附近,其强度明显减弱。月平均风速在 105°E 以东地区小于 30m/s,如 40°N105°E 处 12km 高度上平均风速在 29.7m/s 左右,18km 高度上平均风速在 10m/s 左右,如图 3.9 所示。自对流层内的东风层开始向上至 80km,我国上空均为偏东风控制。东风风速随高度上升而加大,形成了强盛的东风急流。月平均东风风速大于 30m/s 的起止高度,低纬地区较低,而高纬地区较高。东风最大风速出现高度是南低北高,其最大风速值是南小北大,同纬度上最大风速轴线

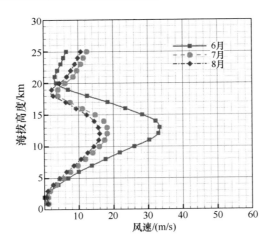

图 3.9　某地夏季 25km 范围内各高度层风速随海拔高度变化（见彩图）

近水平分布，且东西向风速差异不大。平流层的低层，风速仍然保持比较稳定的状态。

秋季，副热带西风急流南退至 35°N 附近，急流轴上的风速又呈现出东强西弱的特点，月平均风速随时间增大，最大达 50m/s 以上，如图 3.10 所示。温带西风急流又出现在 45°N 附近，105°E 以东地区 10km 高度处该急流比较明显，月平均最大风速在 30m/s 以上。25°N 以南地区以东风为主。至平流层，25°N 以南 30km 附近，仍以偏东风为主，风速不大。9—10 月在 50°N 以北海拔 52km 附近，逐渐形成了较强的西风急流，在其南伸过程中，最大风速层高度不断抬升，至 25°N 处已到 62km。11 月该急流发展最为强盛，25°N~50°N 范围内，月平均西风风速大于 30m/s 的厚度均在 30km 以上，急流轴上最大月平均西风风速多在 60m/s 以上。

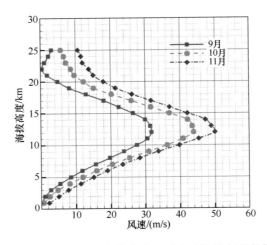

图 3.10　某地秋季 25km 范围内各高度层风速随海拔高度变化（见彩图）

沿 120°E 自北向南，急流轴上的最大风速略有增加，如 45°N 处为 57.9m/s，30°N 处为 62.1m/s；而沿 90°E 自北向南最大风速迅速减小，如 45°N 处为 85.0m/s，30°N 处为 62.6m/s。另外可以看出，随纬度增加，急流轴上的风速西高东低的特征非常突出。该支急流在向冬季过渡中，中心逐渐南移，强度有所减弱。

根据现有气象资料进行统计，在我国 20km 高度范围内全年风向基本为西风，5—9 月 20km 以上为东风，如图 3.11 所示。不同地区东风出现的高度、时间稍有差异。

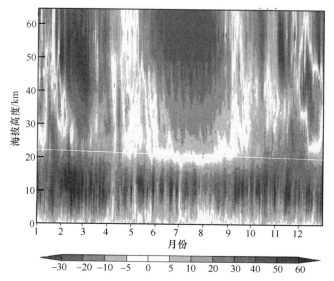

图 3.11　某地地面至 60km 高度纬向风变化图（见彩图）

3.2.3.3　准零风层

平流层飞艇的起飞、降落和驻空飞行与平流层大气环境条件密切相关，其中驻空飞行最重要的一项因素是纬向风的分布。平流层飞艇由于能源动力的限制，仅能在风速较为适合的高度长期驻空飞行。如前面所述，中纬度对流层顶高度全年都存在一个很强的西风急流，而夏半球平流层为东风急流，这样在平流层中下层就存在一个由上层东风转为下层西风的纬向风过渡层，也称准零风层或者弱风层，它一般指平流层 17~22km 高度范围大气层内存在的一个上下层纬向风的风向相反、经向风的风速也较小、平均全风速接近于 0m/s 的区域。具体来说，春末至秋初中纬度地区此层大气内，上层的东风折转为下层的西风，并且经向风也小。由于准零风层持续时间长短、分布的高度范围直接影响到飞艇的飞行时间和驻空区域，通过对准零风层的统计分析可以为充分利用平流层环境提供基础数据。

3.3 热环境

3.3.1 对流换热环境

3.3.1.1 对流换热及影响因素

对流换热是指流体流过固体壁面时与壁面的热量交换过程。对流换热量可用下式表示。

$$Q = hA_c \Delta T \tag{3.5}$$

式中:Q、h、A_c、ΔT 分别为对流换热换热量、对流换热系数、换热面积以及壁面与流体之间温差。根据上式,明确对流换热系数 h 是计算对流换热量 Q 的核心和关键。

根据附面层理论,当流体流过固体表面,且自由流温度与固体表面温度不同时,会形成热边界层。当接触壁面的流体质点与壁面之间无速度滑移且与壁面达到热平衡时,流体从壁面带走的热量与壁面处流体的导热量相等,即

$$-k_f \frac{\partial T}{\partial y}\bigg|_{y=0} = h(T_w - T_\infty) \tag{3.6}$$

式中:k_f 为流体介质导热系数;T_w 为固体壁面温度;T_∞ 为自由流体温度。

固体表面强迫对流换热基本原理见图 3.12。

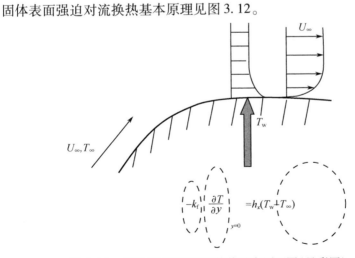

图 3.12 固体表面强迫对流换热基本原理图(见彩图)

从式(3.6)可以发现,当自由流体温度与固体壁面温度一定时,影响换热 h 的因素仅为物性(k_f)和热边界层状态$\left(\dfrac{\partial T}{\partial y}\bigg|_{y=0}\right)$。

根据流体力学知识,速度边界层和浓度边界层影响热边界层。因此,影响速度边界层和浓度边界层的因素也往往对对流换热产生影响。归纳起来,影响对流换热的因素包括:

(1) 流动因素:流动的起因(强制对流、自然对流等),流动状态(层流、湍流)。

(2) 几何因素:换热表面形状、大小、换热表面与流动方向的相对位置、换热表面粗糙度等。

(3) 相变:无相变时流体显热完成热量交换;有相变时相变潜热起主导作用。

(4) 流体的物理性质:密度、动力黏度、导热系数、定压热容等。

通过对上述影响因素分析可以发现,开展平流层飞艇对流换热准则研究的实质是研究对流换热(无量纲参数为努塞尔数 Nu,表征壁面上流体的无量纲温度梯度)与雷诺数 Re(惯性力与黏性力之比、表征流体层流/湍流流动情况的无量纲参数)、瑞利数 Ra(自然对流传热中与传热系数关联的无量纲参数)、普朗特数 Pr(表征动量与能量输运特性之比的无量纲参数)之间的关系,其隐藏因素为几何因素。

综上所述,对于某特定流动,影响单相换热的因素包括几何形状和流体物性等。根据流动起因区分,对流换热准则包括强迫对流、自然对流和混合对流等。

1) 强迫对流

强迫对流换热准则通常写成 $Nu = f(Re, Pr)$ 的形式。

$$Nu = \frac{hl}{k_f} \tag{3.7}$$

式中:l 为特征长度;k_f 为流体导热系数。

$$Re = \frac{U_\infty l}{\nu} \tag{3.8}$$

式中:U_∞ 为空气来流速度;ν 为流体运动黏性系数。

$$Pr = \frac{\mu c_p}{k_f} \tag{3.9}$$

式中:μ 为空气动力黏性系数;c_p 为质量定压热容。

2) 自然对流

自然对流换热准则通常写成 $Nu = f(Ra, Pr)$ 或 $Nu = f(Gr, Pr)$ 的形式。

式中

$$Gr = l^3 g \Delta T \beta_\mathrm{T} / \nu^2 \tag{3.10}$$

$$Ra = Gr \cdot Pr \tag{3.11}$$

3) 混合对流

混合对流换热通过自然对流准则和强制对流准则计算。除了特别实验研究的准则外,通常用两个准则的立方和开三次方求解。

$$Nu_{混合对流} = \sqrt[3]{Nu_{自然对流}^3 + Nu_{强制对流}^3} \tag{3.12}$$

根据传统的流体力学与传热学理论,无论是平板、圆球、圆柱以及其他外形表面,其外表面与流体的对流换热同流体边界层发展及分离状况相关,也即对流换热系数同边界层发展具有很强的关联性。对于不同准则类型,所得准则数 Nu 和平均对流换热系数 h 将有很大差别。下面通过数值仿真的手段,针对标准大气模型下常规布局平流层飞艇,分析采用不同对流准则时飞艇强迫对流换热准则 Nu 与平均对流换热系数 h 之间的差别。

考虑空气黏性系数和导热系数是温度的函数为

$$\mu(T) = \frac{1.458 \times 10^{-6} T^{1.5}}{T + 110.4} \tag{3.13}$$

$$k_\mathrm{f}(T) = \frac{2.64638 \times 10^{-3} T^{1.5}}{T + 245.4 \times 10^{-12/T}} \tag{3.14}$$

大气体积膨胀系数按理想气体计算为

$$\beta_\mathrm{T} = \frac{1}{T_\mathrm{e}} \tag{3.15}$$

上述参数随海拔高度计算结果如图 3.13 ~ 图 3.16 所示。

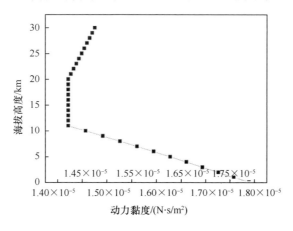

图 3.13 动力黏性系数随海拔高度变化

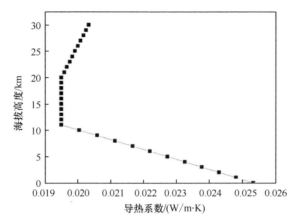

图 3.14　大气导热系数随高度变化

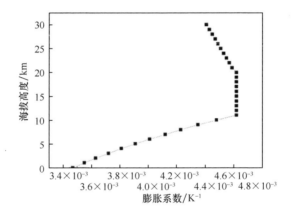

图 3.15　大气体积膨胀系数随高度变化

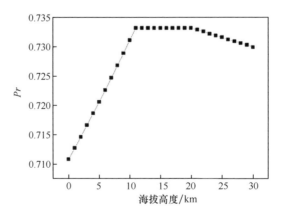

图 3.16　Pr 数随海拔高度图

3.3.1.2 海拔高度变化影响

根据上面公式得到 0~20km 高度范围 Re、Nu、h 随海拔高度变化的情况,见图 3.17~图 3.19。

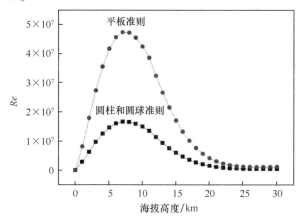

图 3.17　不同准则下飞艇表面平均对流换热雷诺数 Re 随海拔高度变化值(见彩图)

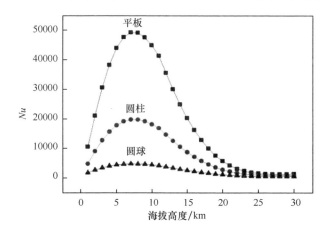

图 3.18　不同准则下飞艇表面平均对流换热准则数 Nu(努塞尔数)
随海拔高度变化值(见彩图)

根据图 3.19 可知,对于平流层飞艇,在 5~10km 区间对流换热系数较大,而在 20km 高度对流换热系数约为 2,即在平流层驻空阶段,飞艇与环境大气对流换热能力较弱。

3.3.2　辐射环境

海拔 22km 高度范围内的辐射环境主要包含太阳辐射(含直射、大气散射、

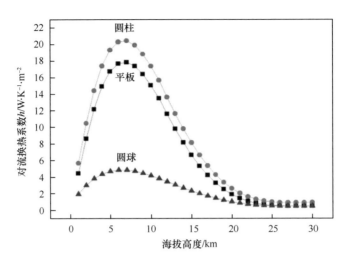

图 3.19　不同准则下飞艇表面平均对流换热系数随海拔高度变化值（见彩图）

地表和云层反射）、地表长波辐射以及大气长波辐射。研究表明平流层的辐射环境对于飞艇的热特性分析和热设计十分重要。

3.3.2.1　太阳辐射

太阳辐射是影响飞艇热特性的最主要的因素。透过大气层到达地面的太阳辐射中，一部分方向未经改变，称为"太阳直射辐射"；另一部分由于被气体分子、液体或固体颗粒反射，达到地球表面时无特定方向，被称为"太阳散射辐射"或"天空散射辐射"。太阳射线到地面以后，其中一部分被地面所反射，重新进入大气，称为"地面反射辐射"。

1）太阳直射辐射

晴天太阳直射辐射模型有两种基本方法，即 Bouguer – Lambert 方法和大气透明度系数方法，二者可以相互转换。根据分析比较，本文选用 Bouguer – Lambert 方法进行论述。根据该方法，阳光透过大气层到达某一空间位置的太阳直射辐射强度为

$$I_D = I_{SUN} \tau_R \tau_M \tau_A \tau_W \tau_O \tag{3.16}$$

式中：I_D 为到达地面某一空间位置平面（垂直于太阳光线）的太阳直射辐射强度；I_{SUN} 为大气层外边界太阳辐射强度；τ_R 为干洁（理想）大气透过系数；τ_M 为混合气体透过系数；τ_A 为气溶胶透过系数；τ_W 为水汽透过系数；τ_O 为臭氧透过系数。

图 3.20 为根据该模型计算所得到的 0～30km 高度范围不同海拔高度处太阳直射辐射强度。

2）大气及地面反射太阳辐射

当太阳光线被反射回大气后，大气对这部分反射的太阳光线仍旧有吸收和

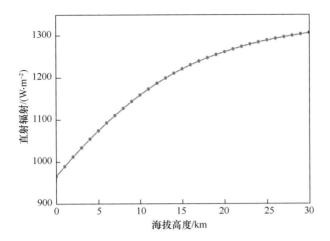

图 3.20 太阳高度角为 65°时太阳直射辐射强度随海拔高度变化情况

消散作用。因此,不同海拔高度接受的太阳反射辐射不同,海拔越高,反射辐射越小。研究表明,反射光是一种漫反射,无方向性。而其在大气中的吸收消散作用,可等同为 $m=1.66$ 的直射光线。因此,不同海拔高度接受面受到的反射辐射强度 $I_{R,H}$ 如下:

$$I_{R,H} = \rho_a I_{SH} \left(\frac{\tau_{atm}}{\tau_{atm,H}} \right)_{m=1.66} \tag{3.17}$$

式中:$I_{R,H}$ 为海拔高度 H 处的地面反射太阳辐射强度;I_{SH} 为水平面反射辐射强度;τ_{atm} 和 $\tau_{atm,H}$ 分别是反射面和接受面处的总的直射透过率。

3) 大气散射太阳辐射

在太阳散射辐射模型选择研究中,可以选用下列计算模型:

$$I_{dH} = (a + b \cdot \sin\gamma + c \cdot \sin^2\gamma)(I_{SUN} - I_{DN})\sin\gamma \tag{3.18}$$

式中:I_{dH} 为水平面太阳散射辐射强度;γ 为太阳高度角;a、b、c 为待定系数,与飞艇运行具体大气参数有关。

3.3.2.2 地表长波辐射

地面长波红外辐射在向天空传播的途中,会被大气中的水蒸气、二氧化碳等气体所吸收。与此同时,这些气体的红外辐射也有部分向天空传播。

将平流层飞艇表面感受到的来自下方的长波辐射称为地面等效长波辐射,其强度 I_{ga} 可用下式计算:

$$I_{ga} = \tau_e I_g = \tau_e \varepsilon_g \sigma T_g^4 \tag{3.19}$$

式中:ε_g 为地面长波辐射发射率;τ_e 为地面长波辐射透过率。

3.3.2.3 天空长波辐射

选用黑体辐射的四次方定律计算天空辐射强度,即

$$I_s = \sigma T_s^4 \quad (3.20)$$

式中:$\sigma = 5.67 \times 10^{-8} \text{W}/(\text{m}^2 \text{K}^4)$,为 Stefan – Boltzmann 常数;T_s 为天空当量辐射温度,简称天空当量温度,单位 K。

天空当量温度也称天空有效温度,一般表示为天空发射率 ε_s 和当地空气温度 T_a 的函数,为

$$T_s = \varepsilon_s^{1/4} T_a \quad (3.21)$$

由上述两式可见,只要知道当地空气温度 T_a 和天空发射率 ε_s,便可计算出天空辐射强度。

3.4 臭 氧[5]

地球大气中臭氧层分布在离地面约 10~50km 的高度范围,极大值在 15~30km 附近,而平流层飞艇工作的高度通常在 20km 附近,即大气中臭氧含量最高的地方,因此飞艇本身与艇载设备都不可避免地会与臭氧接触。

臭氧的分布有着明显的纬度和季节性变化,通常春季含量最大、秋季最小,赤道含量最小、向两极逐渐增加,季节变化也在两极更加明显。就臭氧垂直分布而言,其轮廓线也有明显的纬度和季节性差异,一般纬度越高,其峰值高度越低,季节变化与总量基本一致,如图 3.21 所示。

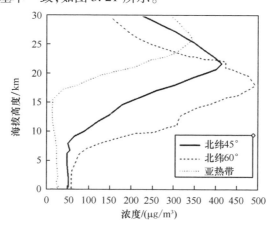

图 3.21 不同地区臭氧浓度随高度的变化

不同纬度地区观测的臭氧垂直分布平均状况和随季节变化关系如图 3.22 和图 3.23 所示。从低纬度地区到高纬度地区,臭氧峰值出现的海拔高度明显降

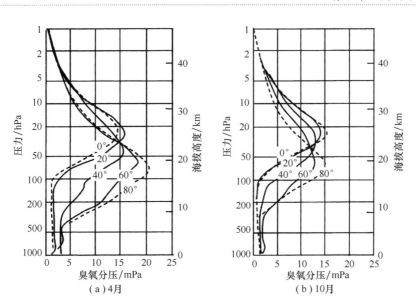

图 3.22 不同纬度臭氧浓度的平均垂直分布

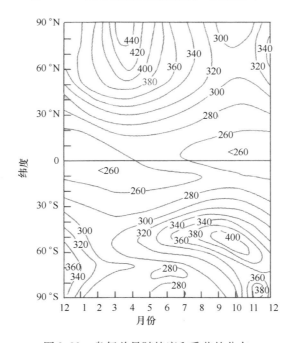

图 3.23 臭氧总量随纬度和季节的分布

低,赤道处峰值高度约为 25~28km,其次是中纬度地区,峰值高度为 22km 附近,极地地区臭氧高度最小,约为 17~20km;同时中纬度地区的冬春季在 13km 附近常有第二个极大值存在。

根据北半球中纬度臭氧分布数据,臭氧浓度约在22km高度上达到最大,约为4.86×10^8个$/cm^3$,约为地面臭氧浓度的5~8倍。

3.5 粒子辐射环境[6]

平流层空间的辐射粒子主要包括中子、质子、重离子等,其中对平流层飞艇构成威胁的最主要因素是中子。

当本源高能粒子穿过空间飞行器材料时会发生核反应,激发出次级粒子和射线,包括穿透力强的韧致辐射和中子。空间环境的长期粒子辐照会对设备仪器形成损伤,引起电子器件性能退化、失效甚至威胁到整个系统的安全。根据造成损伤的粒子多少可将辐射效应分为累积效应、单粒子事件以及飞行器内外带电。根据辐射效应的影响可以分为辐射损伤效应,单粒子效应以及相对论电子效应。平流层环境(20km)下,虽然宇宙射线和高能粒子的通量比轨道卫星(200~700km)要小得多,但是长期处于这类环境中,对设备仪器必定会产生一定的影响,尤其是飞行器带电现象,在平流层飞艇中很可能出现这类效应。

中子是宇宙射线与大气中的O_2和N_2发生核反应生成的次级粒子。其通量的峰值在海拔60000英尺①(18288m)左右的高度,约为1.4个$/cm^2 \cdot s$;海拔30000英尺中子通量大约是峰值的1/3;地面的中子通量大约是峰值的1/400。中子辐射最大值出现的海拔高度也非常接近平流层飞艇的工作高度(20km),对艇载设备的影响也比机载、星载平台更为突出,因此艇载电子设备要尽可能地进行抗辐射加固防护。图3.24给出了大气中子辐射随高度、纬度的变化曲线。

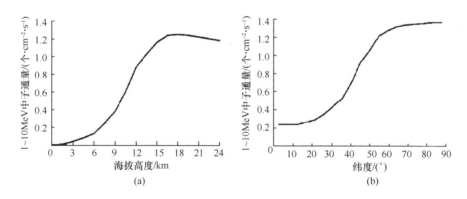

图3.24 大气中子辐射随高度和纬度的变化

---

① 1英尺=30.48cm。

参考文献

[1] Kenya HARADA. Ground – to – Statosphere Flight Test Report – Ascent Simulation of the Test Vehicle [R]. Tokyo:実業公報社,JAXA – RR – 04 – 033, 2005.

[2] 美国国家海洋和大气局,国家宇航局和美国空军部. 标准大气(美国,1976)[M]. 任现森,钱志民,译. 北京:科学出版社,1982.

[3] 《飞机设计手册》总编委会. 飞机设计手册 第1册常用公式、符号、数表[M]. 北京:航空工业出版社,1996.

[4] 中华人民共和国国家军用标准 GJB 5601—2006 中国参考大气(地面~80公里)[S]. 北京:总装备部军标出版发行部,2006.

[5] 中华人民共和国国家军用标准 GJB 1172.18—91 军用设备气候极值—臭氧[S]. 北京:中国标准出版社,1991.

[6] 蔡明辉,张振龙,封国强,等. 临近空间中子环境及其对电子设备的影响研究[J]. 装备环境工程,2007,(4)(5).

第 4 章
总体设计

平流层飞艇的研制是一个复杂的系统工程,涉及的技术领域众多。从专业学科的角度看,包括总体、气动、结构、材料、载荷、供配电、动力、飞控、测控、环控、环境等以及各专业之间的相互交叉及综合优化;从研制流程的角度看,包括论证、设计、制造、检测、试验等几个阶段,其各研制过程中的大部分专业技术问题都可以通过采用或借鉴传统飞艇、航空、航天、电子等行业的技术基础与经验得到解决,但由于使用需求、环境与条件的不同,平流层飞艇在设计上也有着自身的特殊性和挑战性。

在诸多专业技术之中,平流层飞艇的总体设计至关重要,它直接决定了飞艇的关键参数与性能,如总的体积、可实现的飞行高度以及其他能力等。为达到以最小代价完成驻空飞行等预期任务的目的,不能片面地追求阻力最小或者浮力最大,而需对飞艇的总体布局、气动特性、重量重心、能源动力、热力学性能等多专业、多学科进行综合设计,使得飞艇的浮力与重力、阻力与推力、能源供给与消耗、热量吸收与排散等性能在上升、驻空与下降等各个飞行阶段中均达到最佳整体平衡与匹配,进而实现系统总体性能的最优。

4.1 总体概念

在工程上,同飞机、传统飞艇等一样,平流层飞艇新机研制中的总体专业的首要任务,是在论证和方案阶段给出飞艇的总体技术方案,之后,总体的工作就逐步转入到为保证总体技术方案要求而进行的技术协调、相关的技术状态控制与管理以及后期的地面和试飞验证工作上。

除去协调和状态管控等工作,从纯粹的技术角度看,总体方面的设计主要有以下几项工作。

第一项工作,根据使用需求进行概念设计和技术体制选择,这种概念设计是对任务目标的最顶层分解,也是将飞艇从使用需求层面向技术层面转化的第一步。

平流层飞艇目前还是一个新兴的技术领域,在世界范围内仍处于技术验证阶段,还没有真正能够投入使用的型号产品出现,因此本章及其他文献中所提及的概念设计与技术体制还做不到如飞机等航空器般丰富或成体系,虽然其中也不乏"奇思妙想",但大部分距离工程化还有一段距离。就目前的研制情况看,通常需要考虑的总体概念主要同飞艇的形式、飞行的形式等相关。例如是将飞艇设计为传统的旋成体样式还是考虑浮升一体或是其他新概念形式,是做成通用型的多任务载荷平台还是专用型的传感器结构一体化,是考虑长时间留空还是短期使用,是重复使用还是一次性消耗,在结构上是选择硬式、软式还是半硬式的形式等。各种平流层飞艇概念设计与布局形式见图4.1。

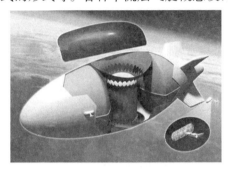
(a) ISIS传感器结构一体化设计

(b) HiSentinel非保形上升简易设计[1]

(c) Ascender双囊体V型设计

(d) Statellite浮升一体设计

图4.1 各种平流层飞艇概念设计与布局形式(见彩图)

第二项工作,是对飞艇进行总体布局设计。包括气动布局和相关浮力、阻力等气动参数计算。此时这些参数可以是无量纲或几何比例参数,最终尺寸需要结合第三项工作来确定。

对于大部分的飞行器设计,气动布局影响着其"飞行"的性能,并且作为总体布局的基础与一个主要方面,对其他相关设计都是至关重要的,因而需要率先进行。比如飞机,在这一阶段就要开始选择翼型、估算目标重量、机翼面积及翼面等主要几何参数,并进一步估算升阻特性。相对于主要依靠动升力升空飞行的飞机,对于空速较低、主要依靠静浮力升空的飞艇,特别是对平流层飞艇,决定着静浮力的飞艇囊体在总体布局中处于绝对核心地位;而气动布局在设计过程中,则往往要先顾及囊体的体积,在此基础上再考虑阻力与稳定性;对于升力特性,除非采用了浮升一体的形式,平流层飞艇在气动布局中通常是将其大大弱化的。

总体布局中的另一个主要方面是动力推进布局。由于平流层飞艇体积庞大,一般处于慢速或静止状态,并且工作环境空气稀薄,采用气动舵面的操纵效率较低,或者需要增大舵面面积进而导致结构重量太大,因此在实际设计中,飞艇动力推进装置除用于产生前进的推动力外,往往还要兼顾航向等姿态操控。另一方面,由于飞艇尺寸大,还要兼顾力矩操纵的效率,因此艇上的动力推进装置一般都为多套组合使用,而且位置较为分散。

在大多数情况下,由于很难将概念设计与总体布局完全分开,因此这两项工作也通常是耦合在一起开展的。

总体的第三项工作,是进行飞艇主要总体参数估算以及主要技术指标的初步分解。这项工作是从总体的角度对飞艇的尺寸、体积、重量(整体及主要部分重量)、动力推进、能量、刚强度(囊体)、气体压力等进行估算。对于新机研制,这种估算通常会使用一些经验公式与工程方法,并与第二项工作中飞艇浮力、阻力、气动参数等的计算有一个迭代的过程,而且随着迭代的进行以及后续全系统设计的深入,对相关总体参数的计算、包括计算方式也会不断地细化。

在进行总体参数计算的同时,还需要对各相关主要结构、设备的技术体制进行约束、分析与选择,因为不同的分系统技术体制对总体设计将表现为不同的影响因素,这实际上也是对技术指标从总体层面向分系统层面转化的一个过程。例如对动力推进的选择,对于飞机,需要估算发动机或其他推进装置的标准特性,对于飞艇,如果选用电动推进的话,相应地需要评估螺旋桨与电动机的推力、功率、效率和推重比等。

对航空电子系统、结构承力和操稳特性等总体飞行性能的综合分析在总体参数迭代时也可同步展开。

总体方面的第四项工作,是进行总体布置和局部设计的调整。这将包括对飞艇艇上部件的质量预测、囊体结构布置、舱体结构布置、起落装置布置、重心配平等,并以此为基础完成完整尺寸的飞艇总体布置图;同时结合主要结构、设备的设计信息反馈,对飞艇的局部布局或设计参数进行调整。

上述工作完成后,就基本形成了设想方案/论证方案/选型方案。之后,需要根据使用需求、约束条件等对多个论证方案进行权衡选择与综合评估;确定方案后,围绕总体布置,进一步考虑结构、电子设备等的技术细节,并同总体布局与总体参数相互印证与优化,最终形成纯技术方案。

除设计工作外,总体其他方面的工作还包括:作战效能分析,提高作战效能的可能性;生存力评估,增强生存力的途径;可靠性、维修性与综合保障方面的改进;试验策略与方案等;经费成本及使用经济性、运营问题。这部分工作暂不包括在本书的范围之内。

4.2 总体布局

平流层飞艇总体布局主要包括重浮力、气动力、动力推进以及重点结构设备布局几个方面。由于平流层环境空气密度小,飞艇运动速度低,平流层飞艇的布局考虑,相对于动升力,通常就要以浮力为主,同时为实现长期驻空还要兼顾良好的阻力特性和稳定性,以此设计理念形成的一类飞艇布局为常规布局或经典布局,这种布局的飞艇,在对流层飞艇中也比较常见,在设计研制等方面均比较成熟。

与常规布局相对应,在浮力、气动、动力推进、重点结构设备布局等方面进行着重甚至极端加强的布局为新概念布局,如球形飞艇、动升力飞艇等[2]。新概念布局通常为解决常规布局的某些不足而形成,但也往往会带来一些新的问题。本书主要论述常规布局的平流层飞艇。

4.2.1 囊体

飞艇囊体外形对飞艇总体布局的形成具有重要影响。囊体是飞艇浮力的最主要部分,承担着各种载荷和结构安装,也是气动阻力的主要贡献者,同时其自身重量也在飞艇整体重量中占有相当大的比例。理想情况下飞艇的表面积相对于体积应尽可能小,因为囊体重量与其表面积、也就是特征长度的平方成正比,同时囊体表面摩擦阻力也占了总阻力的很大部分,而浮力与体积、也就是特征长度 L 的立方成正比。

在所有形状中,球形具有最佳的体积/表面积比,但相对于橄榄状的旋成体外形其气动阻力系数也较大;综合考虑体积、表面积、气动阻力和稳定性等因素,传统的流线型旋成体设计在这方面具有综合优势,同时其囊体蒙皮的应力分布也较为均匀,对尾翼等附属结构的安装也具有足够的刚度支持,这也使其成为常规布局的主要选择。

常规布局飞艇的设计中,艇体的长细比是一个重要的几何参数,可以在给定的体积下根据空气阻力和结构重量来进行优化。由于飞艇常规囊体的体积/表面积比低于球体,而且在小长细比、重量限制严格时的航向稳定性等方面有待改进,因此从功能、性能、成本等角度考虑,不断有人尝试改进飞艇的囊体外形,对于旋成体而言,也就是改进囊体的母线方程。

根据设计经验,对于软式飞艇,一般来说最佳长细比在 4 左右;而对于大型硬式飞艇,最佳长细比在 6 或 7 左右[3]。Hoermer(1957)根据实验数据整理得到利用飞艇长细比 f 和雷诺数($Re > 5 \times 10^6$)近似估算的阻力系数公式为

$$C_\mathrm{D} = \lfloor 0.172f^{1/3} + 0.252f^{-1.2} + 1.032f^{-2.7} \rfloor / Re^{1/6} \qquad (4.1)$$

图 4.2 给出了按公式(4.1)计算的不同雷诺数 Re 下的阻力系数,由图可见:随着长细比的增大,阻力系数先是迅速减小,然后又缓慢增加,在大约 3~6 之间达到最低极值;经典飞艇的长细比一般在 3~6 之间,囊体阻力系数一般在 0.02~0.03 之间;平流层飞艇的雷诺数 Re 通常在 10^7 量级,囊体阻力系数一般在 0.02 左右[4]。

大多数常规布局飞艇利用椭球体作为囊体形状。为增强气动效果、特别是获得额外的气动升力,新概念飞艇往往对椭球体囊体进行较大的改动,例如采用增加升力面或扁平体等外形。这种外形能够有效利用动升力、增加飞艇的整体升力调节范围、减小侧风的影响,但是另一方面,升力体、扁平体等外形降低了囊体的体积/面积比,同时动升力的产生对动力、能源等的需求会大大提高。

常规布局飞艇为单艇体;采用多艇体的结构,可以使飞艇分成更小更简单的单元,降低囊体表面应力水平,丰富布局组合样式;但同样,多艇体存在额外增加重量的问题,因为在同体积和给定长细比时,这种结构的飞艇的气囊表面积要比单一艇体大,见图 4.3。当囊体材料的强度一定时,多艇体结构可以通过"化整为零"的方式来分散载荷,进而承担更多负重,但这种增加也不是无限制的,因为艇体之间的连接结构同样需要增加一部分重量。

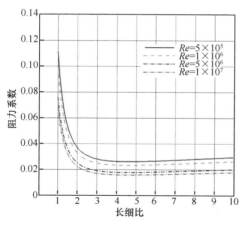

图 4.2 根据阻力公式计算不同长细比囊体的零阻系数(见彩图)

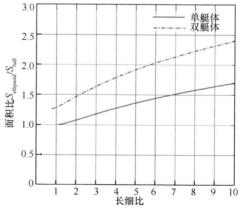

图 4.3 等体积不同长细比椭球的囊体表面积与球体表面积之比(见彩图)

飞艇为更大效率地利用动升力,则需要设计特殊的总体气动外形。在已有产品及样机中,美国的LEMV是一种典型的利用动升力来实现大载重长航时飞行的对流层飞艇,它的囊体底部扁平,形成了一个完好的升力面,可以使飞艇在重于空气浮力时起飞、在轻于空气浮力时着陆。

球体可将体积/表面积比的效果发挥到极致。当升力是最重要的参数,而气动性能和飞行速度不是主要设计目标值时,可以考虑球状外形。由于圆球的表面最大轴向应力是同直径圆柱体的一半,使得球体的耐压能力极好,加上球形结构还具有制造简单、不需要尾翼结构等方面的优势,球形平流层浮空器也一直备受关注,如美国JP宇航公司的多球体平流层样机(图4.4)。不过,与流线型旋成体相比,球体具有很大的阻力,限制了飞行速度;同时其航向稳定性不够、难以操作,因此这类浮空器更加适合随风运动。

图4.4 美国JP宇航公司多球体平流层样机(见彩图)

4.2.2 尾翼

一般来说,常规布局的飞艇是一种静不稳定、但可操纵的飞行器,常规的流线型旋成体囊体自身具有运动不稳定性,因此需要尾翼结构来保证飞艇纵向和横向的运动稳定性。尾翼所提供的稳定力矩由尾翼面积和尾力臂决定,其中尾力臂受囊体长细比、尾翼安装位置处囊体的刚度等影响;尾翼面积取决于对稳定性、操纵性、重量等的综合考量。当尾翼面积足够大时,可以起到类似于风向标的稳定作用,但是考虑可控能力和结构重量的限制,飞艇尾翼又要做得相对比较小。同飞机、对流层飞艇不同,为降低重量,平流层飞艇的尾翼通常考虑采用软式结构;同时由于工作环境大气密度小、飞行速度较低,舵面的作用较小,平流层飞艇的尾翼一般只有安定面结构。

平流层飞艇在尾翼布局方面,同对流层飞艇类似,包括X型、十字型、Y型、倒Y型、米字型等(图4.5),可根据囊体形状、飞行过程对稳定性的需求等方面进行选择。

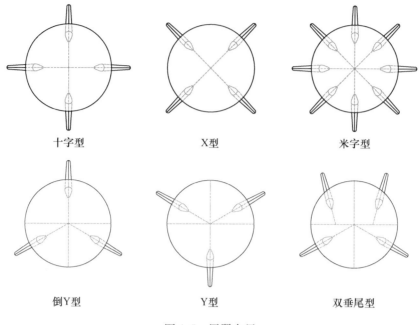

图 4.5 尾翼布局

在尾力臂、即尾翼位置方面,主要需要协调以下各种影响因素:

(1) 尾翼越靠后,力臂越大,因此可以使用小翼面尾翼。

(2) 尾翼越靠后,艇体直径通常越小,将导致尾翼下部的气流流动较差,会影响尾翼的气动效率。

(3) 尾翼越靠后,艇体直径通常越小,囊体的张力和总截面面积就越小,会导致刚度不足而影响囊体支持尾翼的能力,因此需要较大的尾翼连接面积、连接接头和强度尽可能大的尾翼,以便分散载荷。

(4) 尾翼越靠后,相对囊体型心的重力矩越大,有些设计需要在飞艇前部增加较大的配重以便保持整体俯仰平衡。

4.2.3 动力推进布局

平流层飞艇的动力推进设备为飞艇的浮空飞行及姿态控制提供推力。动力推进设备的选择方法见第 8 章,目前采用较多的模式为电动机与螺旋桨配合的电推进,其布局的原则主要包括:减少动力推进气流对囊体、尾翼等的不利干扰,消除不利的力矩;除向前推进力,还要实现对飞艇纵向、航向的操纵;同时还应该考虑动力推进设备安装时对囊体刚度的影响与要求。

对于常规布局的平流层飞艇,常用的动力推进布局形式主要有尾部推进、两侧推进以及两侧和尾部同时推进。

其中在吊舱两侧或囊体两侧布置螺旋桨动力推进装置是最普遍的一种方式。在吊舱两侧安装推进装置最简单、最易实现,但在工作过程中会对飞艇产生抬头力矩,需要有手段来平衡,并且对航向的操纵力矩不够;在囊体两侧安装动力推进装置,安装空间充分,可以同时布置多套装置形成不同的推力组合,还可以充分利用囊体的宽度通过两侧差动进行航向操纵,并可通过矢量控制进行纵向控制。相对尾部,动力装置安装在囊体中部对囊体的刚度强度要求也较低[5]。

采用尾部推进,一般认为会有以下优点:尾部螺旋桨可以对桨叶前方的气流产生抽吸作用,强迫气流在囊体上的分离点向后移动,改善飞艇绕流流态,从而降低压差阻力;在飞艇舵效不能满足飞行操纵需求时,可以利用尾部螺旋桨的推力矢量偏转,提供对飞艇起操纵作用的直接力矩[6]。

4.2.4 任务载荷布局

传统的任务载荷与飞艇平台相对独立,对预警探测雷达的尺寸、重量限制要求较大。为解决载荷重量与飞艇总重比值太小的问题,以美国 ISIS 为代表的飞艇,采用传感器结构一体化的布局形式,期望充分利用飞艇的大体积空间和大囊体表面,结合飞艇结构有效地布置预警探测雷达的大口径天线载荷。

4.2.4.1 外置式、吊舱式(图4.6)

对于飞艇,无论平流层还是对流层,在吊舱里或囊体下方部位布置任务载荷是最传统的布局方式。对于平流层飞艇预警探测系统,由于所搭载的探测设备天线阵面较大,尽管可以采取一些整流措施,还是会增加飞艇的飞行阻力。

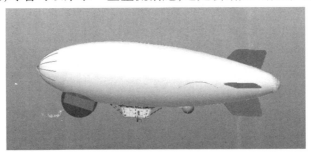

图4.6 载荷外置式、吊舱式布局(见彩图)

4.2.4.2 内置气囊式(图4.7)

内置气囊式布局的优点是:传感器阵面与主气囊内部的气囊共形,可以通过增加气囊气压实现阵面的高压保形;传感器位于飞艇内部,容易实现局部工作环境温度和压力的控制,保证设备处于比较理想的工作环境;可实现方位360°全覆盖。缺点是飞艇正下方半径20km左右的区域存在扫描盲区;飞艇与传感器的一体化设计在结构安装、维护上存在一定难度。

图4.7 载荷与内部气囊共形的一体化形式(见彩图)

4.2.4.3 内置旋转阵面(图4.8)

该方案是最易想到的、可以利用囊体内部空间的形式。其优点是采用单面阵有利于提高雷达孔径利用效率;阵面波束综合复杂度低。但缺点也比较突出:为保证传感器的正常性能,天线阵面需要具有一定的刚度来保持相对稳定的形状,这就必须依靠高强度的阵面支撑结构,而支撑结构本身就意味着要增加额外的重量;平流层飞艇通常迎风飞行,为满足对不同观测方向的实际需求,天线阵面需要依靠机械转动机构实现方位360°自由旋转,飞艇内部必须为如此巨大的阵面预留足够的活动空间,结构的实现难度大大增加。

图4.8 载荷内置旋转阵面形式(见彩图)

4.2.4.4 外表面共形(图4.9)

该方案的优点是传感器和飞艇表面进行一体化设计,可以充分利用飞艇囊体的巨大表面。其缺点主要是:波束形成复杂度高;飞艇表面长、宽方向长度不一致,存在不同观测方向的口径不一致问题;传感器在比较远的探测距离上,要求大的扫描角,阵面效率下降,单元和组件数增加;另外,天线单元与组件和飞艇表面共形在一起,容易受到外界环境的影响,不利于环境控制。

图 4.9　载荷与飞艇表面共形的一体化形式(见彩图)

4.3　总体参数

4.3.1　指标输入

指标是对设计的最顶层要求。对于平流层飞艇,最主要的指标包括:高度、速度/抗风、时间/航程、任务载荷的重量与功耗、数据传输性能等。以此作为总体设计的输入,再经过层层分解,可以进一步地得到对分系统、子系统等的主要指标要求。其他可选择的功能要求如升降方式、载荷安装等,也会对总体设计形成约束。另外,对于一项工程产品的研制,指标还要考虑环境适应性、可靠性、安全性等方面。

进行具体的总体设计,除指标输入外,还要考虑主要分系统所能达到的性能,或者说是对分系统的技术体制的选择,它们一个是对总体自上而下的要求,一个则是对总体自下而上的约束。

其中对于飞艇,主要的分系统性能项目包括囊体材料的面密度和强度,动力装置的推力、功率、重量,储能电池的能量、重量,太阳能电池的效率、密度,数据传输设备的数据率等。

4.3.2　平衡关系

明确指标输入、选定总体布局与技术体制后,在对飞艇进行总体参数估算的时候,各参数之间需要满足各种平衡关系或方程,即总体设计必须遵循基本的物理规律,概括起来其中最主要的几点包括:

4.3.2.1　重浮力平衡

指飞艇通过在囊体内部充入浮升气体形成静浮力克服自身重量升空,即

$$B = \rho_a V_{vol} g \geq G = m_{total} g = (m_{he} + m_{air} + m_{airship})g \quad (4.2)$$

式中：B 为飞艇总浮力；ρ_a 为环境大气密度；V_{vol} 为飞艇体积；g 为重力加速度；G 为飞艇总重力；m_{total} 为飞艇总质量；m_{he} 为飞艇气囊内部浮升气体（氦气）质量；m_{air} 为飞艇气囊内部空气质量（如果有）；$m_{airship}$ 为装备完善的飞艇质量。

在平流层海拔 20km 左右高度，空气密度仅有地面的十几分之一，为将飞艇及任务设备升到这一高度，要求平流层飞艇必须具有巨大的囊体体积来产生足够的浮力；从另一个方面说，对于一定体积的平流层飞艇囊体，其能携带的结构设备重量是受到限制的，所有长时留空、定点飞行、能量循环等功能的实现都必须是在许可的重量范围内进行的。要增大飞艇的载重量，必须增大飞艇的体积，这就带来了囊体结构重量的增加，同时体积增大造成飞行阻力增大，对动力、能源等相关设备重量的需求也增大，这又会进一步的要求增大飞艇体积，因此实现飞艇的重浮力平衡始终贯穿飞艇设计始终。

4.3.2.2 推阻平衡

平流层飞艇要实现定点飞行，必须能够对抗平流层的一定风速，即实现飞艇的推力与阻力的平衡，公式为

$$F_T \geq F_d = \frac{1}{2}\rho_a v^2 C_D S_{ref} \quad (4.3)$$

式中：F_T 为飞艇推进力；F_d 为飞行阻力；v 为空速；C_D 为阻力系数；S_{ref} 为参考面积。飞艇的阻力同其外形设计、体积、空速及大气密度相关，对于同样的高度和抗风要求，飞艇的体积越大、外形阻力系数越大，产生的阻力越大，所需要的推力也越大，由此需要的推力系统设备和能耗越多、相关重量越大。

4.3.2.3 能量平衡

平流层飞艇要实现长时留空，必须能够长时间地提供能源以满足动力飞行、设备和任务载荷的用电需求[7]。现有设计中最常用的能源提供方法是采用太阳能电池和储能电池（可再生燃料电池等）完成昼夜能量循环：夜晚通过储能电池供电，白天通过太阳能电池给设备供电，同时为储能电池充电，即

$$夜晚: E_{cell} \geq E_{night} = P_{night} \times t_{night} \quad (4.4)$$

$$白天: E_{solar} \geq E_{day} = P_{day} \times t_{day} + E_{cell}/\eta_{cell} \quad (4.5)$$

式中：E_{cell} 为储能电池能量；E_{night} 为飞艇夜晚能量需求；P_{night} 为夜晚平均功率需求；t_{night} 为夜晚时长；E_{solar} 为太阳能电池能量；E_{day} 为飞艇白天能量需求；P_{day} 为白天平均功率需求；t_{day} 为白天时长；η_{cell} 为储能电池的充电效率。

根据目前的研制和相关工业水平，太阳能电池、储能电池（可再生燃料电池

等)的重量仍在整个平流层飞艇的系统重量中占有较大的比例。当动力、设备和任务载荷的用电需求增大时,太阳能电池、储能电池(可再生燃料电池等)及相关安装结构的设备量、重量也必须同时增大。

此外还涉及其他一些平衡关系可加入到总体参数的计算中,或为总体参数计算提供依据与支撑,如热量的平衡、气体压力与囊体强度刚度的平衡,相关具体计算方法参照第6、7等章节的内容。

根据平衡关系,以重浮力平衡为判断条件,可以通过反复迭代设计,最终得到平流层飞艇的总体设计参数,主要流程如图4.10所示。

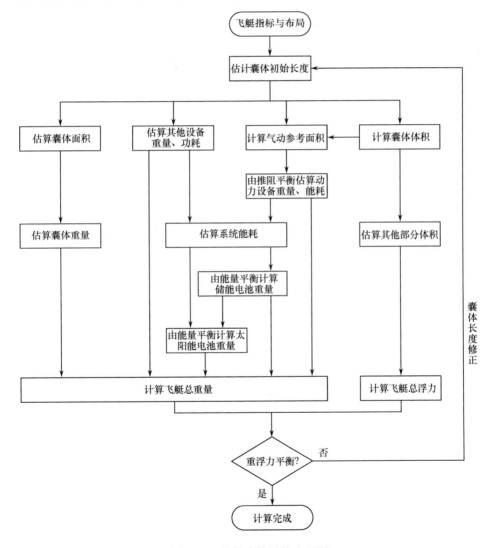

图4.10 总体参数计算流程图

4.3.3 重量估算

平流层飞艇的重量控制贯穿于整个飞艇设计阶段,亦是总体设计中的一个重要方面。与飞机等依靠动升力升空不同,飞艇依靠比空气轻的浮升气体来提供浮力,因此飞艇的"超重"比常规固定翼或旋翼飞行器对性能的影响更加显著,飞艇的结构设备每增加 1kg 质量,就会失去 1kg 可供使用的有效载荷。

平流层飞艇的飞行总重量由装备完善的飞艇质量 $m_{airship}$、浮升气体质量 m_{he} 和囊体内的空气质量 m_{air} 产生,为

$$m_{total} = m_{he} + m_{air} + m_{airship} \quad (4.6)$$

式中:$m_{airship}$ 包括飞艇空重质量 m_{empty}、任务载重质量 $m_{payload}$、配重质量 $m_{ballast}$ 和油重质量 m_{oil}(如果需要),即

$$m_{airship} = m_{empty} + m_{payload} + m_{ballast} + m_{oil} \quad (4.7)$$

飞艇空重是由飞艇所有组成部件及系统质量的总和产生,可用公式表达为

$$m_{empty} = m_{hull} + m_{tail} + m_{cabin} + m_{thrust} + m_{pressure} + m_{temperature} + \\ m_{cell} + m_{solar} + m_{equip} + m_{structure} \quad (4.8)$$

式中:m_{hull} 为飞艇囊体质量;m_{tail} 为尾翼质量;m_{cabin} 为吊舱质量;m_{thrust} 为动力设备质量;$m_{pressure}$ 为压力调节设备质量;$m_{temperature}$ 为热控设备质量;m_{cell} 为储能电池质量;m_{solar} 为太阳能电池质量;m_{equip} 为其他设备质量;$m_{structure}$ 为其他结构质量。

参照国内外已有软式飞艇的设计情况,通过基本平衡关系、数据统计与资料积累,可以总结出各质量项与飞艇几何尺寸及飞行性能等的关系。

1) 囊体质量

囊体分为主气囊和副气囊。其中主气囊质量可由下式确定为

$$m_{envelope} = K_{envelope} \rho_{envelope} S_{envelope} \quad (4.9)$$

式中:$K_{envelope}$ 为考虑连接结构质量的系数,由连接的工艺方式决定;$\rho_{envelope}$ 为气囊材料的面密度(单位面积质量);$S_{envelope}$ 为主气囊的表面积。

副气囊的质量计算公式与主气囊类似,即

$$m_{ballonet} = K_{ballonet} \rho_{ballonet} S_{ballonet} \quad (4.10)$$

2) 尾翼质量

软式尾翼的质量可表示为

$$m_{tail} = n_{tail} K_{tail} \rho_{tail} S_{tail} = n_{tail} K_{tail} \rho_{tail} \lambda_{tail} S_{ref} \quad (4.11)$$

式中:K_{tail} 为考虑连接结构质量的系数,由具体的结构和连接的工艺方式决定;ρ_{tail} 为软式尾翼材料的面密度;n_{tail} 为尾翼数量;S_{tail} 为尾翼的表面积;λ_{tail} 为尾翼

面积系数。

3) 吊舱质量

吊舱质量含舱体质量及安装结构质量,主要由内部装载设备的质量和过载状态决定,可以表示为

$$m_{\text{cabin}} = K_{\text{cabin}}(m_{\text{equipment\_in}} + m_{\text{cell}} + m_{\text{temperature}}) \tag{4.12}$$

如果任务载荷采用吊舱式布局,上式还要包括 m_{payload}。

式中:K_{cabin} 为吊舱质量系数,包含过载、结构、强度、安全、工艺等方面的因素;$m_{\text{equipment\_in}}$ 为吊舱内部装载其他设备的质量。

4) 动力装置

对于采用电动机与螺旋桨配合的电推进模式,其质量可以采用公式表示为

$$m_{\text{thrust}} = m_{\text{propeller}} + m_{\text{engine}} \tag{4.13}$$

$$m_{\text{propeller}} = K_{\text{propeller}} \eta_{\text{propeller-D}} F_{\text{D}} = \frac{1}{2} \rho_{\text{a}} v_{\text{max}}^2 C_{\text{D}} S_{\text{ref}} K_{\text{propeller}} \eta_{\text{propeller-D}} \tag{4.14}$$

$$m_{\text{engine}} = K_{\text{engine}} \eta_{\text{engine}} P_{\text{max}} = \frac{1}{2} \rho_{\text{a}} v_{\text{max}}^3 C_{\text{D}} S_{\text{ref}} K_{\text{engine}} \eta_{\text{engine}} \eta_{\text{propeller-P}} \tag{4.15}$$

式中:$m_{\text{propeller}}$ 和 m_{engine} 分别为螺旋桨和电动机的质量;$K_{\text{propeller}}$、K_{engine} 分别为螺旋桨和电动机的质量系数,对不同的结构形式(例如涵道、导流片、矢量推进等)取不同的值;$\eta_{\text{propeller-D}}$、$\eta_{\text{propeller-P}}$、$\eta_{\text{engine}}$ 分别为螺旋桨推力效率、功率效率和电动机的功率效率。

对于其他形式的动力装置,采用成品件或类似方式估算。

5) 压力调节装置

对于压力调节装置,其进气和放气设备的质量可分别采用公式表示为

$$m_{\text{pressure\_in}} = K_{\text{pressure\_in}} Q_{\text{f-in}} \tag{4.16}$$

$$m_{\text{pressure\_out}} = K_{\text{pressure\_out}} Q_{\text{f-out}} \tag{4.17}$$

式中:$K_{\text{pressure\_in}}$、$K_{\text{pressure\_out}}$ 分别为进气和放气设备的质量系数,由具体的设备结构、工艺等因素确定;$Q_{\text{f-in}}$、$Q_{\text{f-out}}$ 分别为进气和放气的流量。

6) 热控装置

对于热控装置,其加热和冷却设备的质量可分别采用公式表示为

$$m_{\text{heat}} = K_{\text{heat}} P_{\text{heat\_max}} \tag{4.18}$$

$$m_{\text{cool}} = K_{\text{cool}} P_{\text{cool\_max}} \tag{4.19}$$

式中:K_{heat}、K_{cool} 分别为加热和冷却设备的质量系数,由具体的设备结构、工艺等因素确定;$P_{\text{heat\_max}}$、$P_{\text{cool\_max}}$ 分别为最大加热和冷却功率。

7) 艇载其他设备

艇载系统设备主要包括操纵系统设备、电气系统设备、通信系统设备等,可采用以下公式表示为

$$m_{\text{equipment}} = \sum K_{\text{pi}} P_{\text{pi}} \tag{4.20}$$

式中:K_{pi} 和 P_{pi} 分别为各设备的质量系数和工作功率。

或者还可以采用以下公式表示为

$$m_{\text{equipment}} = \sum_{i=0}^{3} K_{\text{Li}} L_a^i \tag{4.21}$$

式中:K_{Li} 和 L_a 分别为质量系数和飞艇长度尺度,部分设备可认为与飞艇长度无关,其他设备的相关参数分别与飞艇的长度、面积、体积成正比。

8) 储能电池

飞艇夜晚由储能电池供电,储能电池质量与储存能量成正比为

$$m_{\text{cell}} = \rho_{\text{cell}} E_{\text{cell}} = \rho_{\text{cell}} K_{\text{cell}} E_{\text{night}} = \rho_{\text{cell}} K_{\text{cell}} P_{\text{night}} \times t_{\text{night}} \tag{4.22}$$

式中:ρ_{cell} 为电池的能量密度;K_{cell} 为考虑放电效率、冗余等因素所取的工作系数。

9) 太阳能电池

白天飞艇由太阳能电池供电,并给储能电池充电,太阳能电池的质量与一天发电量成正比:

$$m_{\text{solar}} = \rho_{\text{solar}} E_{\text{solar}} = \rho_{\text{solar}} K_{\text{solar}} E_{\text{day}} = \rho_{\text{solar}} K_{\text{solar}} (P_{\text{day}} \times t_{\text{day}} + E_{\text{cell}}/\eta_{\text{cell}}) \tag{4.23}$$

式中:ρ_{solar} 为电池的能量密度;K_{solar} 为考虑发电效率、冗余等因素所取的工作系数。

10) 其他结构

其他结构主要用于各主要设备在囊体等位置的安装,可用公式表示为

$$m_{\text{structure}} = \sum K_{\text{mi}} m_{\text{mi}} \tag{4.24}$$

式中:K_{mi} 和 m_{mi} 分别为其他结构的质量系数和所安装设备(操控、电气、通信、动力、压力调节、环控等)的质量。

参考文献

[1] Smith S, Fortenberry M. HiSentinel80: Flight of a High Altitude Airship [C]. Virginia Beach: 11th AIAA Aviation Technology, Integration, and Operations (ATIO) Conference, AIAA, 2011.

[2] Barnard L, Navid L Q, Walter T G. A new concept of hybrid airship [C]. Norfolk: 6th Lighter-Than-Air System Conference, AIAA, 1985.

[3] Khoury G A, Gillett J D. Airship Technology [M]. London: Cambridge University Press, 2002.
[4] 任一鹏,田中伟,吴子牛. 飞艇空气动力学及其相关问题 [J]. 航空学报,2010,31(3).
[5] Hendrick P, Hallet L, Verstrate D. Comparison of propulsion technologies for a HALE airship [C]. Belfast: 7th AIAA Aviation Technology, Integration, and Operations (ATIO) Conference, AIAA, 2007.
[6] 彭桂林,陈利. 现代常规飞艇动力推进技术概述[J]. 航空科学技术,2008,5.
[7] 王海峰,宋笔锋,刘斌,等. 高空飞艇总体设计方法研究 [J]. 西北工业大学学报,2007,25(1).

第 5 章
空气动力与飞行载荷

飞艇作为一种航空飞行器,其飞行需要稳定可控,能为任务载荷工作提供良好的位置与姿态。平流层飞艇在升降过程中需要穿过对流层及平流层底层区间,并要经历风速高、风切变强的急流区,对飞艇本身的气动及操稳性能提出了极高的要求。在飞艇设计时,气动设计既要保证飞艇在高空和低空具有足够的稳定性和操纵性,又要提供准确的飞行载荷满足强度设计精细化要求。

5.1 空气动力

5.1.1 空气动力简介

浸没在空气中的物体与周围空气发生相对运动时就会产生空气动力。空气动力对飞艇的影响是双重的,空气动力是飞艇动力、动升力和操纵力的主要来源,同时也是影响飞艇飞行安全和能源消耗(与抗风阻力相关)的重要因素。

除具有常规飞艇低速不可压流动的特点外,平流层飞艇的空气动力问题还需考虑以下几个方面:

1) 密度变化大

平流层飞艇飞行高度比较高,工作高度大气密度远低于地面大气密度,升降过程中飞艇所经历的大气密度变化大。海拔 20km 高度大气密度约为零海拔的 1/14,30km 高度大气密度约为零海拔的 1/67。气动力与周围大气密度成正比,平流层飞艇在地面和工作高度受到的气动力大小有量级上的差别。雷诺数 Re 同样与大气密度成正比,在地面与工作高度也会有量级上的差别。雷诺数的变化将导致飞艇摩擦阻力的变化和表面气流转捩位置的改变,进而影响飞艇的气动特性。因此,飞艇的气动设计应考虑由于高低空大气密度不同而引起的气动特性变化。

2) 大迎角或大侧滑角飞行状态

平流层飞艇的升降过程接近于竖直升降,平飞速度较低,飞艇处于大迎角飞行状态。由于受重量和强度限制,平流层飞艇尾翼面积一般较小,飞行稳定性比常规飞艇弱,遭遇突风时响应时间较长,飞艇可能会处于大侧滑角飞行状态。必须通过数值计算或风洞试验确定平流层飞艇大迎角或大侧滑角的气动特性,为整个飞行过程的性能仿真提供准确完整的气动力。

3) 大分离状态

平流层飞艇囊体为软式结构,囊体尾部和尾翼后缘为钝体,易形成分离流。飞艇有时处于大迎角或大侧滑角飞行状态,主囊体周围的气体流动类似圆柱绕流,尾翼流动类似平板绕流,这些情况都存在大分离流动。大分离流会导致流动不稳定和气动力非线性,从而影响飞艇飞行状态。

平流层飞艇研制难度大,研制过程中新思维、新技术层出不穷。总结起来,平流层飞艇在气动设计方面主要采用如下方法:

1) 常规布局为主线,非常规布局为辅线

常规布局形式是飞艇发展过程中沉淀出的一种优秀气动布局形式,各方面性能比较均衡,是现代飞艇设计采用的主流气动布局形式。以长航时、形成装备为目的的平流层飞艇大都基于常规布局形式进行优化,如美国的 HAA 高空飞艇、日本的 SPF 平流层试验艇。由于平流层飞艇设计难度大,一些研究机构也提出了多种非常规布局形式用于解决平流层飞艇研制过程中遇到的难题,如美国 JP 宇航公司的"攀登者"高空飞艇和德国斯图加特大学研究人员提出的分段式蠕虫状飞艇。

2) 计算流体动力学(CFD)方法逐步成为气动布局设计的主要手段

气动设计手段随着技术的发展而变化,在经典的工程算法和风洞试验的基础上又出现了 CFD 方法。相对于风洞试验,CFD 方法无需制作模型,能够节省资金和研制周期;相对于工程算法,CFD 方法既能提供较高的计算精度,又能直观给出飞艇表面及周围流动状况。计算机及并行计算技术的发展使得 CFD 方法摆脱了计算资源不足的束缚,提高计算精度,缩减计算时间,应用范围从早期选型扩大到飞艇整个气动设计过程。

3) CFD 自动优化技术开始用于气动布局设计

飞艇气动布局设计是一个迭代优化的过程。工程算法具有计算精度低、适用范围小、无法进行机理分析的缺陷,因此不适用于精细优化。风洞试验需要经历模型制作、试验测试、结果处理等阶段。由于模型制作、试验测试完全无法自动化完成,因此利用风洞试验进行自动气动布局优化也不可行。CFD 方法具有计算精度高、流程可自动化等优点,适用于气动布局自动优化设计。随着计算机技术及计算方法的进步,计算时间缩短,CFD 气动布局自动优化设计成为可能。

得益于使用 CFD 方法进行气动布局优化,出现了一些不同于常规飞艇的优化气动外形,如美国的 HAA 高空飞艇、欧洲局的 HALE 飞艇等飞艇囊体外形均与常规飞艇不同。

5.1.2 气动力计算

5.1.2.1 气动力计算概念

流动空气对飞艇的作用力以压力和摩擦力形式分散的作用在飞艇表面。根据理论力学基本原理,空间力系可以简化成对任意一点的主矢和主矩。因此,在气流坐标系和艇体坐标系均可将分散的空气动力简化成作用效果相同的沿三个轴的气动力分量和绕三个轴的气动力矩分量,简化后的气动合力直接改变飞艇的运动状态。影响平流层飞艇气动力的因素较多,主要包括大气环境(密度、湍流)、飞艇飞行状态(迎角、侧滑角、滚转角速度)和飞艇控制状态(舵偏角)。气动力与这些因素之间关系复杂,难以精确表示。在实际使用时一般将气动力写成静态气动力、动态气动力、附加质量、操纵力的叠加组合。

为了将气动力应用到外形相似的飞艇上或者将风洞试验结果应用在全尺寸飞艇上,需要对气动力进行无量纲化处理。气动力和气动力矩无量纲化表达式为

$$C_F = \frac{F_A}{\frac{1}{2}\rho_a v^2 S_{ref}} \tag{5.1}$$

$$C_M = \frac{M_A}{\frac{1}{2}\rho_a v^2 S_{ref} L_{ref}} \tag{5.2}$$

式中:S_{ref} 为参考面积;L_{ref} 为参考长度;ρ_a 为飞艇周围密度;v 为飞艇空速;C_F 和 C_M 为无量纲气动力系数;F_A 和 M_A 分别为气动力和气动力矩。对于浮空器而言,参考面积一般取主气囊囊体体积的三分之二次方,参考长度取主气囊长度。

平流层飞艇的气动力具有非线性强、纵横向耦合严重、大迎角和大侧滑角时无规则波动的特点。

平流层飞艇的气动力随迎角或侧滑角变化具有非线性强的特点。图 5.1 是日本 SPF 平流层试验艇大迎角纵向气动力试验结果(C_D、C_L、C_m 分别为阻力系数、升力系数和俯仰力矩系数)。由图中可以看出,飞艇的气动力非线性特性明显,即使是小迎角时也有明显的非线性特点。

飞机的气动力纵横向耦合不强,一般可用气动力对迎角和侧滑角的导数表示。飞艇的气动力纵横向耦合性较强,不能简单线性化处理,需要写成迎角和侧

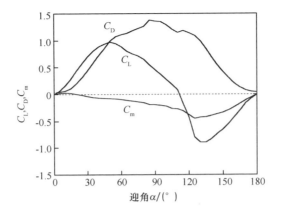

图 5.1　日本平流层试验艇纵向气动特性

滑角的函数表达式 $C_F = f(\alpha, \beta)$。图 5.2 是某飞艇轴向力系数 C_A 随迎角和侧滑角的变化特性曲面。由图中可以看出,该气动力变化受迎角和侧滑角的影响均比较大且耦合性较强。

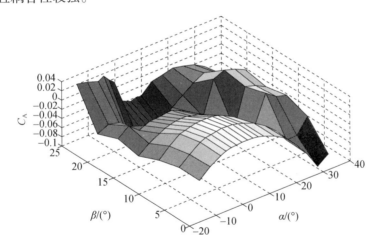

图 5.2　某飞艇轴向气动特性

平流层飞艇体积大、惯性大、稳定性差、平飞速度低,飞行过程中可能面临大迎角和大侧滑角状态。飞艇在大迎角和大侧滑角状态飞行时周围流场会产生较大分离。图 5.3 显示了飞艇处于大迎角(90°)飞行状态时飞艇周围流线,由图可知气流产生了较大分离。非周期性分离会引起气动力的非周期性变化,在 CFD 计算时表现出非定常气动力的无规则波动,如图 5.4 所示(C_D、C_L、C_Y 分别为阻力系数、升力系数和侧力系数)。在风洞试验时,气动力无规则波动表现在迎角超过一定角度后模型出现无规则振动。

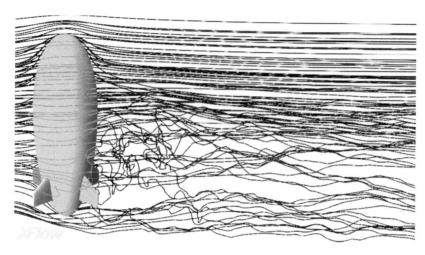

图 5.3　90°迎角飞艇流线(见彩图)

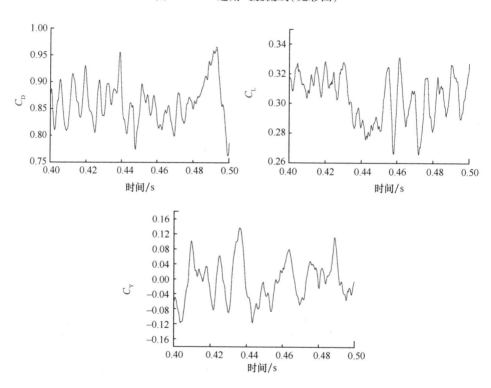

图 5.4　CFD 计算纵向气动力无规则波动曲线

5.1.2.2　升阻特性

气动合力在气流坐标系 Z 轴负方向的分量称为气动升力。飞艇主要依靠空气浮力升空且正常飞行状态迎角较小,因此气动升力对飞艇性能影响相对较小。研究飞艇升阻特性的重点是研究飞艇的阻力特性。

气动合力在气流坐标系 X 轴负方向的分量称为气动阻力。减小飞艇阻力是降低飞艇重量、增加续航时间和里程的重要方法。即使飞艇阻力降低一小部分,那么也将意味着可以为飞艇节省大量的能源,即飞艇可以携带更多载荷或者大幅增加飞艇的续航能力。对于平流层飞艇来说,重浮力平衡的形势比较严峻,降低气动阻力可直接降低能源系统和动力推进系统的重量,有效减小飞艇体积。这不仅是携带载荷多少与航程大小的问题,也是平流层飞艇研制成功与否的关键。

影响飞艇阻力的因素主要有:长细比、转捩位置、雷诺数、艇体表面粗糙度、湍流度、尾翼以及附属物等因素。

由于飞艇主要靠浮力升空和滞空,气动升力所占比例很小,升致阻力几乎可以忽略,所以飞艇阻力主要由压差阻力和摩擦阻力两部分组成。一般来说,长细比越大,分离越小,压差阻力也越小。这也是早期飞艇设计的主要思想。然而过大的长细比导致浮力相同情况下表面积更大,摩擦阻力也更大。因此,存在一个最佳长细比使压差阻力与摩擦阻力之和最小。Young 与 Hoerner 分析了飞艇长细比变化时的阻力变化。Young 提出当长细比为 5.5 时,飞艇阻力具有最小值;Hoerner 分析了实验数据并与理论值比较,得出当长细比为 4.61 时具有最小阻力值。此值与飞行条件和飞艇囊体粗糙度等因素均有关系,因此应综合进行考虑。现代飞艇设计的长细比一般选择在 4 左右。

雷诺数 Re 是惯性力与黏性力之比。雷诺数对层流流动具有重要影响。尤其是介于层流流动和湍流流动之间的转捩区对雷诺数非常敏感。转捩是从简单分层状态到复杂混沌湍流状态的过渡。虽然转捩位置的变化对表面的压力分布影响不大,但是对表面的摩擦系数有较大的影响。一般来说,风洞试验与实际飞行状态的雷诺数不同,需要对阻力进行修正。湍流度和表面粗糙度也会影响飞艇流动转捩状态,因此也会影响气动阻力。

飞艇尾翼和附属物的存在使气流在飞艇艇体边界层外的局部速度增加,导致艇体表面的摩擦阻力增加,同时也影响了艇体的局部压力分布。在零度迎角时,尾翼对飞艇气动力影响较小,主要是略微增加飞艇气动阻力。在迎角增大时,尾翼对飞艇气动阻力贡献逐渐增大。飞艇吊舱与张线也是影响阻力的重要附件。在零度迎角时,吊舱对气动阻力的贡献甚至超过尾翼。

目前降低飞艇阻力的主要措施有囊体外形优化、螺旋桨后置和边界层控制方法。

飞艇艇体阻力约占整艇阻力的 $1/2 \sim 2/3$,艇体减阻是飞艇减阻的重点。艇体优化的主要工作是推迟附面层转捩,使艇身尽可能多地保持层流。国内外许多学者对飞艇囊体减阻进行了研究,其基本思想是:常规飞艇囊体为旋成体,囊体母线决定囊体外形;选取其中一组母线使用面元法或有限体积法对囊体气动特性进行 CFD 计算,根据计算结果选取在湍流和层流两种流态下阻力系数都比较小的囊体母线。美国 HAA 平流层飞艇的囊体母线在尾部有明显的收缩段,与经典的囊体母线有显著不同。

螺旋桨后置就是将螺旋桨安装在囊体尾部,利用螺旋桨加速滑流降低囊体尾部分离区域,从而减小飞艇阻力。国外学者对飞艇后置螺旋桨的研究结果显示:螺旋桨后置对飞艇阻力的影响远小于由艇体外形引起的边界层发展和分离对飞艇阻力的影响。

飞艇减阻的边界层控制方法包括被动和主动控制两种类型。主动控制方法包括抽吸、等离子控制等多种方法。边界层控制方法工程实用性较差,一般很少在实际产品中应用。

5.1.2.3 动导数

动导数[1]是飞艇绕主气囊形心转动所引起的气动力和力矩系数对相应运动参数($\bar{p}, \bar{q}, \bar{r}, \bar{\alpha}, \bar{\beta}$)的导数,又称为旋转导数,进一步可划分为阻尼导数、交叉导数、时差导数等。其中,对飞艇影响较大的有 3 个直接阻尼导数(c_{lp}、c_{mq} 和 c_{nr})、2 个交叉耦合导数(c_{lr} 和 c_{np})以及 c_{Lq} 和 c_{Yr}。上述导数中滚转角速度、俯仰角速度、偏航角速度的无量纲化参考长度均为飞艇主气囊囊体长度。关于动导数的详细内容可以参见飞机设计等专业书籍或文献。

5.1.2.4 操纵导数

由操纵面偏转或矢量推进转向引起飞艇气动力的变化所得到的气动导数称为操纵导数,有些操纵导数,又称为操纵面效率。操纵导数是飞行力学研究的基本导数之一。舵面操纵是飞艇最常用的操纵方式,舵面操纵方式的操纵能力与飞艇空速有关,飞艇空速越大,能够提供的操纵力越大。为了保证短距离起降和超低速飞行时的操纵性,在平流层飞艇和许多现代低空飞艇中还安装有矢量转向推进装置作为辅助操纵方式或主要操纵方式。

5.1.3 特殊问题

5.1.3.1 附加惯性

刚体在理想流体中运动,等价于刚体附加了质量和转动惯量后在真空中运动,因此被称为附加质量或附加惯性。附加惯性对飞机等飞行器的作用很小,这是因为相对于飞机的平均密度空气密度很小,附加惯性比飞机本身的惯性小得多，可以忽略。与飞机不同，飞艇等主要靠浮力作升力的浮空器，附加惯性与物体本身的惯性相比是同量阶的，所以附加惯性对飞艇这类物体的运动特性有重要影响。同样的，在水、液体等流体中运动的物体，如船泊等，因为流体的密度大，其运动特性必须考虑附加惯性的影响。事实上，附加惯性的概念就是在对水中运动物体的实验研究中首先提出的。用附加惯性的概念代替流体作用在物体上的非定常作用力的好处是物体在流体中作加速运动时，不必计算非定常作用力而使计算得到简化。

与常规质量不同的是，附加惯性具有方向性。对于同一个飞艇（非球形或旋转椭球形），在三个轴做加速平动时附加惯性不同。飞艇在三个方向加速平动或绕三个方向加速转动时，6个气动力系数均发生变化，因此附加惯性系数共有36个。其中，影响较大的有6个，分别代表沿X轴加速平动引起的轴向力增量、沿Y轴加速平动引起的横向力增量、沿Z轴加速平动引起的法向力增量、绕X轴加速滚转转动引起的滚转力矩增量、绕Y轴加速俯仰转动引起的俯仰力矩增量和绕Z轴加速偏航转动引起的偏航力矩增量。

对于任意形状的物体，不能解析求解附加惯性；而对于椭球这种特殊形状，可以求出解析解。常规飞艇或气球囊体为旋成体，外形与椭球体相近，因此求解椭球附加惯性对于计算浮空器囊体附加惯性意义重大。三个半轴分别为a、b、c的椭球的六个主要附加惯性系数表达式，如式(5.3)~式(5.8)所示。

$$k_{11} = \frac{\gamma_1}{2-\gamma_1} \tag{5.3}$$

$$k_{22} = \frac{\gamma_2}{2-\gamma_2} \tag{5.4}$$

$$k_{33} = \frac{\gamma_3}{2-\gamma_3} \tag{5.5}$$

$$k_{44} = \frac{(b^2-c^2)^2(\gamma_2-\gamma_3)}{(b^2+c^2)[(b^2+c^2)(\gamma_2-\gamma_3)+2(b^2-c^2)]} \tag{5.6}$$

$$k_{55} = \frac{(c^2-a^2)^2(\gamma_3-\gamma_1)}{(c^2+a^2)[(c^2+a^2)(\gamma_3-\gamma_1)+2(c^2-a^2)]} \tag{5.7}$$

$$k_{66} = \frac{(a^2-b^2)^2(\gamma_1-\gamma_2)}{(a^2+b^2)[(a^2+b^2)(\gamma_1-\gamma_2)+2(a^2-b^2)]} \tag{5.8}$$

式中

$$\gamma_1 = abc\int_0^\infty \frac{\mathrm{d}\lambda}{(a^2+\lambda)k_\lambda} \tag{5.9}$$

$$\gamma_2 = abc \int_0^\infty \frac{\mathrm{d}\lambda}{(b^2+\lambda)k_\lambda} \tag{5.10}$$

$$\gamma_3 = abc \int_0^\infty \frac{\mathrm{d}\lambda}{(c^2+\lambda)k_\lambda} \tag{5.11}$$

$$k_\lambda = \sqrt{(a^2+\lambda)(b^2+\lambda)(c^2+\lambda)} \tag{5.12}$$

如果椭球三个半轴中的两个相等则为旋转椭球,常规飞艇囊体可等效为旋转椭球计算附加惯量,见表5.1。

表5.1 不同长细比旋转椭球附加惯性系数

$f^{-1}=b/a$ 旋转椭球细长比（长细比的倒数）	k_{11} 轴向(x向)平动惯性系数	$k_{22}(=k_{33})$ 横向(y或z向)平动惯性系数	$k_{55}(=k_{66})$ 横向(绕y或z轴)转动惯性系数
0.01	0.0004301	0.9991406	0.9974235
0.02	0.0014451	0.9971183	0.9913733
0.03	0.0028922	0.9942488	0.9828181
0.04	0.0046930	0.9907012	0.9722844
0.05	0.0067949	0.9865925	0.9601415
0.06	0.0091589	0.9820116	0.9466726
0.07	0.0117547	0.9770308	0.9321053
0.08	0.0145575	0.9717087	0.9166263
0.09	0.0175470	0.9660960	0.9003930
0.10	0.0207059	0.9602349	0.8835384
0.11	0.0240196	0.9541627	0.8661767
0.12	0.0274753	0.9479118	0.8484065
0.13	0.0310617	0.9415103	0.8303132
0.14	0.0347690	0.9349830	0.8119710
0.15	0.0385886	0.9283523	0.7934456
0.16	0.0425125	0.9216379	0.7747942
0.17	0.0465337	0.9148566	0.7560669
0.18	0.0506460	0.9080244	0.7373084
0.19	0.0548435	0.9011549	0.7185581
0.20	0.0591212	0.8942606	0.6998511
0.21	0.0634741	0.8873523	0.6812181
0.22	0.0678980	0.8804397	0.6626870
0.23	0.0723889	0.8735320	0.6442824

(续)

$f^{-1}=b/a$ 旋转椭球细长比（长细比的倒数）	k_{11} 轴向(x向)平动惯性系数	$k_{22}(=k_{33})$ 横向(y或z向)平动惯性系数	$k_{55}(=k_{66})$ 横向(绕y或z轴)转动惯性系数
0.24	0.0769431	0.8666366	0.6260262
0.25	0.0815572	0.8597605	0.6079379
0.26	0.0862281	0.8529103	0.5900354
0.27	0.0909529	0.8460911	0.5723338
0.28	0.0957288	0.8393081	0.5548475
0.29	0.1005534	0.8325653	0.5375887
0.30	0.1054244	0.8258670	0.5205687
0.31	0.1103395	0.8192161	0.5037972
0.32	0.1152967	0.8126160	0.4872832
0.33	0.1202942	0.8060692	0.4710344

仅有少部分规则物体可用解析方法求解附加惯性。面元法主要用于求解理想不可压缩流体流动问题，是计算附加惯性的有效的数值方法。对于有复杂外形的飞艇的附加惯性可采用面元法计算。

5.1.3.2 滑流问题

平流层飞艇惯性大、工作高度大气密度小且空速较低，尾容量和舵面相对面积受结构和重量的限制相对于常规飞艇比较小，飞艇的安定性和舵面的操纵性相对不足。动力设备滑流的速度和来流速度相比能产生更大的速压，因此可利用滑流来提高飞艇的操稳性能。具体操作方法是将安定面或操纵面安装在螺旋桨后方滑流区域，利用滑流区域流动速度大于来流风速而获得额外操稳性能。

如果螺旋桨安装在囊体尾部，螺旋桨的"抽吸"作用会提高飞艇表面边界层的流动性能，减少流体流动分离，起到减阻的作用。

利用滑流必须首先解决滑流效果估算问题。确定滑流效果的方法有工程算法、CFD 方法和试验测量。

工程算法把螺旋桨的影响区域考虑成圆筒状，没有考虑沿螺旋桨轴向方向随着距离增加速压(或速率)的衰减。滑流影响区域如图 5.5 所示。

CFD 方法包括完全数值模拟方法和等效桨盘方法。

完全数值模拟方法就是对螺旋桨和涵道进行严格几何建模，然后划分网格，采用 MFR(多参考系)动网格方法进行数值计算。该方法的优点是能给出整个流场的准确完整信息，缺点是计算量较大。图 5.6 为螺旋桨的网格，包含两个区

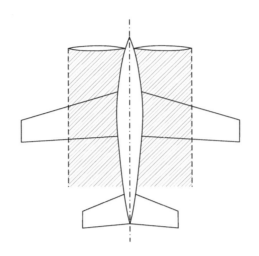

图 5.5 工程算法考虑滑流的影响区域

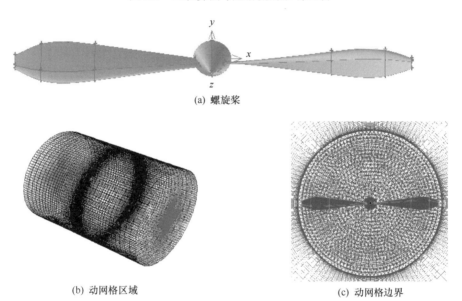

图 5.6 螺旋桨三维模型及流场网格划分(见彩图)

域,圆柱边界外部为惯性坐标系,内部为旋转坐标系。

"等效盘"模拟方法是将螺旋桨等效成一个圆盘,螺旋桨的作用被简化成在圆盘上的压力和速度边界,(图 5.7)。边界条件可依赖试验测定、基于动量理论或通过叶素理论确定。等效盘模拟能够较好地模拟螺旋桨滑流的影响,并简化网格划分和计算的难度,这种方法的精度主要取决于等效盘边界条件的计算精度。距离螺旋桨位置越远,计算结果误差越小。等效盘模拟方法的不足之处是无法考虑螺旋桨附近的流场以及忽略了螺旋桨滑流的周期性。

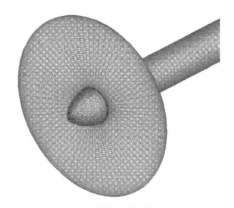

图 5.7　等效盘模拟示意图

试验方法需在风洞中或者螺旋桨安装台上进行，主要测定螺旋桨周围流场的风速和压强变化规律。由于滑流对飞艇舵效的影响主要是由滑流区的速压变化引起的，因此可以用测量螺旋桨滑流区各点速度代替带动力风洞试验。在螺旋桨安装台上试验不能综合考虑艇体部件与螺旋桨滑流之间的相互影响。而带动力的风洞试验模型较小且必须保证动力相似，因此在试验难度和测量精度上均存在问题。

5.1.4　流动显示

流动显示的任务是使流体传输现象的过程可视化。流动显示包括 CFD 计算结果可视化和流动显示试验。通过流动显示可以了解复杂的流动现象，探索其物理机制，为人们发现新的流动现象、建立新的概念和物理模型提供依据。

常见飞艇流动显示试验方法主要有烟流法、油流法、丝线法。其中，丝线法使用简单，常用于飞艇表面流动情况显示。图 5.8 为某飞艇模型丝线试验，从图中可以清晰地看到尾翼表面发生了较大分离。

图 5.8　丝线显示试验（见彩图）

数值计算流动显示方法比较丰富,可显示压力分布、速度矢量、飞艇表面流线和空间流线等。图5.9为某飞艇表面压力分布。图5.10为某飞艇尾部空间速度矢量图。图5.11为某飞艇表面流线。

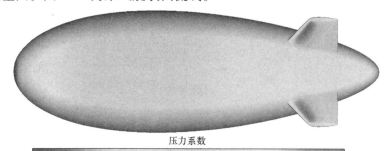

图5.9　飞艇表面压力系数(见彩图)

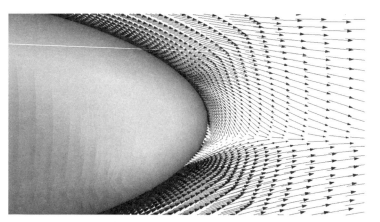

图5.10　飞艇尾部空间速度矢量图(见彩图)

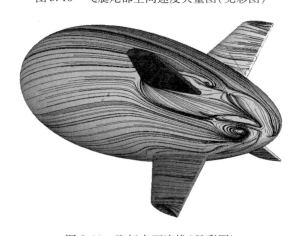

图5.11　飞艇表面流线(见彩图)

5.1.5 计算方法

5.1.5.1 工程算法

飞艇气动力工程算法计算的主要气动力包括：

1）主要的气动系数和导数

包括升力、阻力、俯仰力矩、横航向静导数、动导数、操纵导数和铰链力矩等。

2）附加惯性

飞机工程算法[2]提供了一套完整的方法可对1）项中的各种气动力参数进行计算，飞艇的气动力计算可借鉴使用。飞艇工程算法的思想是分部件计算，进行干扰修正，将各部件气动力及干扰修正量进行叠加就可得到飞艇整体气动力。与飞机不同的是，飞艇囊体上气动力所占比例较大，囊体长细比也不同于飞机机身，因此计算精度相对于飞机会有所降低。

附加惯性对飞机不重要，因此飞机工程算法没有提供附加惯性的计算方法。飞艇附加惯性主要产生部件为主气囊，其次是尾翼。常规飞艇囊体形状类似旋转椭球，椭球附加惯性有理论解，将囊体等效成椭球即可计算；尾翼附加惯性计算方法以平截面假设为基础。具体计算方法参照《飞艇技术概论》[3]。根据此方法计算的某飞艇附加惯性系数结果显示，尾翼对三个与平动相关的附加惯性系数的贡献可以忽略，在三个与转动相关的附加惯性系数中约占30%。

国外也有学者根据浮空器特点建立了一种可用于计算主气囊为旋成体的翼身组合体的非定常气动力理论模型[4]，该模型能够计算常规平流层飞艇的动导数。由于该方法利用了浮空器的几何特性以及定常气动力CFD或风洞试验结果，因此理论上能够提供更高的计算精度。

5.1.5.2 CFD方法

主流CFD计算方法包括面元法和有限体积法。面元法的优点是网格划分简单、计算速度快，缺点是尾迹位置确定依赖经验、不适用于大分离问题。有限体积法精度较高，能够得到飞行器周围流场信息，缺点是计算速度比面元法慢。

近年来，由于计算机技术快速发展，计算速度大幅提高，使用有限体积法求解N-S方程（如式(5.13)）获得飞艇气动力和周围流场信息的数值方法逐渐成为主流。其在飞艇气动力设计应用过程中显示出来的先进性和优越性使得该方法越来越受到人们的重视和关注。

三维空间Navier-Stokes方程在笛卡儿坐标系下可表示为

$$\frac{\partial}{\partial t}\int_{\Omega}\boldsymbol{U}\mathrm{d}\Omega + \int_{s}\boldsymbol{F}_{1}\cdot\mathrm{d}S + \int_{s}\boldsymbol{F}_{v}\cdot\mathrm{d}S = \int_{\Omega}\boldsymbol{S}_{t}\cdot\mathrm{d}\Omega \quad (5.13)$$

式中：U 为守恒项；F_1 为无黏项；F_v 为黏性项；S_t 为源项。这四项的表达式为

$$U = \begin{bmatrix} \rho \\ \rho v_1 \\ \rho v_2 \\ \rho v_3 \\ \rho E \end{bmatrix}, F_1 = \begin{bmatrix} \rho v_i \\ \rho v_1 v_i + p_0 \delta_{1i} \\ \rho v_2 v_i + p_0 \delta_{2i} \\ \rho v_3 v_i + p_0 \delta_{3i} \\ (\rho E + p_0) v_i \end{bmatrix}$$

$$-F_v = \begin{bmatrix} 0 \\ \tau_{i1} \\ \tau_{i2} \\ \tau_{i3} \\ q_i + v_i \tau_{ij} \end{bmatrix}, S_t = \begin{bmatrix} 0 \\ \rho f_{e1} \\ \rho f_{e2} \\ \rho f_{e3} \\ W_f \end{bmatrix}$$

式中：ρ 为密度；v_i 为速度；E 为流体单元总能量；p_0 为静压；q_i 为热通量；τ_{ij} 为剪切力张量；f_{e1}、f_{e2} 和 f_{e3} 为外力 f_e 的分量；W_f 为外力所做的功。

$$E = e + \frac{1}{2} v_i v_i \tag{5.14}$$

$$q_i = k_f \frac{\partial}{\partial x_i} T \tag{5.15}$$

$$\tau_{ij} = \mu \left[\left(\frac{\partial v_j}{\partial x_i} + \frac{\partial v_i}{\partial x_j} \right) \right] - \frac{2}{3} (\nabla \cdot v) \delta_{ij} \tag{5.16}$$

$$W_f = \rho f_e \cdot v \tag{5.17}$$

式中：e 为流体单元内能；k_f 为导热系数；T 为温度；μ 为动力黏性系数，$v_i v_i$ 为约定求和（数学计算的一种写法）。

CFD方法可应用在包括非常规气动布局飞艇在内的飞艇气动力（静态气动力、动导数）和载荷分布的计算、操纵面偏转效率和铰链力矩的计算、螺旋桨推进装置气动力计算、螺旋桨滑流影响计算、飞艇减阻特性研究等方面，同时也可用来进行气动布局优化设计计算，指导高效气动布局参数选择。在那些试验模拟困难、模拟费用昂贵或因技术问题无法模拟的领域，CFD方法也可以推广应用。

数值分析可以给出整个流场的细节，进行流体分离特性和部件干扰的分析等，从而探讨和优化气动布局。可视化后置处理程序系统能够直观地显示物理量等值线、云图以及矢量图等，还能给出脱体涡的形成、发展、破裂、涡干扰等一些物理图案和流动图案。

CFD 数值计算一般包括下面几个步骤：

1）几何建模

使用专业的三维建模软件或者流体软件自带的建模软件进行三维建模，建模应对艇体上对气动性能影响不大的部件进行简化处理。对飞艇气动力影响较大的部件是主气囊、尾翼、吊舱，其余部件可根据计算目的决定是否保留或简化。图 5.12 是某飞艇数值计算所建立的三维模型，保留了囊体、尾翼、吊舱等基本特征。

图 5.12　飞艇几何外形

2）网格划分

数值方法计算得到的是流体空间内有限离散点的流体物理特性，在计算前首先要将流体空间划分成有限个空间，即为网格划分，如图 5.13 所示。平流层飞艇为低速飞行器，网格划分的重点是合理设置边界层和网格密度分布。

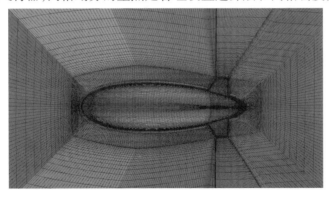

图 5.13　飞艇流场网格

3）设置计算条件与求解

计算前应首先设置计算条件，计算条件一般包括流体特性、边界条件和数值方案。

4）计算结果处理

计算结果一般包括气动力提取和流场显示。分析流场常用的显示方法有压力分布等值线、流场速度矢量图和流线图等。

目前,CFD 计算面临的主要问题是大迎角大侧滑角等流场存在大分离情况时计算结果不准确。图 5.14 为某飞艇风洞试验和定常 CFD 计算结果进行对比,结果表明 60°以下计算结果与风洞试验吻合较好,60°以上计算结果与风洞试验结果不一致。由于 CFD 计算结果存在严重跳点现象,更有理由相信是计算存在较大误差,需继续对计算方法进行研究。事实上,大分离问题计算一直是 CFD 计算的难点和热点。

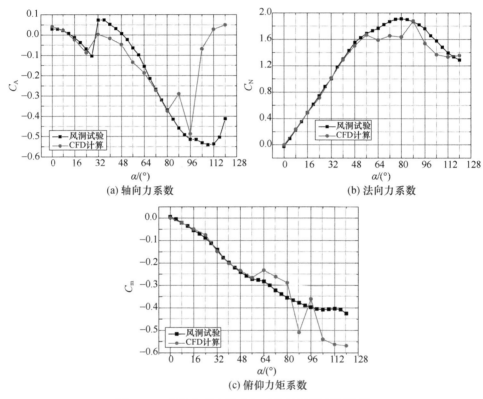

图 5.14 大迎角基本纵向气动特性计算(见彩图)

5.1.6 风洞试验

风洞试验在飞艇气动设计中占有极其重要的地位,它是认识流动机理、获得可供设计使用的气动力、进行气动特性分析的重要手段。风洞试验用来确定模型气动力以及流动状态显示。常见确定气动力的测力试验有全模型测力试验、动导数试验等;丝线法流动显示试验简单有效,是最常见的流动显示试验。由于风洞试验方法经过充分验证,方法也更为直接,因此其作用是数值计算方法近期难以取代的。尤其是对大迎角、大侧滑角等存在较大分离流动的不稳定流场,数值计算还难以代替风洞试验提供准确的气动力。

平流层飞艇为低速飞行器,风洞试验也是在低速风洞中进行。由于囊体气动力占全体气动力比重较大,模型支撑一般采用尾撑方式;也可采用腹撑方式,但腹撑通常会对囊体造成较大破坏。

现代飞艇以超压充气软式飞艇为主,柔性模型试验是具有浮空器特色的一种风洞试验[5]。国内有学者对几何外形相同的刚性飞艇模型和可变内压的柔性飞艇模型进行了低速风洞实验,如图 5.15 所示,研究了内压变化对柔性模型阻力和俯仰力矩特性的影响,比较了柔性模型和刚性模型气动特性的差异。实验结果表明,随着内压的增加柔性模型的阻力呈下降趋势;对于具有相同几何外形的柔性和刚性模型,柔性模型的阻力明显大于刚性模型。该试验并没有考虑模型与全尺寸飞艇之间的刚度相似性,因此该试验方法无法用于研究飞艇气动变形耦合等气弹问题。

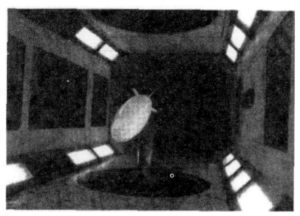

图 5.15　柔性飞艇试验情况(见彩图)

5.2　飞　行　载　荷

5.2.1　飞行载荷简介

平流层飞艇在飞行过程中,由于承受重力、浮力、气动力、惯性力、推力等外力作用而导致飞艇受载与静态受载不同,在飞行过程中受到的载荷即飞行载荷。飞行载荷可分为机动载荷和突风载荷。

平流层飞艇的特点是惯性大、响应速度慢、机动性差。因此,相对于常规飞艇,平流层飞艇承受的突风载荷更加严重。

5.2.2　机动载荷

飞艇在飞行过程中,运动状态多种多样,所承受的机动载荷也多种多样,必须选取能够覆盖大多数飞行状态、具有代表性的工况进行载荷计算。《AC-21-09飞艇适航标准》[6]规定了16种具有代表性的机动载荷工况。对规定的工况使用运动学方程进行求解,获得运动过程中的总载荷,再按照风洞测压试验或CFD计算得到的气动载荷分布进行分解即可得到部件上的载荷。由于平流层飞艇机动性差,平流层飞艇的载荷特性与常规对流层飞艇不同,应根据不同的起降形式和飞行过程作适当的裁剪。

表5.2中,v_H为设计最大平飞速度,是飞艇所有动力推进装置以最大连续功率运行和飞艇承载至平衡浮力或产生最小阻力时,在水平飞行中能达到的最大速度;W_0为最大设计平衡重量;W_1为最大着陆重量;$W_t = W_0 + W_{sh}$为最大起飞重量;W_{sh}为最大静态重量,等于飞艇重量超过排开的空气重量的量。

表5.2 设计机动情况

序号	情况	速度	重量	姿态	推力方向	操纵面位置	
						方向舵	升降舵
1	水平飞行	v_H	W_t	②	向前	中立	②
2	水平飞行反推力	$0.71v_H$	W_1	②	反向	中立	②
3	低头	v_H	W_0	+30°	向前	中立	②
4	抬头	v_H	W_0	-30°	—	中立	②
5	下降和拉起	v_H	W_t	②	向前	中立	②
6	进入转弯	v_H	W_0	水平	向前	全偏	中立
7	转弯和反向转弯	v_H	W_0	水平	向前	③	中立
8	进入俯冲	v_H	W_0	水平	向前	中立	向下全偏
9	进入爬升	v_H	W_0	水平	向前	中立	向上全偏
10	转弯和爬升	v_H	W_0	水平	向前	全偏	向上全偏
11	转弯和俯冲	v_H	W_0	水平	向前	全偏	向下全偏
12	转弯	①	W_0	水平	向前	全偏	中立
13	转弯改出	①	W_0	水平	向前	③	中立
14	转弯改出和爬升	①	W_0	水平	向前	③	向上全偏
15	转弯改出和俯冲	①	W_0	水平	向前	③	向下全偏
16	浮空飞行	v_H	②	②	向前	中立	②

① 速度必须由稳态情况确定。
② 必须产生最大载荷情况。
③ 必须施加方向舵满舵,在转弯75°以后,随之作方向舵反向满操纵。

5.2.3 突风载荷

飞艇遭遇的突风形式多种多样,突风载荷也多种多样。《AC-21-09 飞艇适航标准》规定了突风形式。按照规定的工况使用运动学方程进行求解,获得运动过程中的总载荷,再按照测压试验或 CFD 计算获得的气动载荷分布进行分解即可得到部件上的载荷。

1) 假设飞艇在平飞时遇到下列大气突风所产生的载荷:

(1) 当以 v_H 速度飞行时,每秒 25 英尺(1 英尺 = 0.3048m)的离散突风。

(2) 当以 v_B 速度飞行时,每秒 35 英尺的离散突风。

(3) 突风形状和强度定义如下,为

$$U = \frac{U_m}{2}\left(1 - \cos\frac{\pi X}{H_U}\right) \tag{5.18}$$

式中:U_m 为上述规定的突风速度(英尺/s);X 为进入突风区的距离,$0 \leqslant X \leqslant 2H_U$(英尺);$H_U$ 为突风梯度长度,$L_a/4 \leqslant H_U \leqslant 800$(英尺),$L_a$ 为飞艇长度(英尺)。对应最大突风强度的设计空速 v_B 应不小于 35n mile/h² 或 $0.65v_H$,二者中取小者。

(4) 必须计入稳态载荷和飞艇对设计突风的动态响应。

2) 突风作用在包括平行于飞艇轴线的任何方向上,且飞艇操纵面处于中立位置和为平衡突风所需最大的有效角这两种情况。

3) 在缺乏更合理分析的情况下,作用在飞艇外廓上的最大气动力弯矩必须按下式计算:

$$M_{FAA} = 0.029 \cdot [1 + (L_a/D_a - 4)(0.562L_a^{0.02} - 0.5)] \cdot \rho_a v_w v_c V_{vol} L_a^{0.25} \tag{5.19}$$

式中:M_{FAA} 为按 FAA 经验公式得出的整体弯矩;L_a 为飞艇长度;D_a 为飞艇外气囊最大直径;ρ_a 为空气密度;v_w 为风速;v_c 为飞艇速度;V_{vol} 为主气囊体积

本方程适用于 L_a/D_a 在 4.0 和 6.0 之间。如 L_a/D_a 小于 4.0,则用 4.0。

4) 假设尾翼承受按下列情况作用的、由1)规定的离散突风:

(1) 飞艇作直线水平飞行;

(2) 突风以 90°角作用到每一组尾面上;

(3) 必须考虑操纵面处于中立位置和为平衡突风所需的最大有效角这两种情况;

(4) 假设有效迎角为

$$\alpha = 1.25\arctan\frac{U_m}{v_w} \tag{5.20}$$

式中:U_m 意义同 1);v_w 为平均风速。

（5）操纵面载荷加上由尾翼诱导的主气囊尾部空气动力之和必须在飞艇最大重量下,以合理的或保守的方式作用的反向惯性载荷相平衡。

参考文献

[1]《飞机设计手册》总编委会. 气动设计[M]//飞机设计手册:第6册. 北京:航空工业出版社,2002.

[2]《航空气动力手册》编委会. 航空气动力手册[M]. 北京:航空工业出版社,1995.

[3] 基里林·阿列克桑德拉·妮卡拉伊维奇. 现代飞艇设计导论[M]. 吴飞,王培美,译. 北京:国防工业出版社,2009.

[4] Jones S P, DeLaurier J D. Aerodynamic Estimation Techniques for Aerostats and Airships [J]. J AIRCRAFT, 1983, 20 (2).

[5] 陈华,张召明. 弹性变形对柔性飞艇气动特性的影响[J]. 实验流体力学, 2010, 24 (3).

[6] 中国民用航空总局. AC–21–09 飞艇适航标准[S]. 北京:中国民用航空总局,1997.

第 6 章
超热与热控

平流层飞艇运行期间,受外部热环境的影响,飞艇艇体、艇内气体(包括氦气和空气)温度不断发生变化。艇内气体温度的昼夜变化特性直接影响到飞艇的平衡重量、重心位置和净浮力等参数,进而影响到飞艇飞行控制律的设计及飞行方案的规划。另外,艇内气体的最高温度还直接决定了艇体的承压状态,过高的压力会威胁到艇体的使用安全。因此,必须对飞行过程中飞艇艇体、艇内气体的热特性进行分析研究,在实现定量预测的基础上寻求提高飞艇环境适应性的方法。

另外,平流层飞艇驻空飞行期间,由于环境温度和大气密度都较低,如不采取适当热控措施,容易引起吊舱内部空间整体温度较低和局部过冷或过热,超过舱内设备的使用温度范围,影响设备的功能、性能以及使用安全。因此,必须基于吊舱所处热环境及吊舱自身热特性,明确吊舱热控需求,开展针对性的热控设计,在飞行全程为舱内设备提供符合设计使用要求的吊舱内部温度环境,并对舱内设备温度进行有效控制,保障飞艇的飞行安全。

6.1 超 热

6.1.1 超热简介

平流层飞艇的工作环境特点可概括为"三低一高",即环境温度低、大气压力低、大气密度低和太阳辐射强度高。根据现有的气象资料,20km 处的环境温度、气压、大气密度、太阳辐射强度分别约为 -56℃、5500Pa、0.089kg/m^3、1260W/m^2。低的大气密度和压力造成平流层飞艇和外界环境的对流换热效果差,白天太阳辐射强度大,飞艇蒙皮及内部气体温度容易产生所谓"超热"(气体温度高于环境温度)的现象。从午后开始,随着艇体接收的太阳辐射强度逐渐降低,飞艇超热程度也随之减弱,直至夜晚时分飞艇蒙皮及内部气体温度和环境温度相接近,随后这种状态会一直保持到太阳再次升起之前。目前,国内外许多研究单位都对平流层飞艇驻空过程中的昼夜热特性进行了研究[1,2],尽管由于采用的模型以及边界条件不同导致研究结果差别较大,但飞艇内部氦气的最大超热基本都可以达到50℃甚至以上。

6.1.2 超热影响

6.1.2.1 超热变化导致飞艇昼夜驻空高度不能保持

平流层飞艇是依靠内部填充的浮升气体(氦气)产生的静浮力升空的浮空器,其内部气体(氦气和空气)在一定环境条件下的温度变化情况直接决定了飞艇所受净浮力变化情况,而净浮力的变化导致飞艇不能保持留空高度。平流层飞艇所受净浮力及其变化量的数学表达式见下式。

$$B_{net} = B - m_{airship}g - m_{he}g - m_{air}g \tag{6.1}$$

$$\Delta B_{net} = \rho_{air}g\Delta V_{he} \quad \text{或} \quad \Delta B_{net} = (\rho_a - \rho_{he})g\Delta V_{he} \tag{6.2}$$

式中:B_{net}、B、$m_{airship}$、m_{he}、m_{air}、ΔB_{net}、ρ_{air}、ρ_a、ρ_{he}、ΔV_{he} 分别为飞艇所受净浮力、总浮力、飞艇系统质量、氦气质量、副气囊中空气质量、净浮力变化量、副气囊中空气密度、环境大气密度、氦气密度和氦气体积变化量。驻空期间,对于常规布局的平流层飞艇,由于总体积不变,因此飞艇所受总静浮力不变,当飞艇内部气体温度变化时,在压力一定的情况下,必然引起氦气体积发生变化,氦气体积的变化导致飞艇受到的净浮力 B_{net} 发生变化。根据式(6.2),如飞艇具有副气囊,氦气体积变化导致的净浮力变化量为 $\rho_{air}g\Delta V_{he}$;如果飞艇不具有副气囊,由氦气体积发生变化引起净浮力的变化量为 $(\rho_a - \rho_{he})g\Delta V_{he}$。根据上面分析,白天,由于受到强烈的太阳辐射,飞艇温度不断升高,氦气体积不断增加,B_{net} 逐渐增加,飞艇在净浮力作用下驻空高度不断增加,直至达到新的重浮力平衡状态;夜晚,随着环境温度的逐渐降低,氦气体积逐渐减小,F_{net} 不断减小,飞艇的留空高度也会逐渐降低到新的重浮力平衡状态。综上分析,随着昼夜交替,由于氦气体积变化引起的净浮力 B_{net} 不断发生变化,飞艇的留空高度也在不断发生变化。

根据相关研究结果,如果不采取有效应对措施,工作高度在 20km 的飞艇,由超热状态变化引起的昼夜高度变化可达 5km 以上,严重影响平流层飞艇的使用性能与效果,如图 6.1 所示。

6.1.2.2 超热引起超压威胁艇体安全

对于平流层飞艇,如果保持气体量不变,根据理想气体状态方程,艇内气体的压力将与温度直接相关,亦即艇内气体的超热程度直接决定了艇体的超压程度。根据计算,在 20km 环境条件下(-70℃ 和 5000Pa),不同超热对应的超压见表 6.1 所示。

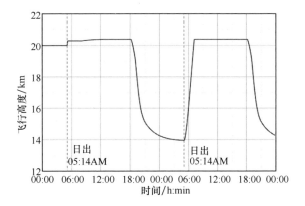

图 6.1　超热昼夜变化导致飞艇驻空高度变化情况

表 6.1　平流层飞艇超热/超压情况对应表

序号	超热/K	超压/Pa
1	10	246
2	20	493
3	30	739
4	40	986
5	50	1232
6	60	1478
7	70	1724

由于飞艇的体积巨大，艇体耐受的超压十分有限，表 6.2 给出了不同体积的常规布局保形飞艇可以承受的极限超压（超热）情况。

表 6.2　不同体积常规飞艇最大可承受的超压（取 4 倍安全系数）

体积/m^3	最大直径/m	材料拉伸强度/N·cm^{-1}	承受极限超压/Pa	承受极限超热/K
50000	32	1000	1562	60
100000	40	1000	1250	50
200000	50	1000	1000	40

根据表中计算结果，在确保艇体安全的情况下，按照材料拉伸强度为 1000N/cm 估算，200000m^3 飞艇可承受的最大超热应不超过 1000Pa，对应超热为 40℃。目前，平流层飞艇囊体材料满足重量要求的最大拉伸强度指标也仅为 1000N/cm。亦即根据现有材料加工、制造水平，由超热引起的超压严重威胁艇体的使用安全。

6.1.3 超热产生的机理

6.1.3.1 飞艇换热模型

平流层飞艇的热状态是外部热环境与艇体、艇内气体各种换热途径耦合作用的结果,如图 6.2 所示。飞艇与外部热环境的热交换物理过程主要包括囊体和外界大气的对流换热过程以及囊体与外界环境的辐射换热过程。辐射换热包括囊体接收外界热辐射和囊体自身红外辐射,其中外界热辐射包括太阳直射辐射、大气散射太阳辐射、地面反射太阳辐射、地表红外长波辐射、天空红外长波辐射。飞艇内部换热过程主要包括囊体不同部位之间辐射换热以及囊体和内部气体对流换热过程。飞艇的对流换热包括飞艇外表面对流换热以及飞艇内表面对流换热。飞艇外表面对流换热指飞艇外表面与环境大气的对流换热,主要属于强制对流换热过程。飞艇内表面对流换热指飞艇内表面与艇内气体的对流换热,属于自然对流换热过程。此外,飞艇的材料、尺寸、外形及太阳能薄膜电池等设备的热效应也会对飞艇温度产生影响[3]。

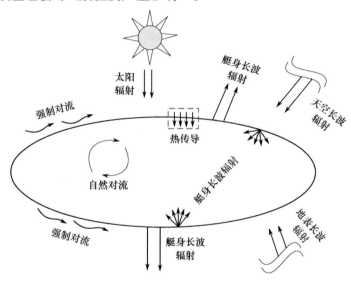

图 6.2 飞艇热交换途径

根据图 6.2 中所示换热途径,飞艇热状态可由下式决定。

飞艇蒙皮:

$$m_{\text{envelope}} C_{\text{envelope}} \frac{\mathrm{d} T_{\text{envelope}}}{\mathrm{d} t} = Q_{\text{DN}} + Q_{\text{d}} + Q_{\text{g}} - Q_{\text{IRa} \to \text{s}} - Q_{\text{IRa} \to \text{g}} - Q_{\text{co}} - Q_{\text{ci}} - Q_{\text{r}}$$

(6.3)

氦气囊：

$$m_{he}C_{v,he}\frac{dT_{he}}{dt} = Q_{ci,he} + Q_{he,air} - p_{he}\frac{dV_{he}}{dt} \tag{6.4}$$

空气囊：

$$m_{air}C_{v,air}\frac{dT_{air}}{dt} = Q_{ci,air} - Q_{he,air} - p_{air}\frac{dV_{air}}{dt} + R_{air}T_{air}\frac{dm_{air}}{dt} \tag{6.5}$$

式中：$m_{envelope}$、$C_{envelope}$ 和 $T_{envelope}$ 分别为飞艇蒙皮的质量、比热和温度；m、C_v、T、p 和 V 分别表示内部气体的质量、定容比热、温度、压力和体积，下标 he 和 air 分别表示氦气和空气；Q_{DN}、Q_d、Q_g、$Q_{IRa\to s}$、$Q_{IRa\to g}$、Q_{co}、Q_{ci} 和 Q_r 分别表示蒙皮单元上吸收的直射太阳辐射、天空散射辐射、地面反射辐射、与大气的长波辐射、与地面的长波发射、与外部大气之间的对流换热、与内部气体之间的对流换热、与其他单元面之间的长波辐射。

根据图 6.2 所示的热量传递途径，结合飞艇蒙皮、氦气、空气热状态模型，经仿真分析，可以得到如下结论：

（1）上升、下降过程气体膨胀、压缩做功是决定飞艇超热状态的重要因素。在上升阶段，随着海拔高度不断升高，外界大气压力逐渐降低，氦气体积不断增加对外膨胀做功，氦气处于超冷状态；在下降阶段，随着海拔高度不断降低，外界大气压力逐渐升高，氦气体积不断收缩，即外界大气对氦气做功，氦气处于超热状态。

（2）驻空飞行阶段，白天，随太阳辐射不断增强，飞艇蒙皮温度逐渐升高，引起内部氦气温度随之上升，直至达到峰值超热状态；傍晚时分，随太阳辐射强度逐渐降低，飞艇蒙皮温度逐渐降低，直至夜晚与环境大气温度基本一致，如图 6.3 所示。

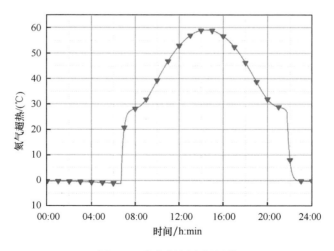

图 6.3 驻空期间飞艇超热

6.1.3.2 影响超热主要因素

1) 总体情况

飞艇超热影响因素包括两方面,即外界热环境以及飞艇自身热特性。根据目前研究结果,外界热环境中太阳辐射是最重要的影响因素;而艇体太阳辐射吸收率是自身热物性中最重要的影响因素,其次为长波发射率。

为了进一步说明上述影响因素影响程度,选取某驻空高度 20km 的平流层飞艇进行仿真计算,计算结果如图 6.4 和图 6.5 所示。

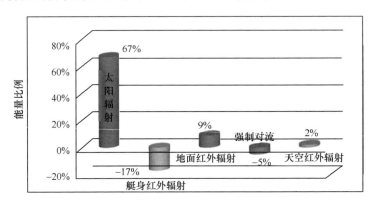

图 6.4 飞艇接收外界能量比例示意图

图 6.4 为飞艇接收的外界能量比例示意图,图中"-"号表示该项能量为飞艇向外界散失的能量。从图中可以看到,如果把飞艇与外界环境热交换能量之和计为 100%,太阳辐射能量占整个热交换能量的 67% 左右;如果考虑到飞艇自身红外辐射能量和对流换热能量相对飞艇来说为负,太阳辐射能量在热量吸收上所占的比例更大。

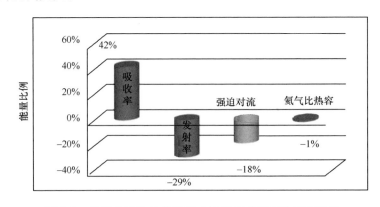

图 6.5 飞艇热特性各参量影响飞艇超热程度比例示意图

图 6.5 为计算所得飞艇自身热特性中各参量对飞艇超热的影响程度示意图。从图中可以看到,囊体太阳辐射吸收率所占比例最大,约为 40%;其次为囊体长波发射率,约占 29%,"−"号表示发射率对超热程度有负的影响,也即增加囊体发射率可以降低飞艇超热程度。另外,从图中还可以看出,相同条件下囊体太阳吸收率越高,超热越严重,而增加囊体长波发射率可以降低超热程度。

2) 蒙皮太阳辐射吸收率影响

蒙皮材料太阳辐射吸收率决定了飞艇吸收太阳辐射的能力,针对常见囊体材料太阳辐射吸收率展开分析,明确其对飞艇超热的影响,结果见图 6.6 和图 6.7。根据图中所示结果,在其他条件相同的情况下,吸收率越大,飞艇超热越严重。对于本算例,吸收率从 0.1 增加到 0.5,峰值超热增加约 40℃,也即蒙皮太阳吸收率严重影响到飞艇超热程度。

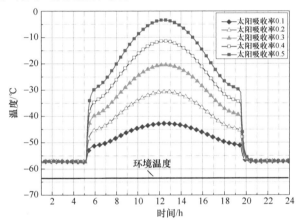

图 6.6　不同太阳辐射吸收率艇内气体温度变化曲线(见彩图)

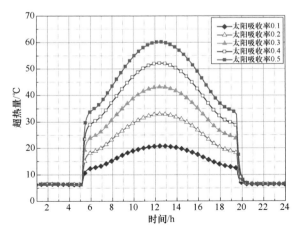

图 6.7　不同太阳辐射吸收率艇内气体超热变化曲线(见彩图)

3）蒙皮长波发射率影响

蒙皮材料长波发射率决定了飞艇自身热辐射的能力,针对常见囊体材料长波发射率展开分析,结果见图6.8和图6.9。根据图中所示结果,在其他条件相同的情况下,发射率越大,飞艇超热程度越低。对于本算例,发射率从0.2增加到0.9,峰值超热降低了约30℃,也即蒙皮长波发射率严重影响到飞艇超热程度。不过当长波发射率增加到0.8以上时,增加其数值对飞艇超热影响变得不明显。

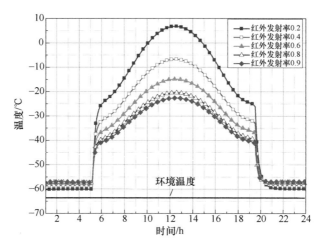

图6.8 不同长波发射率艇内氦气温度变化曲线（见彩图）

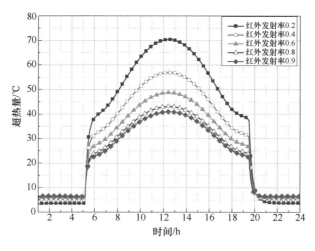

图6.9 不同长波发射率艇内氦气超热变化曲线（见彩图）

4）飞艇空速影响

飞艇空速大小直接影响到飞艇与外界环境的对流换热效果,针对不同空速下飞艇超热程度进行分析,结果见图 6.10 和图 6.11。根据图示结果,增加空速可以降低飞艇超热程度,但效果没有改变蒙皮材料发射率和太阳吸收率明显,当飞艇空速从 0m/s 增加到 20m/s 时,超热降低了约 18℃,不过增加空速会带来巨大的能源与重量消耗。

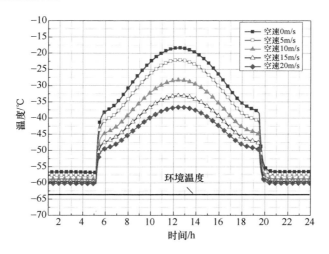

图 6.10　不同空速艇内气体温度变化曲线(见彩图)

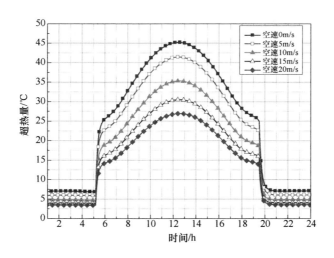

图 6.11　不同空速艇内气体超热变化曲线(见彩图)

6.1.4　超热应对措施

根据超热产生的机理及其对平流层飞艇产生的影响,应对措施可以分为降超热措施和重量平衡措施两类。

6.1.4.1 降超热措施

1) 蒙皮材料表面热物性改进

目前的研究结果表明,太阳辐射是引起飞艇超热的最直接原因,有效降低艇体吸收的太阳辐射强度是解决飞艇超热的最根本途径,也是目前应对超热措施研究的重点。根据上面的分析,在其他条件相同情况下,通过降低蒙皮太阳辐射吸收率或提高长波发射率可以降低飞艇超热。但是,只有采用兼具低太阳辐射吸收率和高长波发射率的蒙皮材料才能有效解决飞艇超热问题,单独选择太阳辐射吸收率较低的蒙皮材料,并不能实现这一目标。

2) 囊体表面喷涂热控涂层措施

根据上面的分析,如果飞艇囊体外表面同时具有低太阳辐射吸收率和高长波发射率,那么氦气超热程度就可能满足现有飞艇总体设计要求,图6.12为飞艇蒙皮外表面采用不同热物性下超热对比情况,从图可以看到当飞艇囊体外表面同时具有较低的吸收率(0.1)和较高的发射率(0.9)时,飞艇最大超热仅约25℃。

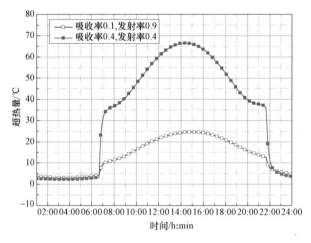

图6.12 采用不同蒙皮热物性下飞艇超热对比结果(见彩图)

航天上常用具有不同热物性的热控涂层喷涂在设备表面以实现不同的热控效果,有些常用热控涂层的太阳吸收率可以低至约0.1,而发射率可以高至约0.8,从热物性角度可以满足应对超热的需求[4]。但是,在实际使用过程中主要面临以下两类问题:

(1) 无成熟的囊体表面涂覆工艺。在航天热控设计中,热控涂层一般都涂覆在设备刚性表面上,目前尚无在飞艇柔性囊体表面上涂覆的工程实例;另外,由于囊体本身不能耐高温,热控涂层选择范围受限,目前只能选择常温固化漆;

再者,在选择热控涂层时,还必须考虑到涂层在地面的可修复性和可清洗性,由于飞艇在研制、运输过程中不可避免会遇到艇体折叠的情况,会对涂层造成机械损伤,进而影响到涂层性能,同时在实际使用过程中这种损伤的修补也很困难。

(2)重量指标无法满足使用需求。根据调研,现有涂层的涂覆面密度通常要达到$100g/m^2$的量级,由于艇体表面积很大,即使只在飞艇上表面涂覆热控涂层,其质量增加也在吨以上量级。

(3)增加飞艇空速措施

根据前面的分析,增加飞艇的空速,可以增加平流层飞艇与环境大气之间强迫对流的换热效果,降低飞艇超热程度。但是,由于飞艇空速增加,要求动力系统必须持续工作以克服气动阻力,对飞艇的动力、功耗、能源提出了更高的要求:动力需求与空速的平方成正比,功耗、能源需求与空速的立方成正比。另外对飞艇空速的控制还应同时考虑水平定位的要求。

对于飞行在20km高度的某飞艇,设其动力装置工作时间为5h,则不同水平空速情况下飞艇的动力、功耗、能源需求如表6.3所示。

表6.3 不同水平空速时某平流层飞艇的动力、功耗、能源需求

水平空速/(m/s)	动力需求/N	功耗需求/W	能源需求/Wh
2	16	62	310
20	1600	62000	310000

水平空速为20m/s时,按表6.3计算,该飞艇所需能源为310000Wh。如果这些能量完全由200Wh/kg的锂离子电池提供,考虑放电深度等因素,则共需锂电池约1920kg。如果这些能量完全由日发电量为$600Wh/m^2$、面密度为$0.35kg/m^2$的太阳能电池提供,考虑铺设有效系数等因素,则共需太阳能电池约300kg。由此,对于平流层飞艇,为降低超热幅度而造成的电池增重将严重削弱飞艇的有效载重能力。

6.1.4.2 重量平衡措施

1) 超压措施

采用超压措施可以提高艇体的承压能力,能够有效约束超热状态下飞艇的体积变化,最大程度维持系统的平衡重量。当前,NASA等研究机构成功研制出高空超压气球,飞行试验结果表明超压结构能够有效维持系统的平衡重量,可以保持昼夜飞行高度波动在150m范围内。

但在目前,对于平流层飞艇抗超压结构技术的研究总体上还处于理论研究阶段。虽然国内、外已有成功的试验样机飞行案例,但主要还是针对于圆球形高空气球。对于常规布局飞艇的抗超压结构研究工作缺乏相关工程样机的研制及

应用案例,同时其效果分析、工艺实现方式及重量评估等方面的工作也尚未见有公开报道。

2)多元气囊措施[5]

多元气囊原理是在飞艇内部设置一个或多个用于体积调节的气囊,内部充入易压缩气体(如氨气)并配有气体压缩设备,其维持飞艇平衡重量的基本过程如下:

(1)在氦气温度逐渐升高、超热逐步加重过程中启动气体压缩设备,根据氨气体积膨胀情况,将部分氨气液化降低氨气囊的体积,从而维持飞艇总体积和内部气体压力不变。

(2)当氦气温度及超热程度逐渐降低时,使液氨汽化增加氨气囊体积,以维持飞艇总体积和内部气体压力不变。

该种措施从原理上可行,措施的可行性和有效性目前尚未得到充分验证。后期工程化过程中必须攻克轻质、高效氨气压缩及存储系统设计的难题。

3)放气抛重措施

放气抛重是最简单的重量平衡措施:当超热程度提高,通过释放氦气维持飞艇体积及内部压力,以保持飞艇平衡重量不发生变化;当超热程度逐步降低时,通过抛去一定重量的镇重来维持系统的平衡重量和飞行高度。放气抛重措施可用于短时驻空飞行飞艇的平衡重量保持,但由于这种措施的不可逆性,该措施并不适用长时驻空飞行的平流层飞艇。

6.2 热控系统

6.2.1 热控系统简介

平流层飞艇长期运行于低温、低压环境中,热控系统是保证吊舱设备环境适应性的重要分系统。根据现有气象资料,20km 高度处环境大气温度可以低至 $-70℃$,大气密度及大气压力约为 $0.089kg/m^3$、5500Pa,分别仅约为地面的 1/14 和 1/18。如无热控措施,一方面 $-70℃$ 的低温环境会导致吊舱内部整体温度过低,超过舱内设备的设计使用环境;另一方面过低的大气密度和压力将导致设备换热能力降低,引起舱内不同位置或设备的不同部位存在局部温度过高或过低的情况。在上述两种情况下大部分电子设备将无法正常工作,从而直接影响到系统的安全性和可靠性。

热控分系统的主要功能是在飞行剖面内维持吊舱内部环境温度、以及吊舱内部设备表面温度在设计使用要求范围内。

目前世界范围内平流层飞艇整体上仍处于技术攻关阶段,其热控系统也正处于理论设计和工程试验阶段,国内外部分单位结合相关的平流层飞艇研制,在一些平流层飞行试验中也对热控系统的部分设计进行了验证。

6.2.2 设计原则及设计方法

6.2.2.1 设计原则

平流层飞艇吊舱热控系统设计的一般原则为:
(1) 以被动热控措施为主,主动热控措施为辅。
(2) 热设计应与设备级热设计、结构设计同时进行,应综合平衡热设计、结构设计和电讯设计的各种需求。
(3) 应继承和采用航空、航天成熟的热控技术,热控措施应适应飞艇经历的全过程和各种状态。
(4) 力求热控分系统的质量少,尽量减小主动热控措施的功率需求。

6.2.2.2 热控需求分析

根据吊舱结构及舱内设备布局形式,构建热仿真物理模型,采用商用热仿真软件,对无热控措施时飞行过程中的吊舱内部温度场进行计算分析,明确整舱平均温度、重点监控位置温度随时间变化的情况(图 6.13),同时分析典型工况下吊舱内部高温点温度及位置、低温点温度及位置(图 6.14)。上述计算分析结果是热控系统设计的基本依据。

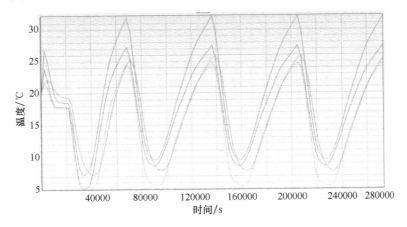

图 6.13 某舱段内监控点温度随时间变化情况示意图

6.2.2.3 被动热控措施设计

常用被动热控措施主要包括被动隔热和热控涂层等。

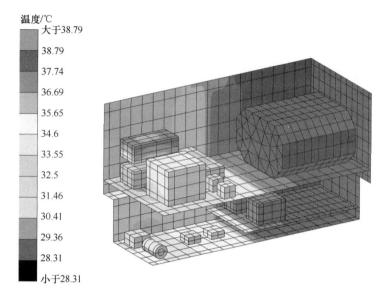

图 6.14 某典型工况下吊舱内温度场仿真结果示意图(见彩图)

1) 被动隔热设计

根据吊舱整体及局部保温需求,对部分舱段及设备包覆隔热材料,降低外部环境的影响。隔热效果由下式决定,为

$$T_{\text{aim}} = q_{\text{D}} \times \left(\frac{1}{A_{\text{D}} h_{\text{in}}} + \frac{\delta_{\text{D}}}{\lambda_{\text{D}} A_{\text{D}}} + \frac{1}{h_{\text{out}} A_{\text{D}} + h_{\text{r}} A_{\text{D}}} \right) + T_{\text{a}} \qquad (6.6)$$

式中:T_{aim}、T_{a} 分别为吊舱内部目标控制温度以及环境大气温度;q_{D} 为吊舱内部与外界环境热交换速率;A_{D} 为吊舱表面积;δ_{D} 为吊舱壁面厚度;λ_{D} 为隔热材料导热系数;h_{in}、h_{out} 和 h_{r} 分别为吊舱内、外部的对流换热系数和辐射换热系数。吊舱内部与外界环境换热途径见图 6.15。

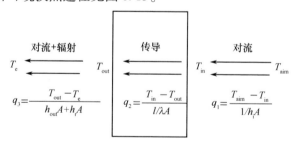

图 6.15 热流传递示意图

2) 热控涂层措施

热控涂层是专门用于调整固体表面热辐射性质、从而实现对物体温度控制目的的表面材料,广泛应用于卫星、飞船等航天器热控设计中。

对于热控涂层,主要使用原则如下:
(1) 满足设计使用要求的辐射吸收率和长波发射率。
(2) 具有空间环境热物性及质量的稳定性。
(3) 实施工艺成熟。

对于平流层飞艇吊舱,热控涂层一般使用方法如下:
(1) 对舱内大功率发热设备表面进行黑化处理。
(2) 对吊舱外表面选择低太阳辐射吸收率和高半球长波发射率的热控涂层。

6.2.2.4 主动热控措施

常用主动热控措施主要包括主动流体回路和主动电加热等。

1) 主动流体回路

流体回路设计的主要要求为:
(1) 在飞行剖面内始终保持被控设备表面温度在设计使用的范围内。
(2) 被控设备需要将主要发热元件安装在散热面集中,或者将设备大部分热量传导至散热面上。
(3) 冷板与设备散热面之间接触热阻尽量小。
(4) 系统总漏率满足设计使用需求。

主动流体回路主要用于对温度控制精度要求较高的设备热控系统,主要设备组成及原理见图 6.16。

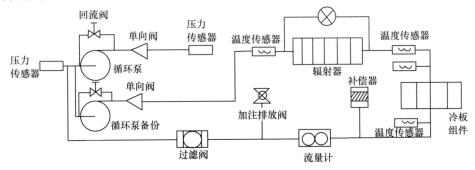

图 6.16 主动流体回路示意图

主动流体循环回路吸收的热能如下式所示,为

$$Q = Q_a + Q_L \tag{6.7}$$

式中:Q_L 为通过冷板吸收的设备发热量的总和;Q_a 为通过其他途径吸收的热量。

冷板吸收热量可由下式进行计算,为

$$Q_L = h_{cp} A_{cp} \Delta T_{cp} \qquad (6.8)$$

式中:h_{cp}为接触导热系数;A_{cp}为冷板导热面积;ΔT_{cp}为仪器与冷板间温差。

回路向空间的散热由流体回路辐射器来实现,辐射器的散热能力由下式计算,为

$$Q_R = \sigma \varepsilon_R A_R T_R^4 - Q_{eR} \qquad (6.9)$$

式中:$\sigma = 5.67 \times 10^{-8} W/m^2 K^4$,为 Stefan – Boltzmann 常数;ε_R为辐射器散热面长波发射率;A_R为辐射器散热面积;T_R为辐射器表面平均温度;Q_{eR}为辐射器吸收的外热流。

回路中设备、材料选择的一般原则为:
(1) 考虑重量、体积和效率,循环泵优选离心泵。
(2) 冷板采用铝合金制造。
(3) 工质选用凝固点温度较低的载剂如全氟三乙胺等。

设备安装布局一般要求为:
(1) 辐射器应安装在吊舱侧面,辐射面尽量与地面垂直。
(2) 冷板与设备散热面之间有良好的热接触。
(3) 补液接口应尽量靠近舱门,方便补液操作。

2) 主动电加热措施

主动电加热措施主要用于对吊舱及舱内设备的温度补偿,常用设备为薄膜型电加热器,辅助设备为用于电加热器表面温度控制的温度控制器。

薄膜型电加热器(图 6.17)通常由两层或多层绝缘薄膜,如聚酰亚胺膜,中间夹电热丝或箔状电热元件组成。薄膜电加热器厚度一般在 0.2mm 以下,外形可依据被加热对象定制[4]。薄膜电加热器需耐受 0~22km 高度范围环境条件变换。

薄膜型电加热器通常与温控开关(图 6.18)配合使用,用于控制电加热器表面温度,防止高温损坏被加热设备。当电热膜表面温度达到设定值时,温控开关切断电路,当温控开关低于某一设定值时电路重新接通。

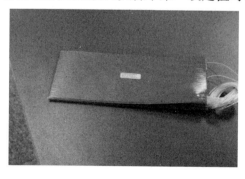
图 6.17 薄膜型电加热器(见彩图)

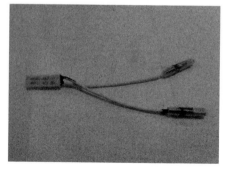
图 6.18 温度控制开关

6.2.3　热平衡试验

热平衡试验是平流层飞艇热控系统研制过程中的一个重要环节,也是保证热控设计可靠性的主要手段。由于热分析计算的复杂性,计算结果与吊舱真实热状况之间会存在一定误差。通过热平衡试验,可获取整个吊舱温度分布的试验数据,修正热分析模型,验证热设计的正确性,同时还可验证热控产品的功能和性能。

热平衡试验分初样热平衡试验和正样热平衡试验。

其中初样热平衡试验的目的为获取吊舱温度分布数据、验证热设计的正确性、修正热数学及物理模型。

在初样热平衡试验的基础上开展正样热平衡试验,主要用于考核热控分系统维持吊舱内部设备仪器在规定温度范围内的能力、评价根据初样热平衡试验结果所做的热设计修改的正确性,并最终完善相关热模型。

参考文献

[1] Kenya HARADA. Ground-to-Statosphere Flight Test Report-Ascent Simulation of the Test Vehicle[R]. JAXA-RR-04-033, 2005.

[2] Farley R E. Ballon Ascent: 3-D Simulation Tool for the Ascent and Float of High-Altitude Ballons[C]. Arlington, Virginia: AIAA 5th Aviation, Technology, Integration, and Operations Conference (ATIO), 2005.

[3] 李小建. 临近空间浮空器热–结构耦合数值模拟研究[D]. 南京航空航天大学, 2013.

[4] 侯增祺, 胡金刚. 航天器热控制技术原理及其应用[M]. 北京:中国科学技术出版社, 2007.

[5] 郑威, 李勇. 三元气囊平流层飞艇原理方法及性能比较分析[C]. 第三届高分辨率对地观测学术年会优秀论文集, 2014.

第 7 章
结构材料与载荷强度

由于平流层飞艇要长期在低温、低密度、高辐射的环境下运行,而充填的氦气又具有较高的渗透性,因此要求材料必须具有强度高、重量轻、抗辐射、耐环境、低氦渗漏、抗皱折、表面光滑、工艺性好的特点。

7.1 囊体结构与材料

平流层飞艇的囊体结构主要由主气囊、副气囊和其他辅助结构构成。主气囊材料又称蒙皮材料,是飞艇的主要结构材料,除具有填装氦气和承载外力的基本功能外,还是考量飞艇安全和使用寿命的主要部分。

7.1.1 国内、外发展现状

目前,世界上并没有成熟的专门用于平流层飞艇的囊体材料,其评判标准也是借助于低空飞艇或气球材料的使用经验。人们认为美国或日本的材料水平比较高,主要是因为他们的产品工艺成熟、批产质量稳定。另外少数原材料为专利产品,国内厂家难以获得,造成囊体材料性能上的差距。

蒙皮材料的承力织物层由高强纤维编织而成,纤维主要采用日本产的Vectran(聚芳酯),它具有较高的比强度和合适的弹性模量,在低空浮空器的材料体系中得到了广泛的应用。我国自行合成生产的某型芳纶产品也是一种性能很好的高分子纤维材料,具有高比强、高模量的特性,在用于蒙皮材料的试制中取得了令人满意的效果,经编织方法、成型工艺等改进和完善后,可以取代进口纤维的使用。

耐候层是一种附在蒙皮材料表面的涂层,采用喷涂或压膜的方式使耐候材料紧附于蒙皮的外表面。耐候材料多采用聚氟乙烯或偏氟乙烯原料制成,美国杜邦公司的专利产品Tedlar是一种较好的抗紫外和氧腐蚀的材料,它的膜涂层能使蒙皮材料的整体强度在大气环境中保持五年基本不下降。国内也在做类似产品的研发。

提高材料的抗超热特性是针对平流层飞艇应用的特殊问题所提出的,也是平流层飞艇热问题研究所衍生出来的热点问题。最初,人们试图用蒙皮材料表面涂敷镀铝层反射热辐射的方法来降低飞艇囊体内的超热量,但试验表明问题并不是这么简单。材料对超热的影响是材料本身的吸收率和发射率的综合效果。

7.1.2 囊体材料的功能和要求

平流层飞艇囊体材料主要存在以下六个方面的要求:

(1) 强度高,可以承受较大的载荷和内压。主囊体内填充氦气和空气来实现飞艇的升浮,同时依靠其内压来保持飞艇的空气动力学外形和足够的囊体刚度。主囊体也是任务系统、艇载设备、尾翼等集中载荷的承载部件,飞行中还要承受气动力载荷,因此它有高强度指标要求。一般要求蒙皮材料的拉伸强度不小于 $1000N/cm$,并有相应的抗撕裂和剥离强度的要求。

(2) 面密度小,可以控制飞艇的重量和体积。平流层飞艇体积巨大的特点给该产品的研制、生产、运营带来巨大的困难和挑战。20km 高空的大气密度仅为海平面的 1/14,即在该高度要得到平衡同样重量所需的浮力,平流层飞艇的体积需要比在海平面时大 14 倍,因此控制全系统的重量至关重要。囊体材料的重量约占平流层飞艇系统总重量的 1/3,控制囊体材料的面密度是减少系统重量和体积的重要环节。同时重量要求也是囊体材料的强度和其他指标要求相互制约的矛盾焦点,因此重量指标也要合理和符合基础工业水平的现状,一般要求蒙皮材料的面密度不大于 $180g/m^2$。

(3) 透氦率低,可以减少飞艇长期驻空工作时的浮力损失。平流层飞艇的优点之一是可在相对固定的高度长期驻空执行任务。要达到这一目的,控制囊体氦气泄漏引起的浮力减少是必须的。客观地说,由于生产工艺的局限和诸多艇上设备安装的影响,蒙皮材料本体的透氦率与成型囊体的总透氦率相比是个小量,但是在蒙皮材料的指标体系中,它仍是一个重要参数。蒙皮材料的透氦率指标通常要求一个大气压下每平方米每天不大于一升。

(4) 耐候性能好。在高度 20km 附近,飞艇处在臭氧浓度高、紫外辐射强、低温等严酷环境条件下,一般蒙皮材料的强度、透氦率等性能指标受此影响都会下降,为保证飞艇能够长期、安全驻空工作,对平流层飞艇的囊体材料都有较高的耐候性要求。

(5) 热特性好,能降低囊体的超热水平。由于受到太阳、地面和太空中长短波辐射的影响,在长期驻空的过程中飞艇囊体内的气体会产生较大的超热。超热的变化不仅会影响飞艇浮力的变化并导致高度不可控,并且由此产生的超压作用在蒙皮上,会使蒙皮的应力水平超过强度极限,严重危及飞艇的安全。

（6）满足电子任务系统电性能要求,如采用表面金属化的蒙皮材料,需要考虑将大阵面安装于表面,因此在计算蒙皮材料的结构强度需求时要考虑天线阵面的重量与安装后的结构影响;如果采用透波材料,需要考虑透波率问题,一般而言,在微波频段透波率需要达到95%以上。

对于空气囊材料,由于它在囊体内被蒙皮所覆盖,受环境的影响小,而且不是主承力的结构材料,因此在强度、耐候性等方面的要求不高。但是,在调节内压的过程中,空气囊会不停地运动和揉折,因此空气囊材料在面密度、透氦率,特别是耐挠曲性的指标方面要求较高。

7.1.3 设计方法

目前平流层飞艇蒙皮材料的设计思路和生产研发,主要是继承了中低空用的系留气球和飞艇材料、或者是一次性使用的高空气球材料的设计、生产和工艺的经验。一般采用"耐候层/阻氦层/承力织物层/热封层"的多层结构设计,如图7.1所示。

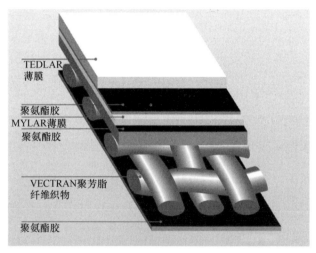

图7.1 蒙皮材料多层结构示意图(见彩图)

7.2 刚度与强度

7.2.1 结构形式选择

按照结构形式划分,飞艇通常可分为硬式、软式、半硬式和混合式[1]四种,其中的3种形式如图7.2所示。硬式飞艇一般依靠结构骨架来承受整体弯矩并保持结构外形,依靠骨架外蒙皮来维持良好的气动外形,如德国的"兴登堡"和"齐柏林"飞艇均属于此类。由于结构骨架的重量占比大,硬式飞艇一般飞行高度较低,有效载荷能力不强,且结构具有较大的长细比,艇体内的浮升气体无需保持较高的压力水平。

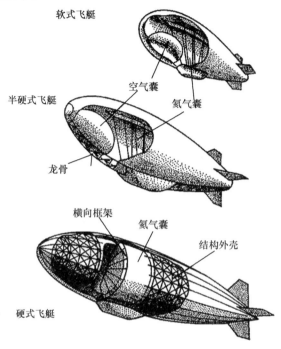

图 7.2　飞艇结构形式[1]

软式飞艇没有刚性结构骨架,仅通过囊体内的浮升气体的压力来保持外形,因此囊体外蒙皮需要维持一定的张力水平,以便有足够的刚度来抵抗整体弯曲效应和承载艇体结构。与硬式飞艇相比,软式飞艇的结构长细比小,飞行高度高,有效载荷能力强,艇体内的浮升气体需维持较高的压力水平[2]。

半硬式飞艇结合了硬式飞艇和软式飞艇的特点,主要包括一个全尺寸的硬式龙骨结构和增压气囊,两者共同承载整体弯矩并维持飞艇外形。龙骨结构的引入,使飞艇蒙皮的腹部得到了加强,能够将腹部安装结构的重量分散至整个艇体,并承受更大的弯曲载荷。

上述三种结构一般设计成阻力最小的流线外形,而混合式飞艇则不同。它没有固定外形,不依靠传统的方法来控制浮力和气动力,且在动力推进系统和结构布置上也有一定差别。

硬式飞艇的结构重量占比高,难以实现平流层高度的飞行任务,平流层飞艇一般选择软式或半硬式作为其主要的结构形式。平流层飞艇选择软式结构形式,设计难点在于克服软式囊体的刚度和强度之间的制约矛盾。一般情况下,要维持囊体刚度,特别是考虑一定的压力控制裕度,要求内压越高越好;而囊体材料的强度是有限的,为保证囊体安全,内压要求越低越好。这种刚度和强度计算的内压控制要求之间相互矛盾,给结构设计和压力控制带来了极大的挑战,而增加囊体材料的强度势必又将导致飞艇重量和体积的进一步增大。半硬式结构形式是解决平流层飞艇囊体刚度和强度之间制约矛盾可能的一种技术途径,通过在飞艇腹部增加硬式龙骨结构来降低飞艇囊体本身的刚度需求和压力控制需求,从而将主要焦点转移至龙骨结构和相关软、硬连接结构的设计上来。

7.2.2 面临的特殊问题

目前,国内、外论证和在研的平流层飞艇均采用软式结构形式,本节将关注平流层飞艇软式结构刚度强度设计中面临的特殊问题。

7.2.2.1 大变形带来的刚度问题

软式结构飞艇的整体刚度由艇体内外压差来维持,刚度的大小主要取决于囊体差压以及长细比。在外形尺寸相同的条件下,差压越大,则飞艇的刚度和抗弯能力越强;在差压和最大直径相同的条件下,长细比越小,则飞艇的刚度和抗弯能力越强。

硬式结构在弯曲或剪切载荷的作用下出现失稳后,其弯曲刚度减小甚至降为零,结构失去其原有承载能力。而飞艇软式结构在弯曲或剪切载荷的作用下发生大变形(图7.3),蒙皮褶皱或松弛后由于内部压力作用其弯曲刚度并未显著降低,结构仍具有很强的承载能力,如图7.4所示。因此,如何通过建立飞艇软式囊体充气结构的失效判定准则,预测其极限抗弯能力,尤其是囊体的失效载荷,来解决囊体充气结构大变形带来的刚度问题,是平流层飞艇结构刚度设计与校核的难点与重点。

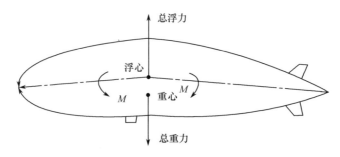

图7.3 飞艇弯曲变形示意图

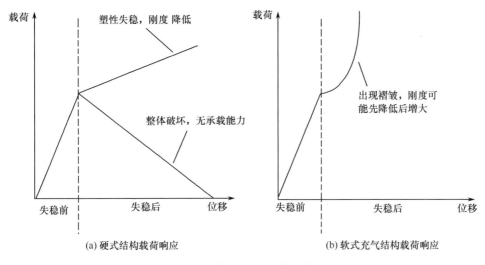

图7.4　硬式结构与软式充气结构载荷响应对比图

7.2.2.2　集中载荷的传递、分散问题

根据平流层飞艇的总体布局，飞艇需要布置吊舱用于安装发动机、各子系统设备、任务载荷及其他系统，吊舱一般位于飞艇的浮力中心的下方，用于确保飞艇的平衡，采用悬挂支撑结构与艇体连接。虽然采用多个吊舱分开的设置方案可以把集中载荷分布到艇囊的下表面，但软式飞艇普遍仍采用单个吊舱的形式，单个吊舱的方案会导致悬挂质量过于集中，集中载荷使飞艇下表面难以承受从而造成艇囊变形。

由于早期基础工业水平的限制，囊体材料的强度不能满足使用要求，早期的飞艇吊舱支撑结构一般采用内部悬挂支撑[1]的方法，将吊舱载荷通过拉索传递并分散到艇体上表面的内侧帘布上，如图7.5所示。

平流层飞艇的长度一般在100～200m之间，吊舱重达数吨，采用早期的吊舱悬挂支撑系统存在如下主要问题：①吊舱重量较大，需要设计数量较多的上表面载荷帘布和拉索来分散吊舱质量带来的集中载荷，拉索需要穿越诸多内部气室，势必增加结构设计的复杂性；②飞艇的上、下表面间距大，在飞艇充气组装等过程中可能会出现拉索互相缠绕的现象，由于拉索位于艇体内部无法进行有效调整，故可能导致重大的系统失效风险。平流层飞艇吊舱集中载荷的传递、分散问题是平流层飞艇结构强度设计面临的主要问题。

随着现代材料科学研究的发展和基础工业水平的进步，囊体材料的强度水平不断提升，使得平流层飞艇直接采用下表面囊体结构来承载吊舱的集中载荷成为可能。通常可以采用绳索将吊舱固定在飞艇下表面的绑扎带上，将吊舱重

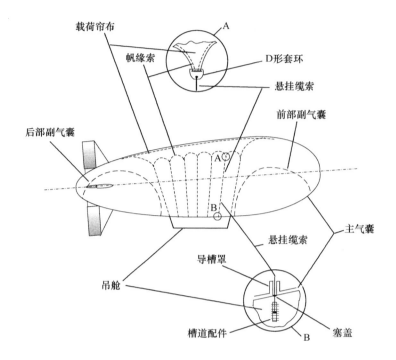

图 7.5 早期飞艇的吊舱悬挂支撑结构

量传递至绑扎带,并进一步转移、分散至绑扎带周边的囊体材料上。在充气组装过程中,平流层飞艇可能出现艇体非保形的状态,因此可能导致飞艇下表面(如绑扎带角点处)出现局部应力集中的情况,因此需要对角点处及相关结构进行加强或设计其他载荷分散措施来降低局部的应力。

平流层飞艇的吊舱悬挂结构示意图见图 7.6。

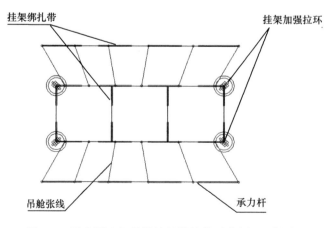

图 7.6 平流层飞艇的吊舱悬挂结构示意图(见彩图)

7.2.2.3 柔性囊体结构强度分析的不准确性

对于传统的硬式飞行器来说,通常可以采用有限元方法[3]来确定结构的内部载荷、应力水平、变形量以及振动特性等,有限元计算结果的准确性很高且与试验结果的吻合度较好。对于平流层飞艇柔性结构来说,由于囊体结构具有大位移、非线性等显著特征[4],并且结构外形依赖于囊体张力的双向特性,即囊体必须在双向受拉时才能形成理论外形,因此有限元方法必须进行特殊化和专用化才能应用于柔性囊体结构的强度分析。目前,传统的有限元方法对柔性囊体材料的强度分析存在以下几个方面的问题:①柔性囊体结构发生大变形时,有限元求解不易收敛;②针对柔性囊体结构的有限元薄膜单元必须考虑薄膜厚度,网格密度低时不易收敛且求解精度差;③尾翼等复杂柔性结构难以实现有限元网格化和求解。

目前,平流层飞艇的强度设计主要依赖于理论分析和强度试验。理论分析仅能针对艇体和尾翼主体结构,无法对囊体附件和局部开展详细分析,因此理论分析的结果无法通过数值手段进行验证且比较保守,这可能在一定程度上增大了对平流层飞艇材料强度的需求。因此,如何提升柔性囊体结构强度分析的有限元数值化水平和分析准确性也是平流层飞艇强度设计中一项亟待解决的重大问题。

7.2.3 刚度设计方法

飞艇的刚度主要决定其抗弯能力,因此通常以飞艇的弯矩分析作为其刚度分析的主要切入点。目前,主要存在以下几种主要的弯矩分析方法。

第一种是 FAA 提供的整体弯矩经验公式,通常仅用于初步估算飞艇的总体性能。整体弯矩的经验公式为

$$M_{\text{FAA}} = 0.029 \cdot [1 + (L_a/D_a - 4)(0.562 L_a^{0.02} - 0.5)] \cdot \rho_a v_w v_c V_{\text{vol}} L_a^{0.25} \quad (7.1)$$

式中:M_{FAA} 为按 FAA 经验公式得出的整体弯矩;L_a 为飞艇长度;D_a 为飞艇外气囊最大直径;ρ_a 为空气密度;v_w 为风速;v_c 为飞艇速度;V_{vol} 为飞艇主气囊体积。

公式考虑了飞艇体积、长细比、飞行速度等多种因素的影响,对于初步估算飞艇的弯矩范围有一定的指导作用。

第二种是弹性理论分析。该理论将飞艇的力矩分为两大类:一类是飞艇的静力矩,包括飞艇的分布式重力矩、浮力矩以及其他有效载荷的重力矩;另一类是动力矩,主要由飞艇克服空气阻力运动引起。

飞艇静力矩的表达式为

$$M_{\text{static}} = L_a \rho_a \cdot \left(1 - \frac{C_{\text{he}}}{C_{\text{air}}}\right) \cdot \pi r_c^4 f^2 \cdot \left(\frac{1}{4} - \frac{k_c}{3} - \frac{k_c^3}{6}\right) \quad (7.2)$$

式中:M_{static}为飞艇静力弯矩;L_a为飞艇长度;C_{he}为氦气相对分子质量;C_{air}为空气相对分子质量;r_c为飞艇质心轴向位置处的半径;f为主气囊长细比;k_c为质量分布系数。

飞艇动力矩的表达式为

$$M_{dynamic} = \frac{1}{2}\rho_a v_c^2 (k_b - k_a) V_{vol} \sin 2\theta = \frac{1}{2}\rho_a v_c^2 k_m V_{vol} \sin 2\theta \tag{7.3}$$

式中:$M_{dynamic}$为飞艇动力弯矩;θ为飞艇俯仰角;k_a、k_b分别为飞艇轴向、横向惯性系数;k_m为芒克(Munk)动力系数。

注意,Munk 公式确定的俯仰力矩需要由尾翼面的气动矩来平衡,尾翼面上将产生大小等于 $M_{dynamic}/L_{tail}$ 的动态升力,其中 L_{tail} 是尾翼矢量中心(压力中心)到艇体浮心的距离。

第三种是数值分析方法。根据微元理论,将艇体分为若干个微元,根据重量分布规律和艇体设备的安装位置,给出每个微元所受的自重、浮力、外部集中力、气动力、惯性力,对给定飞艇的横截面,从头至尾对每个微元开展积分,计算得出该截面的弯矩。

$$M = M_{11} + M_{12} + M_{13} + M_{14} + M_{15} + M_{16} + M_{17} + M_{18} \tag{7.4}$$

式中:M为截面总弯矩;M_{11}为主、副气囊的分布质量导致的弯矩;M_{12}为艇体设备集中质量导致的弯矩;M_{13}为主气囊浮升气体质量导致的弯矩;M_{14}为副气囊空气质量导致的弯矩;M_{15}为主气囊的气体浮力导致的弯矩;M_{16}为飞艇气动力导致的弯矩;M_{17}为推进动力导致的弯矩;M_{18}为惯性力导致的弯矩。

值得注意的是,必须保证平流层飞艇所受的力系应该是自洽且平衡的。

7.2.4 强度设计方法

目前,主要存在以下几种主要的强度分析方法。

第一种是理论方法,通常仅用于初步估算飞艇艇体囊体材料的强度需求,公式为

$$\sigma_b \geq \sigma_{round} \times n_{safe} \tag{7.5}$$

$$\sigma_{round} = \Delta p \times R_{max} \tag{7.6}$$

式中:σ_b为囊体材料的张力强度水平;n_{safe}为囊体材料的安全系数要求值;σ_{round}为飞艇蒙皮的周向张力;Δp为飞艇内外差压水平;R_{max}为主气囊最大截面半径。

上述公式仅考虑了飞艇体积和差压的影响,可用于初步估算囊体材料的强度需求,但该值偏保守。

针对飞艇柔性尾翼[5],可采用如下的方法:

充气式软尾翼由一系列侧板和隔板构成,由于薄膜材料的厚度与其他尺寸

相比可以忽略,因此其应力状态可以简化为平面应力状态,即只存在 σ_H、σ_Y、τ_{HY} 三个应力分量,按照力的线性叠加原理,尾翼侧板中的应力分量可以表示为

$$\sigma_H = \sigma_H^P$$
$$\sigma_Y = \sigma_Y^P + \sigma_Y^L \tag{7.7}$$

式中:σ_H^P、σ_Y^P、σ_Y^L 分别代表由内部超压引起的环向、展向的张力,以及由外载荷引起的展向张力。而尾翼隔板中由内压引起的隔板张力可以表示为 σ_Z^P。

根据压力容器基本理论,由内压引起的侧板环向张力可以表示为

$$\sigma_H^P = \Delta p \cdot \frac{r_{\text{tail}}}{\delta_s} \tag{7.8}$$

由内压引起的侧板展向张力可以表示为

$$\sigma_Y^P = \Delta p \cdot \frac{A_{\text{bottom}}}{A_{\text{wall}}} \tag{7.9}$$

式中:A_{bottom} 为尾翼根弦的投影面积;A_{wall} 为尾翼侧板的根弦截面面积;r_{tail} 为尾翼侧板环向曲率半径;δ_s 为薄壁厚度。

如图7.7所示,根据交点处力的平衡公式,可以得出

$$\sigma_Z^P = \Delta p \cdot \frac{(X_{i+1} - X_i)}{\delta_s} \tag{7.10}$$

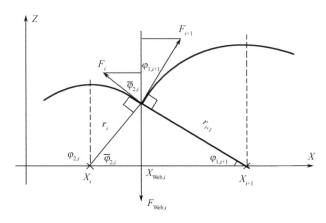

图7.7 尾翼侧板和隔板交点处受力关系

而由外载荷引起的侧板展向张力可以表示为

$$\sigma_Y^L = \frac{M_Z X}{I_{ZZ}} - \frac{M_X Z}{I_{XX}} + \frac{F_p}{A_{\text{wall}}} \tag{7.11}$$

式中:F_p 为轴向压缩力;M 为弯矩;I 为惯性矩。

第二种是有限元数值分析方法。考虑到柔性结构具有大变形的非线性特点,需要着重考虑有限元隐式求解的收敛问题和显式动力学求解的精度和求解效率问题。

第三种是强度试验方法。强度试验分为两大类,第一类是确定囊体材料、工艺及附件的强度和环境性能的试验,通常包括材料的抗拉、撕裂、剥离强度试验以及抓手、连接件的抗拉强度试验,主要用于确定材料部件的强度和环境性能。第二类是飞艇结构的总体强度试验,包括飞艇成形后的耐压强度试验和强度折减系数模型试验,其中耐压强度试验主要用于确定飞艇正常工作压力能力,而模型试验则用于确定飞艇的极限耐压能力和安全系数。

7.2.5 内压选取原则

7.2.5.1 保持刚度最小压力

为了保持刚度,艇体必须在承受最大弯矩及其他载荷的情况下仍能保持张紧。因此必须满足下列关系式:

$$M_{max} R_{max} \frac{\delta_s}{I} + (F_T - \Delta p \pi R_{max}^2)/(2\pi R_{max}) \geqslant 0 \quad (7.12)$$

对于大半径圆形薄膜的截面惯性矩 I 可写成如下形式:

$$\frac{I}{\delta_s} = \pi R_{max}^3 \quad (7.13)$$

式中:δ_s 为囊体材料膜厚;M_{max} 为囊体最大弯矩;R_{max} 为囊体最大半径;F_T 为推进推力。

当 $M_{max} R_{max} \frac{\delta_s}{I} + (F_T - \Delta p \pi R_{max}^2)/(2\pi R_{max}) = 0$ 时,可以计算出维持飞艇刚度(即不发生弯曲褶皱)的最小压力,整理后最小超压可得

$$\Delta p_{min} = \frac{2M_{max}}{\pi R_{max}^3} + \frac{F_T}{\pi R_{max}^2} \quad (7.14)$$

对于百米量级的平流层飞艇,其囊体最大弯矩在 $2 \times 10^6 \mathrm{N \cdot m}$ 量级以上,则最小超压应在 80Pa 以上。

7.2.5.2 最大压力

通常情况下,艇体最大压力主要由最大截面处应力决定。由于热合工艺导致的材料强度损失并考虑应力集中的影响,艇体材料需选取一定的安全系数 n_{safe},通常取 $3\sim6$[6]。

考虑此安全系数,并通过最大截面处应力进行折算,即可得出艇体可承受的最大压力,表达式为

$$\Delta p_{\max} \geqslant \frac{\sigma_{\mathrm{b}}}{n_{\mathrm{safe}} \cdot R_{\max}} \tag{7.15}$$

式中:σ_{b} 为材料拉伸强度水平;$R_{\max}$ 为囊体最大半径。

如美国研制的某种最新材料强度为 1274kN·m/kg,面密度为 90.6g/m²,考虑 4 倍安全系数,最大半径 25m,则囊体可承受的最大超压为

$$\Delta p_{\max} = 1274\mathrm{kN} \cdot \mathrm{m/kg} \times 90.6\mathrm{g/m^2}/25\mathrm{m}/4 = 1154.244\mathrm{Pa} \tag{7.16}$$

值得注意的是,安全系数的选取对于艇体可用压力范围的确定具有决定性的影响。应根据艇体工艺形式以及材料制作等效验证模型,开展模型试验获取飞艇的总体强度折减系数范围,确定可用且最经济的安全系数和最大工作压力。

参考文献

[1] Khoury G A, Gillett J D. Airship Technology[M]. London: Cambridge University Press, 2002.
[2] Fodaro D. Employ of the pneumatic structures in the Unconventional Airship design[C]. 19th AIAA Aerodynamic Decelerator Systems Technology Conference & Seminar – AIAA Balloon Systems Conference, AIAA 2007 – 2628.
[3] 邱志平,王晓军. 航空航天结构中的有限元方法[M]. 北京:北京航空航天大学出版社,2012.
[4] Pai P F. Highly Flexible Structures: Modeling, Computation, and Experimentation[J]. AIAA Education Series, 2007.
[5] Gal – Rom Y C. A Simplified Aero – Structural Model for Inflated Wings[C]. 49th AIAA/ASME/ASCE/AHS/ASC Structures, Structural Dynamics, and Materials Conference, AIAA 2008 – 1902.
[6] 中国民用航空总局. AC – 21 – 09 飞艇适航标准[M]. 1997.

第 8 章
动力推进

飞艇作为浮空飞行器的一个大类,其主要特点就是具备了动力推进能力,从而能够实现自主可控的动力飞行[1]。对于平流层飞艇而言,其穿梭于平流层与对流层之间,且通常体积庞大、响应缓慢,因此,平流层飞艇的动力推进装置既具有大型、超大型对流层飞艇的特征,又需要着重兼顾平流层飞行过程中的推进与续航,其设计既具有继承性,又具有创新性。

由于空气密度随海拔高度的显著变化,平流层飞艇的动力推进在高低空呈现出完全不同的状态。对整个动力推进装置,主要需要面对三个方面的问题:

(1) 从输出功率的角度来看,在保持相同飞行速度的前提下,低空飞行所需的动力推进能力将是高空飞行的 14 倍以上。这就要求动力推进装置必须在两个极限工况下,提供充足的动力和高效的推进力。在平流层高空,燃油动力推进几乎无法工作;而在低空,在可接受的设备重量体积条件下,电动推进也很难达到接近兆瓦级的功率输出。

(2) 从能源供给的角度来看,平流层飞艇在高空应用电能推进,实现系统的长时间持续驻空飞行;但在低空,如此庞大的飞艇依靠有限的电能(来源于电池)作可控的动力飞行是很难想象的。

(3) 从螺旋桨的角度来看,为了确保飞艇在高空桨叶负载较小,高空螺旋桨可以设计成大直径、低转速桨,从而保持较高的低速推进效率。但低空的桨叶负载较大,相同的螺旋桨在 14 倍密度以上的空气中旋转,其桨叶负载将对结构的刚强度提出异常苛刻的要求。这使得一副螺旋桨很难做到在保持合理的结构重量、强度和效率的情况下,再高低空兼顾使用。

因此,为了保证平流层飞艇在高空和低空都保持充分的推进动力、能够可控飞行,将高低空动力推进装置平行设计、各司其职,是现阶段解决平流层飞艇动力推进问题的有效途径。本章将分别论述平流层飞艇的低空动力推进和高空动力推进。

8.1 低空动力推进

8.1.1 低空动力推进简介

按照平流层飞艇高低动力推进装置平行设计的原则,其低空动力推进设计可以充分借鉴对流层飞艇燃油动力推进的技术经验。

目前,广泛执行过飞行任务的飞艇均为对流层飞艇,体积从几百立方米至十几万立方米不一,其动力推进装置仍以燃油动力系统和螺旋桨推进器为主流。尤其是对于体积较大的飞艇($1000m^3$ 以上),燃油动力装置依然是首选。究其原因,主要包括三点:

(1) 化石燃料固有的高能量密度比属性。不论是汽油还是柴油,均可以在有限体积和重量指标下,依靠较为简单成熟的设备,即可实现高效的存储、运输和使用。

(2) 热机技术的高度成熟和广阔的发展潜力。热机技术具有广泛的工业应用基础和丰富的航空应用经验,在航空、汽车等多个领域均具有旺盛的发展动力和改进需求,其技术水平不断提高。通过借鉴吸收,可以有力地支撑飞艇动力推进技术的快速发展。

(3) 螺旋桨推进器在低速飞行器上的应用优势。根据推进原理,螺旋桨推进器以空气为介质,在低速飞行过程中,可以较好地兼顾推进效率、功重比和最大推进力三者之间的关系。同时具备技术成熟、造价低廉、使用方便的特点。

与此相呼应的,新一代飞艇(如平流层飞艇)无不是在燃料(能源)、动力机、推进器三个方面进行探索和创新。

飞艇动力推进的内涵是通过动力机和推进器,为飞艇提供持续的、可控的、不依赖于飞艇固有特征的力。这样的力可以改变大小、方向,并具有不同的分布形式。这样的力可以作为飞艇前飞的推进力,用于抵抗气动阻力;也可以直接作为升力,平衡系统重力;还可以改变方向,作为飞艇的直接操纵力(不同于舵面上的力)。飞艇动力推进的核心问题,就是解决如何产生充足的、满足飞艇需求的、可持续的、可控的、与飞艇其他固有特征无关的力的问题。从系统角度来说,动力机通常还会承担一些艇上能源供给的功能,但并不影响其核心用途。

8.1.2 发动机与螺旋桨

8.1.2.1 发动机

在早期的飞艇设计中(20世纪80年代之前),出于较小的需用功率和燃油消耗率等方面考虑,飞艇通常采用活塞发动机直接驱动空气螺旋桨的动力推进模式。而随着飞艇体积的日渐增大,飞艇需用功率逐渐增加,同时,高性能燃气涡轮发动机技术不断成熟,现代大型飞艇开始采用燃气涡轮螺旋桨发动机等作为主推进装置,这种推进模式进一步提高了飞艇的飞行性能,改善了飞艇总体性能。

现行的航空发动机主要包括活塞发动机、涡轴发动机、涡桨发动机、涡喷发动机、涡扇发动机、冲压发动机与火箭发动机等几种类型,各类发动机的工作原理、性能特点和适用范围各不相同[2-5]。

表8.1是不同类型发动机在现有在役飞机上的应用情况统计。从中可以看出,电动机等微型动力仅适用于微型低成本飞机;活塞式发动机适用于低速、中低空的轻型和超轻型的亚音速侦察、监视机及长航时飞机,飞机起飞质量较小,一般为几百公斤;涡轴发动机适用于中低空、低速短距/垂直起降飞机和倾转旋翼机,飞机起飞质量可达1000kg以上;涡桨发动机适用于中高空长航时的亚声速飞机,起飞质量可达3000kg以上;涡喷发动机适用于飞行时间较短的中高空、高速战斗机、教练机及靶机、无人攻击机,飞机起飞质量可达2500kg以上;涡扇发动机适用于各种高空长航时的战斗机及运输机,飞机起飞质量可以达到数十吨;冲压发动机可以作为高超音速飞机、空射中远程导弹的动力装置以及航天飞行器等的加速动力装置。

表8.1 各类发动机的适用范围

动力机类型	速度范围/(km/h)	适用范围	主要特点
电动机	36~72	低空	安装使用方便
活塞发动机	110~260	中低空长航时	价格便宜,耗油率低
涡轴发动机	160~390	短距/垂直起降	功率大、功重比大、油耗低
涡桨发动机	360~500	中空长航时	功率大、功重比大、油耗低
涡喷发动机	700~1100	高速长航时	结构紧凑、推力大、油耗高
涡扇发动机	500~1000	中高空长航时	推力大、油耗低、结构复杂、迎风面积大
冲压发动机	≥1000	高空	结构简单、重量轻、低速无法启动

综合上述各类发动机的基本特性和适用范围分析,对于大型、超大型飞艇要求能够提供充足的推进动力,并且在低飞行速度下(低速进气)可以保持较好的工作状态,且便于调节和操控。因此,微型电动机、微型发动机由于功率较小无法选用;冲压和火箭发动机由于其难于在低速条件下使用,不易反复启动和调节工作状态,也不宜作为飞艇动力;涡轮喷气发动机和涡轮风扇发动机功率大、推力大,小型的涡喷、涡扇发动机的油耗相对较高,且同样不适于低速飞行。

对比来看,现阶段可供大型、超大型飞艇在中低空使用的发动机主要是:活塞发动机、涡轴发动机和涡桨发动机。而中大型对流层飞艇所使用的发动机则仍主要是活塞发动机。

涡轴/桨发动机与活塞发动机是两种不同类型的内燃机,涡轴/桨发动机是基于焦耳热力循环的燃气涡轮发动机,而活塞发动机是基于点火燃烧、往复循环的奥托循环(汽油机)或狄塞尔循环(柴油机)的内燃机,这三种循环理论决定了发动机的性能特点各不相同[6]。

三种循环形式的发动机输出轴转速和燃油消耗率随轴功率变化,其中焦耳循环的燃气涡轮发动机功率与轴速之间匹配性能最好,两者变化关系简单,在全转速段,轴功率随转速增加几乎成正比增加。而奥托循环的汽油机和狄塞尔循环的柴油机在低转速段,发动机轴功率都无法稳定输出,发动机运转稳定性较差。燃气轮机的轴功率随转速变化率最大,加速性能最优,焦耳循环燃气轮机随功率增加,燃油消耗率降低。在相同输出轴功率下,焦耳循环的燃气轮机最轻,狄塞尔循环的柴油机最重。

结合上述性能对比,与活塞发动机相比,涡轮轴/螺旋桨发动机具有下列性能特点:

(1) 功率大、重量轻、功重比大,最大功率可超过 10000hp[①] 以上,功重比可达到 4 以上,而活塞发动机最大功率一般不超过 3000~4000hp,功重比最大可达 2 左右;

(2) 可靠性高,由于没有往复运动的活塞,涡桨发动机运转稳定性好、噪声小;

(3) 适用高度和速度范围更大,由于涡桨发动机核心部分采用燃气发生器,燃烧室连续燃烧,高空性能好,但耗油率相对较高;

(4) 低温启动性能好,由于启动扭矩小,在较低的温度下易于启动;

(5) 输出轴转速相对较高,涡轮轴发动机或涡轮螺旋桨发动机的动力涡轮转速非常高,通常在数万转以上,通过一套减速器装置与螺旋桨匹配。一般采用恒转速的控制方式,配搭变距螺旋桨,以实现不同功率匹配。涡轮轴发动机需配备一个外置减速器,而涡桨发动机则直接驱动螺旋桨工作。

涡轴/桨发动机与活塞发动机配螺旋桨在飞艇上的应用各有侧重点,具体应用应结合飞艇需用功率大小和燃油经济性综合考虑。通常,对于中小型中低空飞艇,在总功率需求允许的前提下,应优先选择活塞式航空发动机,充分利用其控制简单、价格便宜、耗油率低的优势;对于大型、特大型飞艇,为满足更大的功率需求,应考虑选择功重比更高的涡轴/桨发动机,有效地减少动力装置的数量和总重量。

---

① 功率单位马力:1hp = 735W。

广泛地看,作为低空低速飞行的浮空器,现代常规飞艇基本都采用燃油发动机作为飞行的动力,这种发动机通过驱动螺旋桨,使螺旋桨在空气中旋转来产生向前的推(拉)力。这种燃油发动机配螺旋桨的组合推进形式一直都是飞艇固定的推进模式。

GZ-22 飞艇(亦称"Spirit of Akron")是美国 Goodyear 公司于 1987 年 10 月研制成功的软式载人充氦飞艇。该飞艇的推进动力为两台美国 Allison 公司的 250-B17C 小功率涡桨发动机,最大起飞/连续功率 420hp(335kW),与发动机匹配的螺旋桨选用三叶可变距涵道桨,动力布局采用常见的吊舱两侧对称布置方法,发动机悬吊在外置的发动机短舱内,如图 8.1 所示。

图 8.1 Spirit of Akron 飞艇(见彩图)

该型飞艇最大飞行速度 105km/h 时,抵抗空气阻力需用功率约为 136kW,发动机配置的功率为 627kW,功率比 4.6。考虑到该飞艇用于载人,其发动机匹配的功率储备相对较多。分析其设计参数,动力推进系统进速比较高,单发功率较低,实际螺旋桨效率可达到较高水平,即可达到约 70% 以上,飞艇存在约 3 倍的动力功率储备,具体设计参数见表 8.2。

表 8.2 GZ-22 飞艇主要设计参数

项目	主要参数
体积	7020m^3
动力	2 台 420hp Allison 250-B17C 涡桨发动机,3 叶螺旋桨
燃油	2×680kg
最大飞行速度	105km/h
巡航速度	64km/h
巡航高度	300~915m
最大高度	3050m

(续)

项目	主要参数
续航	48km/h 巡航速度下,续航时间 14h
乘员	1 个驾驶员 9 名乘客
艇重	5000kg(包括燃油)

YEZ-2A 飞艇是美国西屋飞艇公司和英国飞艇公司于 1987 年 6 月投入研制的新型海上预警飞艇。该飞艇吊舱分为三个舱段,尾部舱段为动力舱,动力舱左右安装有两台意大利生产的船用轻质柴油发动机,单台最大输出功率 1800hp,为满足飞艇在 3000m 以上高空飞行,发动机带有涡轮增压器。安装在吊舱两侧的两个涵道螺旋桨分别由左右发动机通过动力传动机构驱动,螺旋桨可大角度倾转,实现飞艇的矢量推进。为改善飞艇操纵品质,吊舱尾部还增加了一台通用电气公司 T700-401C 型涡桨发动机,输出功率 1700hp,使飞艇的飞行速度由单纯的二柴油发动机推进的 142km/h 增加到 188km/h。另外,采用两侧两台柴油发动机和尾部一台燃气涡轮发动机的组合动力推进模式,增加了飞艇全天候工作的可靠性和抗风机动性,一旦一台发动机失效,飞艇还能坚持执行长时间的巡航任务,但是若只剩一台发动机工作正常,它将不能抵抗迎面大风而只能返回基地,如图 8.2 所示,具体设计参数见表 8.3。

图 8.2 YEZ-2A 飞艇吊舱(见彩图)

表 8.3 YEZ-2A 飞艇主要设计参数

项目	主要参数
体积/m³	70750
动力	2 台 1800hp 柴油发动机 + 1 台 1700hp T700-401C 涡桨发动机 + 3 叶螺旋桨
最大飞行速度/(km/h)	188

(续)

项目	主要参数
巡航速度/(km/h)	142
巡航高度/m	3050~4570
续航/h	续航时间72
乘员	15名以上乘客
艇质量/kg	6804

该型飞艇最大飞行速度188km/h时,抵抗空气阻力需用功率约为2740kW,发动机配置的功率为3954kW,功率比1.44。根据资料显示,该型飞艇通过改型,增加了一台涡桨发动机,最大飞行速度从142km/h增至188km/s,发动机功率由3600hp增加至5300hp。在此种情况下,飞艇需用功率至少扩大至2.32倍,而发动机功率的增加量小于这个比率。初步分析,该型飞艇维持平飞所需功率相对较低,原型机的2台活塞发动机不仅要提供平飞的动力,还需提供俯仰和操控力,故预留了较多功率储备。而改型后添加的涡桨发动机完全用于推进,其功率则全部用于抵抗最大风阻。综合分析该型飞艇的功率变化情况,其实际功率比应约为1.32,对应效率约76%。这一状态下,其动力推进系统进速比更高,虽然单发功率较大(功率系数较大),但由于进速比已非常接近通用螺旋桨的设计点,因此其螺旋桨效率可以保持较高的水平。

总的来看,涡轴发动机和涡桨发动机虽然已有成功使用的经验,但使用此类动力机的飞艇数量仍然偏少。其原因在于20世纪早期的大型、超大型飞艇较多,但涡轮发动机发展滞后,无法应用。进入20世纪后半叶,多为中小型飞艇,涡轮发动机不具备明显的优势,且价格过高,推广使用也受到限制。对于涡桨发动机而言,至少有下列几点共识:

(1)涡桨发动机在飞艇上的使用已有尝试,不存在颠覆性的难点。

(2)涡桨发动机及短舱可以布置在飞艇吊舱两侧,也可以安装在吊舱后端(被吊舱部分遮挡),其安装灵活,基本不会对飞艇总体设计带来过多的影响。

(3)配备涡桨发动机的飞艇中,高速飞艇动力储备少,低速飞艇动力储备多。这也反映出随飞行速度增加螺旋桨效率的变化规律。相对而言,只有在需用功率极大、飞行速度较高时,才推荐使用涡桨发动机。

(4)涡桨发动机往往配置专用的螺旋桨产品,在恒转速状态下,其效率通常低于在飞机上使用的工况。只有在飞艇速度接近低速飞机速度的时候,才能发挥螺旋桨的最佳效率。

8.1.2.2 螺旋桨

螺旋桨是飞艇的主要推进器,其功能是将动力机发出的轴功转化为推进力,从而真正实现动力推进装置的核心功能。

螺旋桨的转速与直径成反比关系,由桨尖马赫数约束。一般认为螺旋桨桨尖马赫数不超过0.9,即桨尖线速度不大于0.9倍当地声速。例如,某型飞机使用的恒速桨,转速2200r/min,螺旋桨直径2.5m,零空速状态下桨尖马赫数为0.843;某型多叶恒速桨,转速1700r/min,螺旋桨直径2.8m,零空速状态下桨尖马赫数为0.740。显然在螺旋桨设计中一旦发生了直径的变化,必将带来转速的变化。另外,发动机的选取也对转速有一定程度的限制。如上述三叶桨,其转速可以继续提高至2349r/min(对应桨尖马赫数为0.9),但是如果寻找不到合适的发动机具备这样的输出转速,也不能适用。根据这一论述,可以简单地认为由于桨尖马赫数的限制,螺旋桨转速是直径的函数,即螺旋桨直径唯一确定螺旋桨转速。那么螺旋桨的功率、效率,在达到最大值之前,一般呈现出下述的关系:

(1)螺旋桨进速比越大,效率越高;

(2)螺旋桨功率越大,效率越低;

(3)螺旋桨进速比越大,推力越小,即零空速条件下推力最大。

其中螺旋桨进速比是飞行速度 v 除以转速 n_s(每秒)与直径 D_p 的乘积,即

$$\lambda_p = \frac{v}{n_s D_p} \tag{8.1}$$

螺旋桨(也包括旋翼)的选型设计中还存在桨盘功率载荷和桨盘推力载荷两个关键参数,并呈现一定的规律性,如图8.3所示。

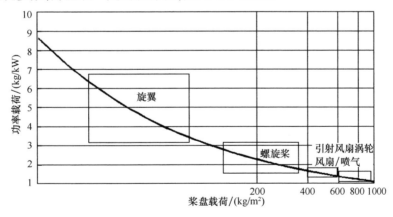

图8.3 桨盘载荷与功率载荷

对应图8.3上区间,螺旋桨的一般功率载荷1.5~3.0kg/kW,桨盘载荷170~370kg/m²。以一个超大型飞艇的基本需用动力来分析,需要地面推力至少应达到3000kgf(1kgf=9.8N),也就意味着,选用的发动机功率应在1000~2000kW,桨盘面积应在8.1~17.6m²。对应两副桨直径约为2.3~3.4m,四副桨则直径

约为 1.6~2.4m。需要说明的是,从满足推力的角度来看,桨盘面积和发动机功率实际上是没有上限的。因为在不计重量和系统优化的前提下,完全可以通过不断地增加发动机功率和螺旋桨数量,达到满足推力要求的目的。因此,上述约束范围的下限更具约束力,而上限仅为参考。但当设计接近上限时,系统效率越来越低、结构越来越复杂;而当设计接近下限的时候,设计难度越高,越接近性能极限。

进一步观察图8.3,将螺旋桨与旋翼(直升机用)作个对比。旋翼的功率载荷更高、桨盘载荷却在减小。这就意味着对于同等推力,旋翼需要的功率更小,桨盘面积更大。需要指出的是,旋翼的这一特点并不代表其性能全面优于螺旋桨,旋翼在推力方面体现出的优势,是以牺牲高速飞行时的性能为代价的。而螺旋桨则主要是为了在高速飞行状态下使用,其设计点并不针对低速飞行状态。

通用螺旋桨在空速0~20m/s的推力下降得很缓慢,可以认为基本达到了静推力的极限值。那么对应上述桨盘载荷和功率载荷的情况,可以估算出螺旋桨在15m/s空速时的效率约为23%~45%。

高空螺旋桨和低空螺旋桨也是平流层飞艇所需面对的独特的技术问题。从推进理论上来说,螺旋桨并不严格区分高空桨和低空桨。高空桨之所以要做得更长更大,并不完全是因为其在高空工作,而是在于其希望尽可能提高低进速比时的效率,即更接近于旋翼的设计方式。高空与低空最大的不同在于空气密度的变化,导致推力和需用功率的下降,即高空产生相同大小的推力需要排开更大体积流量的气体。虽然低雷诺数等问题同样不可忽视,但也仅是研究螺旋桨总体性能提升的一个方面因素。高空螺旋桨通常设计为大桨径,并不是因为其在高空使用,而主要是因为其用于低速飞行。或者说,正是按照设计旋翼的方式,设计高空螺旋桨,才能最大限度地提高推进效率,提高推力。如果设计的是高空高速无人机,或者进一步提高飞艇的飞行速度,则该高空桨的直径势必将减小并趋于传统形式。

简单地来看,按20000m高空计算,低空桨到达这一高度,效率保持不变,推力减至1/14,需用功率缩小14倍;反之,高空桨在低空使用,效率保持不变,推力增大14倍,需用功率增大14倍。以某型高空螺旋桨为例,其在高空的推力为100kgf,需用功率28kW。若其结构强度足够大而不发生破环,则在低空20m/s空速时,它能产生1400kgf推力,需用功率392kW,接近低空动力要求。换个角度来说,若是希望低空螺旋桨达到较高的效率,其直径也应当是超过5m以上的大直径桨。但不可忽视的是,高低空通用桨在机构安装、结构强度、重量功率比、动力机匹配等诸多问题上,难以找到平衡点。事实上,螺旋桨绝大多数型号产品性能都是呈现这样的规律,设计点处于较高的飞行速度,而在低空速状态下效率极低。若想改变这一状况,唯一的办法就是有针对性地设计低速飞行用螺旋桨。

但是可以肯定的是,这样的螺旋桨在较大的功率输入条件下,将非常接近于旋翼的特性,表现出直径长、转速慢的特点。而转速慢将不可避免地带来发动机输出端的重新设计。这些工作量均是需要考虑的。

8.1.3 动力配置

动力配置包含诸多因素,如飞艇的需用推力、最大抗风能力、使用限制条件、是否需要矢量推进功能等等,但从顶层设计的角度来看,飞艇的动力匹配总是遵循着一定的规律。

对目前世界上已知各型飞艇的基本性能参数进行统计,部分飞艇的动力配置情况见表 8.4 和图 8.4。其中功率比为无量纲参数,定义为飞艇(发动机)提供的可用功率与飞艇最大速度飞行时需用功率的比值。

表 8.4 飞艇动力配置特性统计表

型号	体积/m³	飞行速度/(m/s)	功率/kW	功率比
LZ1	11970	8.33	22	4.85
LZ-4-LZ-121	19300	23.6	268.6	1.89
LZ-127	111000	35.6	2051.5	1.31
LZ 129 Hindenburg	211890	37.5	3580.8	1.27
LZ 130 Graf Zeppelin II	211890	37.5	3580.8	1.27
Zeppelin NT	8225	34.7	447.6	1.75
HMA 1 "the Mayfly"	18826	18.9	268.6	3.75
HMA 9	24000	19.2	537.1	6.08
HMA 23X	26727	23.3	746	4.40
R27,R29	28089	25.6	895.2	3.85
R31	43892	31.4	1342.8	2.32
R32	42559	29.2	1119	2.46
R33	55327	27.8	1025.75	2.19
R34	55327	27.8	1025.75	2.19
R36	59610	29.2	1171.22	2.06
R38	77287	31.7	1566.6	1.81
R80	34047	31.4	686.32	1.41
R100	146290	28.6	2909.4	2.99
R101	138848	27.5	2909.4	3.48
ZR-1	63450	26.7	1342.8	2.96
USS Los Angeles (ZR3)	74160	33.8	1492	1.46

(续)

型 号	体积/m³	飞行速度/(m/s)	功率/kW	功率比
Akron	194352	37.5	3342.08	1.26
Macon	194000	37.5	3342.08	1.26
ZMC-2	5675	26.9	447.6	4.82
Skyship500	5000	28.1	373	3.83
Skyship500HL	6666	27.8	305.86	2.68
Skyship600	6666	29.4	380.46	2.82
Sentinel 1000	10000	30.8	447.6	2.20
ZPG-2,ZPG-2W,ZPG-3W	42900	35.8	2238	2.65
GZ-20	5751	22.4	313.32	5.82
GZ-22	7020	29.2	626.64	4.59
A-50	1420	26.7	74.6	2.08
A-150	4200	29.2	268.56	2.77
A-170	4800	29.2	268.56	2.54
138S	3910	28.9	223.8	2.49
40B,40D	2833	22.8	186.5	5.25
WDL-1	6109	28.1	313.32	2.83
WDL-1B	7200	25	313.32	3.59
GA-42	1190	18.1	74.6	7.52
AT-10	2500	30.6	149.2	1.89
Au-11	669	16.7	21	3.95
Au-12	1250	27.8	74.6	2.00
Au-30	5060	30.6	253.64	2.01
FK4	2011	20.3	68	3.41
HJ-2000	1960	18.1	101.456	7.34
AS-80 GD	2250	11.1	38.792	10.98
Hot-air Airship AV 1	2800	6.9	37.3766	37.38
HS-110	3125	10.3	47.744	13.72

  表8.4与图8.4相互对应,并在图8.4中按飞行速度将飞艇作了简单的三类划分。从图中可以直观地观察到,低速飞艇配置的发动机可用功率约为飞艇需用功率的4~8倍;中速飞艇配置的发动机可用功率约为飞艇需用功率的2~6倍;高速飞艇配置的发动机可用功率约为飞艇需用功率的1~3倍。造成这一

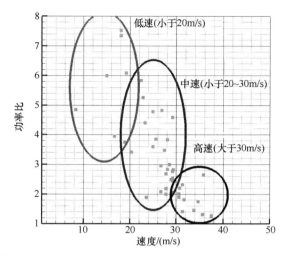

图 8.4　飞艇动力配置特性统计图(低速、中速、高速)(见彩图)

飞艇动力配置特点的原因主要有三点:

(1) 不同飞艇的用途、可靠性要求和功能要求不同,造成动力配置的比例不同。例如有的飞艇要求机动性高,其动力配置比例就相对较高。

(2) 发动机的选型受到其他因素的影响,如经费、重量、油耗、采购渠道、使用经验等,造成不同飞艇配置的动力余量不同。例如性价比较好的一款发动机恰好单发不能满足需求,而双发则动力较富裕。

(3) 不同飞行速度下,推进系统及螺旋桨效率有着明显的变化。随着飞行速度的降低,螺旋桨效率下降,需用功率不变的情况下,要求发动机提供的功率增加,导致动力配置比例上升。

当然,不同的飞艇均有自身的特点,因此动力配置比例也是因艇而异的。一些飞艇虽然飞行速度相对较大,但动力配置比例并不是很低,尤其在中速飞艇中更为常见,这在图 8.4 中也很容易观察到。

按照低速飞艇动力配置比例 4~8 倍来计算,在扣除 25% 的动力储备或其他影响因素,实际可用功率和需用功率的比值约 3~6 倍,可以一般地认为其对应的螺旋桨效率约为 16.7%~33.3%。因此,在低速飞艇动力推进系统实际设计过程中,螺旋桨的效率水平不可高估。

8.1.4　动力推进需求

平流层飞艇的需用动力功率 P_{t-need} 取决于设计飞行速度 v_{design} 和此飞行速度下的飞艇阻力 F_d,即

$$P_{t-need} = F_d v_{design} \tag{8.2}$$

式中:阻力 F_d 与空气密度、飞艇体积 V_{vol}、飞行速度及阻力系数相关,即

$$F_d = 0.5 C_D \rho v_{design}^2 V_{vol}^{2/3} \tag{8.3}$$

由于飞艇体积巨大,飞行阻力较大,而且多采用软式结构,因此其设计飞行速度远低于固定翼飞机。较低的飞行速度、巨大的艇体体积以及附加惯性,使飞艇较易受到飞行环境的影响,如风速、风向等。因此,若仅按需用功率配置飞艇动力,则往往会导致在飞艇加速飞行和操控过程中,不能提供令人满意的加速度和响应,即没有足够的动力余量用于完成加速飞行或机动。这在飞艇起飞加速、转向调姿过程中,将带来严重的操控困难,影响飞艇的适航能力。

从上节中可以看到,对于设计飞行速度极低的大型、超大型飞艇,其动力配置通常较充裕,功率比基本在 4 以上,甚至达到 7。除了低速飞行时推进系统效率较低的原因外,也是为了保证飞艇在低速度飞行时留有充足的动力余量,以用于加速、机动及操控。随着飞艇设计飞行速度增加,飞艇的飞行特征和动力学特征更加接近固定翼飞机。在相对高速时,飞艇受环境影响减小,在相对低速时,飞艇则具有更大的动力余量。因此,较高设计速度的飞艇,其功率比一般在 2 ~ 4。另外,飞行速度增加引起推进效率的提高,也是功率比下降的因素之一。

平流层飞艇的动力推进工作剖面一般不包含整个高度范围,在低空飞行阶段,一般只在 4000m 以下进行有效的动力飞行。飞艇的前飞需用推力随飞行空速及高度的变化而变化,以一个 100000m³ 的常规布局飞艇为例,其推力需求和功率需求分别如图 8.5 和图 8.6 所示。

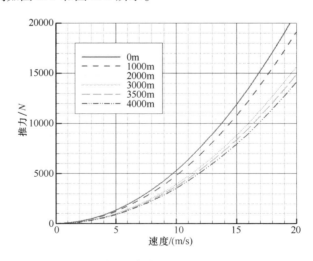

图 8.5 飞艇需用推力、高度与飞行速度的关系(见彩图)

从图中可以看到,在低空范围内,随着高度的增加,由于空气密度的逐步减小,飞艇需用推力和需用功率持续下降,但高度变化对飞艇需用推力和功率带来

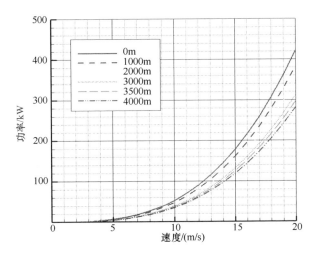

图 8.6 飞艇需用功率、高度与飞行速度的关系(见彩图)

的影响相对较小。发动机在高度变化过程中,随气压的降低而降低功率输出,但一般看来,其降低的速率低于空气密度减小带来的功率需求降低,即一台发动机如果在低空能满足一定速度下推力需求,那么在高空通常也具备保持这一速度的能力。

综合来看,低空动力推进设计的基本需用推力和功率,应当以零高度条件下的最大需求为依据。低空动力推进系统在考虑了推进效率、安装效率、必要的功率储备和加速度能力等各种因素后,应能覆盖上述曲线。

8.1.5 动力推进性能

对于中小型飞艇,活塞发动机仍然具有较大的优势。由于总的需用功率不高,活塞发动机自身重量大的缺点尚不明显,且可以通过耗油量低的优势予以弥补。但是,对于大型的对流层飞艇,为了保持动力推进系统的紧凑和高效,选用涡桨发动机可能更加适用。如美国西屋飞艇公司和英国飞艇公司研制的 Sentinel 5000 飞艇,体积达到 $70000m^3$ 以上。飞艇在吊舱尾部安装了一台通用电气公司 T700-401C 型涡桨发动机用于推进和操控,功率达到 1268kW。而达到相同功率的活塞发动机可能要配备五台以上(如 Lycoming540 系列发动机,最大功率 260kW),大大增加了系统设备量。

活塞发动机功重比小,耗油率低,以轴功的形式输出功率;涡轮发动机功重比大,耗油率高,可以以轴功形式输出功率(涡桨发动机),也可以直接产生推力(涡喷发动机)。但是需要注意的是,涡轮发动机由于其热力循环的特点和工作原理,可以在有限的重量、体积约束下,提供最大几兆瓦的功率输出;而活塞发动机则很难达到上兆瓦级的水平,一般的航空活塞发动机主要集中于 10~300kW

的功率需求,更适合于体积较小的飞艇。活塞发动机控制灵活,可以匹配变距螺旋桨或定距螺旋桨。在配置定距螺旋桨的时候,可以直接通过调节发动机油门改变发动机转速,从而改变螺旋桨拉力。而对于涡桨发动机,一般采用恒转速控制模式,需要匹配变距螺旋桨,在调节发动机油门及功率的同时,调整螺旋桨桨距,从而实现拉力变化。

对于进行短航程飞行、体积巨大的飞艇,采用涡桨发动机作为动力,将可以有效地减少动力系统的重量(燃油消耗总量有限)。另外,涡桨发动机的高空性能、振动性能、电磁干扰性能、低温启动性能也优于活塞发动机,适用于一些特殊用途的飞艇。对于平流层飞艇而言,其在低空阶段主要进行巡航返场飞行,且飞行窗口通常经过精心选择,遇到恶劣天气和风向的概率较小。因此,可以选择涡桨发动机作为动力机。

发动机实质上仅为飞艇提供飞行的功,最终仍是通过一种推进装置,将有用功转化为前进的力。对于高速飞行器而言,喷气式推进系统可以有效地利用气体动压,提高热力循环效率和进气效率,并且在高速飞行中保持充足的推力。因此,高速飞行器均使用涡轮喷气发动机,既提供动力,又产生推力。对于低速飞行器,保持较高的推进效率和较低的燃油消耗率则显得更加重要。因此,往往采用螺旋桨作为推进器,由发动机提供动力(主要是轴功形式输出)。根据推进原理,相同的机械功作用在较多的介质上,将能够产生更大的动量差,即在一定流量下产生更大的推力。相同的机械功作用在较低速度的介质上,推进效率更高。空气螺旋桨在工作时,正是通过对流经桨叶的气体做功,使气体向后流动的动量增大,从而产生向前的力。对于中低速的固定翼飞机,螺旋桨效率可以达到最大90%以上。

功率输出相同的条件下,随着飞艇飞行速度的降低,提供的力增大。因此,应当尽量增加经螺旋桨做功的空气流量,即增加桨盘面积,降低转速,在保持被做功气体流量一定的情况下,提高推进效率,增加有用功的输出。涡轮发动机作为动力机,配搭成熟的恒转速螺旋桨将是平流层飞艇低空动力推进的一种高效方式。

实际设计过程中,由于飞艇往往直接使用飞机螺旋桨,而又达不到飞机的设计飞行速度,因此难以发挥螺旋桨的全部作用。以某型三叶变距桨为例,该型螺旋桨直径 D 约 2.5m,设计转速 2200r/min,秒转速 $n_s = 36.67$r/s,特性曲线如图 8.7 所示。

地面状态下,参考功率 P_{p-ref} 和参考拉力 T_{p-ref} 分别为

$$P_{p-ref} = \rho_a n_s^3 D_p^5 = 5770 (\text{kW}) \tag{8.4}$$

$$T_{p-ref} = \rho_a n_s^2 D_p^4 = 63220 (\text{N}) \tag{8.5}$$

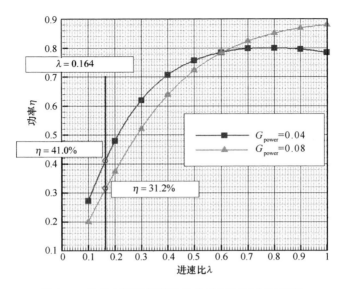

图 8.7　某型变距螺旋桨特性曲线(部分)(见彩图)

当飞艇以 $v_1 = 60\text{m/s}$ 的空速飞行时,螺旋桨进速比为

$$\lambda_\text{p} = \frac{v_1}{n_\text{s} D_\text{p}} = 0.657 \tag{8.6}$$

选用功率 $P_{\text{t}-1} = 460\text{kW}$ 的发动机,则推进系统功率系数为

$$C_\text{power} = \frac{460}{5770} = 0.08 \tag{8.7}$$

对应该型螺旋桨特性曲线,其推进效率 η_1 为 0.81,可产生拉力为

$$T_{\text{p}-1} = \frac{\eta_1 P_{\text{t}-1}}{v_1} = 6210(\text{N}) \tag{8.8}$$

当飞艇以 $v_2 = 15\text{m/s}$ 的空速飞行时,螺旋桨进速比仅为

$$\lambda_\text{p} = \frac{v_2}{n_\text{s} D_\text{p}} = 0.164 \tag{8.9}$$

保持所选发动机功率不变,即 $P_{\text{t}-2} = P_{\text{t}-1}$,则推进系统功率系数 C_power 仍为 0.08。对应该型螺旋桨特性曲线,其推进效率 η_2 仅为 0.31,可产生拉力为

$$T_{\text{p}-2} = \frac{\eta_2 P_{\text{t}-2}}{v_2} = 9568\text{N} \tag{8.10}$$

对比两种设计状态可以发现,相同功率输出的情况下,设计飞行速度降低,螺旋桨可以产生更大的拉力,从而带动更大体积的飞艇飞行。但是,随着设计飞行速度的降低,螺旋桨推进系统的推进效率急剧下降,有用功输出不足高速飞行

时的40%。事实上,几乎不可能设计飞行速度达到60m/s的超大型飞艇,若希望在飞艇上使用推进效率更高的螺旋桨,只能降低功率系数,即对于同一副螺旋桨,选择使用较小功率的发动机。例如,对于上述螺旋桨,选择230kW发动机(相当于一台发动机通过传动机构带动两副螺旋桨工作),则功率系数降为0.04,15m/s设计飞行速度下,推进效率可到达0.41。显然,在一定的功率输出条件下,带动更多的螺旋桨工作,或增加桨叶面积,可以提高推进效率,增加推力。但即使是这样,在实际设计过程中,由于低速飞行的飞艇通常使用高速飞机螺旋桨,其推进效率也很难突破50%~60%。

若能为飞艇设计专用的螺旋桨和动力传动装置,应尽可能增加螺旋桨的桨径,降低螺旋桨转速,减小桨叶角,使每一片桨叶在较小的功率载荷下工作,将能更大限度地发挥螺旋桨在低空速状态下的效率,从而为飞艇提供高效的动力推进。

考虑到常规低空型号螺旋桨在飞艇的使用范围内只能发挥30%~40%的推进效率,则发动机的功率匹配应当保持至少3倍的基本功率,以及额外1.2~1.5倍左右的功率余量,如图8.8所示。

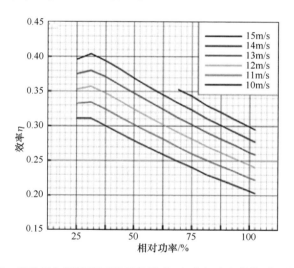

图8.8 发动机与螺旋桨匹配后的效率、空速与功率的关系(见彩图)

发动机与螺旋桨匹配后,对平流层飞艇零高度状态下的飞行推力和功率需求应当具有完全的覆盖性。图8.9、8.10分别用两种方式展示了动力推进系统对飞艇在不同飞行空速下的覆盖能力。不同规模的功率输出,将配合不同的推进效率,总的趋势是推力不断增大和效率持续降低。但对于给定的飞艇系统,因为功率和推力的增加同时意味着空速的增加,所以效率会保持在一定水平,从而体现出推力的持续快速增加。

飞艇不总是在匀速飞行,从图8.10可以看到,在给定的较大功率条件下,飞艇将存在明显的动力推进富余,并伴随产生加速运动的趋势。图8.11给出了飞艇加速度随速度和功率的变化情况。由于平流层飞艇的动力余量控制得较紧张,且不需要较高的机动飞行性能,因此,其加速能力随飞行速度的增加衰减得很快。在极限速度下,飞艇将很难在不减速的情况下做出机动飞行控制。

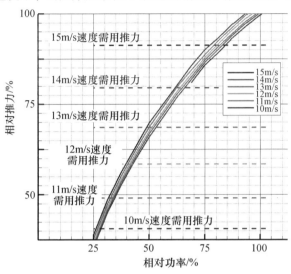

图8.9 发动机与螺旋桨匹配后不同功率变化下的推力覆盖能力(见彩图)

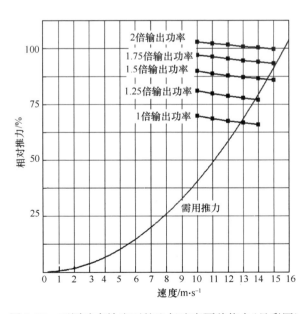

图8.10 不同功率输出下的飞行速度覆盖能力(见彩图)

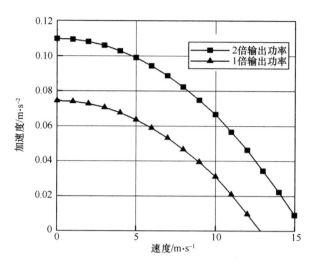

图 8.11　不同功率输出下的加速能力（见彩图）

8.2　高空动力推进

8.2.1　高空动力推进

平流层飞艇要在 20km 左右高空这一气体稀薄的低温环境下长期、稳定和可靠的工作,需要定点飞行或按照要求进行机动飞行,高空动力推进装置对于飞艇执行飞行任务至关重要。

高空条件下空气密度低,使得燃油发动机进气量减少,降低了需要氧气的传统动力系统的有效性,这就决定了最有效的高空动力源应当是不需要氧气的动力装置(例如太阳能动力装置)。因此目前业已成熟的涡轮螺旋桨和活塞发动机等低空动力推进装置并不完全适用于平流层飞艇高空推进,而在卫星上使用的离子推进器由于功率低,同样无法适用于平流层飞艇。

出于对推进效率和工作稳定性的技术要求,平流层飞艇需要轻质、高效、长寿命、适应性强和稳定性高的高空动力推进装置。目前,平流层飞艇在高空通常采用电动机与螺旋桨配合的电推进模式。

高空动力配置组成框图如图 8.12 所示。

8.2.1.1　系统组成

采用电推进模式的系统主要包括电动机与螺旋桨,二者均必须针对高空条件进行环境适应性设计,以满足高空使用要求。具体地,飞艇的高空动力推进系统必须解决高空、高效、高功率密度、轻量化、高可靠性电动机设计以及高空、高

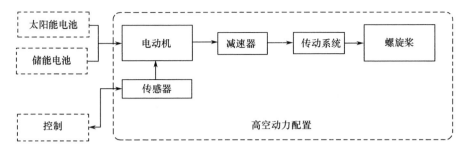

图 8.12 高空动力配置组成框图

效、高可靠性螺旋桨设计等技术,还应考虑变工况条件下螺旋桨兼顾工作、电动机转速及转矩控制算法等关键问题。

1) 电动机

电动机分为直流电动机和交流电动机。结合平流层飞艇通常采用的电池直流特性,直流电动机更适合于总线。此外,直流电动机还具有易控制的力矩-转速特性以及平滑的无级调速特性。尤其是永磁无刷直流电动机,该类型电动机充分利用了直流电动机优越的调速性能,具有无级调速、工作转速范围大、启动力矩大及温升较低等特点。

目前,基于实用性考虑,永磁无刷直流电动机是平流层飞艇高空动力推进装置相对较合适的选择。

2) 螺旋桨

螺旋桨是将电动机的机械能转化为飞艇动能的转化装置。由于高空环境下空气的密度极低,高空螺旋桨需要为适应平流层的稀薄环境进行专门设计。根据目前的应用情况,螺旋桨一般为定桨距螺旋桨。

基于螺旋桨系统推力和效率考虑,定桨距螺旋桨一般选用高性能翼型,采用放宽桨尖马赫数的上限、增大螺旋桨直径、合理变化螺旋桨转速等措施以提高螺旋桨效率;并且以推进电动机额定工作状态作为螺旋桨的设计点,使螺旋桨在飞艇的高空巡航阶段具有较好的升阻特性。

目前高空螺旋桨技术主要向着大桨径、低转速方向发展。

8.2.1.2 系统原理

高空动力推进系统的工作原理为:由能源系统为电动机供电;电动机是系统的动力来源,在飞控系统上位机的指令下进行启动、调速及停机等动作,将电能转换为机械能;电动机驱动器用于解析与执行上位机指令并控制电动机,同时通过多种传感器对电动机的工作与故障状态进行监控;螺旋桨是动力的实现机构,在电动机经减速器及传动系统的带动下工作,将机械能转换为飞艇的动能。

8.2.2 研究现状

目前,国内外的平流层飞艇普遍基于电动机的动力系统开展设计,并已有美国的 HALE-D 飞艇、HiSentinel 飞艇等采用了电驱动动力推进系统。

其中由 Lockheed-Martin 公司研制的 HALE-D 飞艇,采用 2kW 功率的电动机进行高空推进;HiSentinel 50 飞艇采用尾部布局的推进形式,由一个高转矩、24 极无刷直流电动机配合 2 叶碳纤维复合材料螺旋桨为飞艇提供动力;日本 JAXA 飞艇设计采用两侧各布置 2 套、尾部布置 1 套电驱动系统推进的方式,单个电动机的功率可达到 85kW,重量 380kg,系统组成方案为电动机经减速器驱动螺旋桨;俄罗斯 Berkut 飞艇设计尾部安装 8 个尾翼,并在每个尾翼翼尖位置各布置一个桨径 6m 功率 50kW 的 3 叶螺旋桨电力推进系统。

根据电力推进系统在国内外应用的情况,对高空动力推进系统的技术现状进行归纳。

1) 动力推进系统

目前,国内外的高空电驱动动力推进系统的总体效率一般在 40%～50% 水平,单套高空动力系统的功率在数百瓦到数十千瓦范围,单套推力能够达到几十片到数百千片。

2) 螺旋桨

在高空螺旋桨方面,国内外均有一定的研究,其中德国宇航研究院设计的螺旋桨效率达到了 84%。

表 8.5　高空螺旋桨技术水平对照表

厂家	效率/%	年份
美国 AeroViroment Inc 公司	80	2003
德国宇航研究院	84	2002
日本航宇开发局	80	2001

3) 电动机

目前,减驱电动机的效率达到了 85% 以上,功率密度达到 300W/kg;直驱电动机的效率可达到 90% 以上,功率密度达到 200W/kg。

减驱电动机与直驱电动机在效率及功率密度上各有优劣,在选择电动机类型时,建议根据飞艇的飞行时间及需用能耗、结合能源系统储能电池的功率与重量进行统筹计算,以大系统的重量作为选型的标准。

8.2.3 设计方法

8.2.3.1 系统布局

对于目前的平流层飞艇,动力推进系统通常不仅需要为飞艇提供前进的动力,还需要实现飞艇的俯仰、偏航等飞行要求。

平流层飞艇高空动力推进系统的布局方案主要有底部布局、尾部布局、两侧布局及组合布局等多种方式,不同的布局方案对飞艇的机动能力及留空时间有着很大的影响。

将动力推进系统布在飞艇底部是比较常见的形式,系统与能源电池距离最近,在电缆上的功率损耗及压降最小,前进方向的推进作用比较直接,但偏航力矩小,基本没有偏航转向能力;尾部动力推进布局在前进方向的作用力最直接,偏航力矩大约为半艇长,偏航能力最强,但与能源电池距离最远,功率与压降损耗最大;两侧动力推进布局能够兼顾推进及偏航要求,但两种能力均不突出;组合布局相对而言是比较合理的布局方式,针对飞艇的平飞及偏航要求,综合考虑飞艇重心、结构、电信及操纵等技术条件,选择两种或多种方式进行组合布局,以满足飞艇机动飞行的要求。

8.2.3.2 关键指标

根据飞艇飞行环境空气密度 ρ_a、飞艇体积 V_{vol}、飞艇抗风指标 v_{design} 及飞艇阻力系数 C_D 等参数,可得到飞艇的需用推力 F_T 及需用功率 P_{t-need},方法如下:

$$F_T = 0.5 C_D \rho_a v_{design}^2 V_{vol}^{2/3} \tag{8.11}$$

$$P_{t-need} = F_T v_{design} / \eta_{propeller-P} / \eta_{tran} / \eta_{engine} \tag{8.12}$$

式中:$\eta_{propeller-P}$ 为螺旋桨效率;η_{tran} 为传动系统效率;η_{engine} 为电动机效率。系统功率计算中须注意:

(1) 需用推力与功率的计算参数基本为确定值,仅飞艇阻力系数受到飞艇实际飞行的攻角影响并不确定;经验表明,飞艇在存在10°攻角的情况下,阻力系数可能达到无攻角状态的1.5倍,计算中必须考虑此因素。

(2) 螺旋桨、传动系统及电动机的效率在选型过程中必须对效率进行校核。

(3) 单套动力推进装置的功率要求必须结合布局情况进行分配,并考虑一定余量。

由系统的需用功率计算式可以看出,功率与飞艇抗风指标的三次方成正比关系;因此,抗风指标必须合理,否则对动力推进系统研制的难度与复杂程度将有巨大的影响。

8.2.3.3 设备选型

高空动力的设备选型主要指电动机及螺旋桨的选型,选型主要依据系统设备指标确定。因此,设备选型首先要对系统设备进行指标细化与确定。

系统指标细化主要是根据动力推进系统的需用功率确定电动机及螺旋桨的

指标,指标确定的核心是电动机与螺旋桨之间的功率与转矩匹配性,即电动机能够满足螺旋桨所需转矩及吸收功率的双重要求。电动机螺旋桨如果匹配,动力推进系统能够正常工作,系统指标分解合理;否则,电动机无法驱动螺旋桨或电动机能力过于富余,动力推进系统无法工作或有较大余量。

图 8.13 为电动机及螺旋桨的转速-转矩性能特性曲线图,随着转速的增加,螺旋桨的需用转矩逐渐增大;电动机以恒功率运行时,输出转矩随转速的增加逐渐减小,两者性能曲线的交点即电动机与螺旋桨的额定点,M_{t0} 及 n_{t0} 即额定转矩及额定转速,电动机的额定输出功率及螺旋桨的额定吸收功率可由额定转矩及额定转速确定。

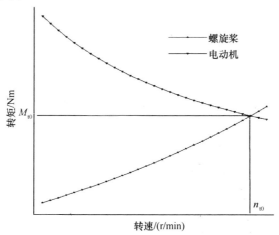

图 8.13 电动机与螺旋桨转速-转矩性能特性曲线

电动机的技术指标还包括:额定电压、额定效率、重量等;螺旋桨的技术指标还包括:推力、重量、直径等。

电动机及螺旋桨的选型可根据技术指标确定,电动机一般选用稀土永磁无刷直流电动机,螺旋桨一般需要根据指标进行研制。

8.2.3.4 经济飞行

对于实际飞行的飞艇,在高空飞行时高空动力推进系统并不总在额定功率下工作。为了节约艇上能源,在总能耗输入一定的情况下,以飞行距离最远为目的,可以根据系统的性能确定各个风速(对地速度)条件下的最经济的相对飞行速度及螺旋桨转速。

在各个空速 v_c 条件下,飞艇定点或前行所需的拉力 F_T 必须不小于所受到的阻力 F_d。由于吸收功率 P_t 随着螺旋桨拉力 F_T 的增加而大幅增加,螺旋桨 F_T 与平台阻力 F_d 相等时,螺旋桨转速 n_t 即为该空速 v_c 条件下的最佳转速,螺旋桨

功率 P_t 即为该空速 v_c 条件下的最佳功率。

由于总输入能耗 E_{m-in} 固定,在各个空速 v_c 条件下最佳功率 P_t 确定后,即可得到各个对地风速 v_w 下飞艇的最远飞行距离 L_{m-opt},即

$$L_{m-opt} = (v_c - v_w)E_{m-in}/P_t \tag{8.13}$$

由式(8.13)可知,总能耗 E_{m-in} 固定,飞行距离即由 $(v_c - v_w)/P_t$ 决定,即 $(v_c - v_w)/P_t$ 可表征飞行距离的大小,可称其为飞行距离影响因子。

将飞行距离影响因子进行列表计算,分析在各种对地风速、空速下飞行距离影响因子的变化情况,可以得到对应各种风速的最佳飞行空速,通过对比该空速下的螺旋桨性能,即可得到最佳螺旋桨转速,为飞艇的经济飞行提供参考。

8.2.3.5 性能测试

由于平流层环境条件恶劣,为尽可能验证平流层飞艇动力推进技术的可行性和工作可靠性,有必要对系统性能进行测试。

动力系统需要测试的内容因各设计要求不同并不统一,就系统功能基本实现的可行性而言,必须进行如下基本测试:电动机冷启动与散热性能、螺旋桨气动性能及两者匹配性试验。

1) 电动机冷启动与散热性能测试

电动机的冷启动须在低温低气压试验设备中进行。首先要对电动机进行降温及低温储存,降温速度及储存时间等参照相关标准或技术要求;达到要求后对电动机上电及启动,通过目视或上位机监控软件判断电动机的启动状态。

电动机的散热性能在启动后进行。可采用电动机负载模拟器作为负载或电动机对拖进行电动机额定功率状态的工作试验,通过温度传感器对电动机关键器件的温度进行监视,散热性能是否合格可根据器件的耐温参数或项目环境试验要求确定。

2) 螺旋桨气动性能测试

国内缺少低密度风洞,螺旋桨的效率、拉力、扭矩等性能很难通过低密度风洞试验验证,可采用前进比与雷诺数两参数相似进行风洞试验,得到螺旋桨性能参数。

3) 系统匹配性测试

螺旋桨与电动机的匹配性是动力推进系统工作的关键。在电动机采用负载模拟器或对拖试验得到额定参数以及螺旋桨性能仿真结果可靠的基础上,按照电动机与螺旋桨的转速、转矩特性对比两者的功率、转速及转矩要求,进而判断两者的匹配性。

8.2.4 关键技术

高空动力推进装置包含的设备量较少,但由于应用于航空领域,且使用环境

恶劣,所以对设备的要求极高,系统的可行性极大程度依赖于关键技术的水平情况。

8.2.4.1 电动机、螺旋桨的高效、轻量化技术

螺旋桨的驱动动力源于电动机,高空条件下大桨叶低转速的螺旋桨效率较高,而轻量化电动机一般转速较高,这是相对矛盾的。电动机、螺旋桨的一体化高效、轻量化技术研究是高效螺旋桨动力推进系统的技术关键之一。

8.2.4.2 系统高效率控制技术

通常电动机的设计是片面追求额定工作点时的高效率,随着负载的变化和转速的变化,效率就会有较大降低。在满足动力需求的条件下,满足变速、变负荷的全状态高效率运行特性是节能的关键。为此需要从系统的角度研究电动机和控制器的高效率设计方法、参数匹配、系统宽范围高效率运行特性等节能技术。使电动机在50%~110%负荷变化范围内,效率达到85%以上。

8.2.4.3 电动机的高功率密度、轻量化技术

充分挖掘电磁材料和元器件的性能潜力,提高电动机和控制器功率密度的设计技术是轻量化的关键。该技术主要关注:电动机结构的优化设计;进一步提高电动机电负荷和磁负荷的方法;在高热负荷和高电流密度状态下保障绕组的绝缘特性;绕组端部的保护技术;高空环境对控制器元器件、绕组绝缘的影响等。轻量化设计与高效率、散热性能相互矛盾、相互制约,必须统筹规划、系统设计。

8.2.4.4 长寿命、高可靠性及冗余技术

为提高寿命和可靠性,需注意以下问题:

(1) 电气绝缘材料:电动机的发热主要集中在定子绕组上,特别是电枢绕组端部,由于无冷却介质带走热量将成为内部温度最高点,制约了功率密度的提高,因此对相关绝缘材料的耐高温特性需做专题研究。

(2) 高导磁材料:为提高磁负荷,可采用具有高饱和磁感应强度特性的高导磁、低损耗材料,比如铁钴钒精密软磁合金材料 HyperCo50 - 35 等。

(3) 轴承:大扭矩电动机承受螺旋桨轴向力,须特制轴承,特别是在低温低气压条件下,常用的航空润滑脂会出现凝固、挥发等问题,提高电动机寿命必须首先解决轴承寿命,而轴承寿命的关键是润滑。

8.2.4.5 高空宽温度范围大功率电动机的多相化驱动技术

无刷直流电动机的驱动器是飞艇电驱动系统的大脑和心脏,它直接决定飞

行器电驱动系统的性能指标,该部分的关键技术有:

(1)多相化冗余驱动技术及温度变化对可靠性的影响。

(2)稀土永磁无刷直流电动机的最小电流控制策略(节能控制)。

(3)系统安全运行区和系统保护技术,用以在飞行器受干扰时防止尖峰或短时大电流对电源的冲击。

(4)启动过程的"限流"措施和电动机的"挖掘机"控制特性,用以在满足飞行器动力需求的情况下保障延长电源使用寿命。

(5)漏磁结构、磁屏蔽结构、换相时的电磁兼容问题。

(6)驱动系统控制方法和高灵敏度精确控制策略。

8.2.4.6 空间适应性技术

稀土永磁无刷直流电动机是动态飞行器螺旋桨电推进系统的核心,在高空低气压、低温、大温差等条件下的适应性研究具有非常重要的意义。

另外,高功率密度电动机发热严重。高空环境下空气稀薄,空气对流传输热量的能力比地面或低空下降很多,虽然高空环境温度相对较低,但高空低气压散热条件较差,长期运行会给系统散热带来较大困难。因而必须研究系统发热和散热结构,合理分配各部分的损耗比例,选择合适的材料和元器件,设计合理的热平衡状态。高效冷却技术直接影响功率密度、效率、寿命和可靠性指标。

设计中,可根据高空的相关大气环境参数,从电动机的材料、转子位置传感器、轴承的润滑、电动机的温升和冷却系统的设计等方面对地面原理样机的空间适应性进行分析研究,并采取相应的解决措施。

参考文献

[1] Khoury G A, Gillett J D. Airship Technology[M]. London:Cambridge University Press,2002.

[2]《空军装备系列丛书》编审委员会. 航空发动机[M]. 北京:航空工业出版社,2008.

[3]《世界燃气轮机手册》编委会. 世界燃气轮机手册[M]. 北京:航空工业出版社,2011.

[4]《航空发动机设计手册》总编委会. 航空发动机设计手册[M]. 北京:航空工业出版社,2002.

[5]《世界中小型航空发动机手册》编委会. 世界中小型航空发动机手册[M]. 北京:航空工业出版社,2006.

[6] 廉筱纯,吴虎. 航空发动机原理[M]. 西安:西北工业大学出版社,2005.

第 9 章 飞行力学

9.1 概　述

飞行动力学是研究飞艇在力和力矩作用下运动规律的学科。采用与飞机类似的划分方法,飞艇的飞行动力学问题可分为两部分:稳定性和操纵性、飞行性能。

飞艇的稳定性和操纵性着重分析飞艇保持和改变原定飞行状态的能力,即如何实现各种平衡状态、平衡飞行状态受外界扰动后呈现的运动稳定特性以及飞艇对操纵的反应等。飞行性能则着重分析基本飞行性能(平飞最小、最大速度及升限等)、航程和续航时间、起飞着陆性能以及机动性能等。

9.2 坐标与方程

9.2.1 坐标系和标记

合理地选择不同的坐标系来定义和描述飞艇的各类运动参数,可以建立较为简洁的运动方程。运动方程中的相对位置、速度、加速度和作用力分量等,一般建立在以下三种坐标轴系中:地面坐标系、艇体坐标系、气流坐标系。另外,平流层飞艇常采用推力转向操控,还需要定义推力矢量到艇体坐标系的转换矩阵。

本章节符号采用飞行力学专业[1,2]中规范符号。

9.2.1.1 常用坐标系的定义

1) 地面坐标系 $S_g - o_g x_g y_g z_g$(右下标表示标志为地面坐标系)

(1) 在地面上任选一点作为原点 o_g,其原点 o_g 相对于地球表面固连。

(2) x_g 轴在水平面内并指向某一方,一般指向北方。

(3) z_g 轴垂直于地面并指向地心。

(4) y_g 轴在水平面内并垂直于 x_g 轴,其指向按照右手定则确定。

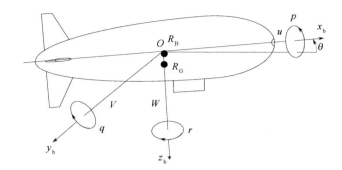

图 9.1　普通构型艇体坐标系(见彩图)

2) 艇体坐标系 $S_b - o_b x_b y_b z_b$(右下标 b 表示标志为艇体坐标系)
(1) 原点 o_b 选取在飞艇形体中心,坐标系与飞艇固连。
(2) x_b 轴在飞艇对称平面内并平行于飞艇的设计轴线指向艇首。
(3) z_b 轴在飞艇左右对称面内,与 x_b 轴垂直并指向艇腹下方。
(4) y_b 轴垂直于飞艇左右对称面指向艇体右方。

3) 气流坐标系 $S_a - o_a x_a y_a z_a$(右下标 a 表示标志为气流坐标系)。
(1) 原点 o_a 选取在飞艇形体中心,坐标系与飞艇固连。
(2) x_a 轴沿空速矢量 v_A,指向飞行前方。
(3) z_a 轴在飞艇左右对称面内,与 x_a 轴垂直并指向艇腹下方。
(4) y_a 轴垂直于 x_a、z_a 轴指向艇体右方。

9.2.1.2　常用坐标系之间的相对角度

1) 姿态角

飞艇的姿态角由艇体坐标系 S_b 与地轴系 S_g 之间的关系确定,即通常所指的欧拉角(Euler Angles)。
(1) 俯仰角 θ。
(2) 偏航角 ψ。
(3) 滚转角 ϕ。

2) 气流角

气流角又称为气动角(Aerodynamic Angles),由空速矢量 v_A 与艇体坐标系 S_b 之间的关系确定。
(1) 迎角 α。
(2) 侧滑角 β。

3) 推力偏置角

飞艇动力推进装置由于安装或者矢量转向,推力轴线相对于艇体坐标系 S_b 产生一定的偏转角。推力矢量转角按照右手法则规定。

(1) α_T:推力轴线在飞艇对称面 $o_b x_b z_b$ 内的投影与轴 $o_b x_b$ 的夹角为 α_T,规定其投影在轴之上为正。

(2) β_T:推力轴线在面 $o_b x_b y_b$ 内的投影与对称面 $o_b x_b z_b$ 间的夹角为 β_T,规定其投影在对称面之右为正。

9.2.1.3 常用坐标系间的转换

1)地面坐标系 S_g 到艇体坐标系 S_b 的转换矩阵

$$L_{bg} = \begin{bmatrix} \cos\theta\cos\psi & \cos\theta\sin\psi & -\sin\theta \\ \sin\phi\sin\theta\cos\psi - \cos\phi\sin\psi & \sin\phi\sin\theta\sin\psi + \cos\phi\cos\psi & \sin\phi\cos\theta \\ \cos\phi\sin\theta\cos\psi + \sin\phi\sin\psi & \cos\phi\sin\theta\sin\psi - \sin\phi\cos\psi & \cos\phi\cos\theta \end{bmatrix}$$

2)气流坐标系 S_a 到艇体坐标系 S_b 的转换矩阵

$$L_{ba} = \begin{bmatrix} \cos\alpha\cos\beta & -\cos\alpha\sin\beta & -\sin\alpha \\ \sin\beta & \cos\beta & 0 \\ \sin\alpha\cos\beta & -\sin\alpha\sin\beta & \cos\alpha \end{bmatrix}$$

3)推力轴线到艇体坐标系 S_b 的转换矩阵

$$L_{bt} = \begin{bmatrix} \cos\alpha_T\cos\beta_T & -\cos\alpha_T\sin\beta_T & \sin\alpha_T \\ \sin\beta_T & \cos\beta_T & 0 \\ -\sin\alpha_T\cos\beta_T & \sin\alpha_T\sin\beta_T & \cos\alpha_T \end{bmatrix}$$

9.2.2 运动方程

在研究飞艇的基本飞行动力学性能时,通常对动力学方程作如下基本假设:

(1)飞艇为刚体,认为压力调节系统可以保证其在任何情况下体积形状不变。

(2)地面坐标系近似为绝对惯性系。

(3)飞艇质量、质心保持不变。

(4)仅考虑刚体运动,忽略气动弹性影响。

(5)飞艇的体积中心与浮心重合,地球大气的密度随高度上升而下降,浮力的作用点位于飞艇的体积中心下面,但在解决飞艇动力学问题时通常认为飞艇周围密度近似均匀,即飞艇的体积中心与浮心重合。

(6)飞艇有对称面,即纵面 $x_b o_b z_b$,并且重心处于纵向对称面内,即 $I_{xy} = I_{yz} = 0$。

在艇体坐标系中,飞艇动量 $\boldsymbol{p}$ 和动量矩 $\boldsymbol{L}$ 的表达式为

$$\boldsymbol{p} = m(\boldsymbol{V}_K + \boldsymbol{\omega} \times \boldsymbol{R}_G) \tag{9.1}$$

$$\boldsymbol{L} = \boldsymbol{I}\boldsymbol{\omega} + m\boldsymbol{R}_G \times \boldsymbol{V}_K \tag{9.2}$$

式中:$V_K = [u_K \quad v_K \quad w_K]^T$ 为飞艇体积中心地速;$\omega = [p_b \quad q_b \quad r_b]^T$ 为飞艇艇体三轴转动角速度;$R_G = [x_G \quad y_G \quad z_G]^T$ 为飞艇质量中心在艇体坐标系中的三轴矢量;I 为在艇体坐标系中飞艇关于飞艇形心原点 o_b、体轴系下的转动惯量矩阵。对于矩阵的右上标 T 表示其转置矩阵,下同。

考虑到飞艇关于 o 点左右平面对称,所以

$$R_G = [x_G \quad 0 \quad z_G]^T \tag{9.3}$$

$$I = \begin{bmatrix} I_x & 0 & -I_{xz} \\ 0 & I_y & 0 \\ -I_{xz} & 0 & I_z \end{bmatrix} \tag{9.4}$$

根据动量和动量矩定理:

$$\frac{d\boldsymbol{p}}{dt} + \boldsymbol{\omega} \times \boldsymbol{p} = \boldsymbol{F} \tag{9.5}$$

$$\frac{d\boldsymbol{L}}{dt} + \boldsymbol{\omega} \times \boldsymbol{L} + \boldsymbol{V}_K \times \boldsymbol{p} = \boldsymbol{M}_R \tag{9.6}$$

式中:$\frac{d}{dt}$ 表示在艇体坐标系中动量和动量矩的局部导数;F 为作用在飞艇上的外力主矢量;M_R 为作用在飞艇上关于主囊体形心 o_b 的外力主矩。

飞艇质量的变化率对动力学影响微小,采用定质量动力学模型比较合理。将式(9.1)、式(9.2)代入式(9.5)、式(9.6)中,得

$$m\frac{d\boldsymbol{V}_K}{dt} - m\boldsymbol{R}_G \times \frac{d\boldsymbol{\omega}}{dt} + m\boldsymbol{\omega} \times \boldsymbol{V}_K - m\boldsymbol{\omega} \times (\boldsymbol{R}_G \times \boldsymbol{\omega}) = \boldsymbol{F} \tag{9.7}$$

$$\boldsymbol{I}\frac{d\boldsymbol{\omega}}{dt} + m\boldsymbol{R}_G \times \frac{d\boldsymbol{V}_K}{dt} + \boldsymbol{\omega} \times (\boldsymbol{I}\boldsymbol{\omega}) + m\boldsymbol{\omega} \times (\boldsymbol{R}_G \times \boldsymbol{V}_K) - m\boldsymbol{V}_K \times (\boldsymbol{R}_G \times \boldsymbol{\omega}) = \boldsymbol{M}_R \tag{9.8}$$

其矩阵表达式分别为

$$\begin{bmatrix} m & 0 & 0 \\ 0 & m & 0 \\ 0 & 0 & m \end{bmatrix} \frac{d}{dt} \begin{bmatrix} u \\ v \\ w \end{bmatrix} + \begin{bmatrix} 0 & mz_G & 0 \\ -mz_G & 0 & mx_G \\ 0 & -mx_G & 0 \end{bmatrix} \frac{d}{dt} \begin{bmatrix} p_b \\ q_b \\ r_b \end{bmatrix}$$

$$+ \begin{bmatrix} 0 & -mr_b & mq_b \\ mr_b & 0 & -mp_b \\ -mq_b & mp_b & 0 \end{bmatrix} \begin{bmatrix} u \\ v \\ w \end{bmatrix}$$

$$+ \begin{bmatrix} mz_G r_b & -mx_G q_b & -mx_G r_b \\ 0 & mx_G p_b + mz_G r_b & 0 \\ -mz_G p_b & -mz_G q_b & mx_G p_b \end{bmatrix} \begin{bmatrix} p_b \\ q_b \\ r_b \end{bmatrix} = \begin{bmatrix} F_x \\ F_y \\ F_z \end{bmatrix} \quad (9.9)$$

$$\begin{bmatrix} 0 & -mz_G & 0 \\ mx_G & 0 & -mx_G \\ 0 & mx_G & 0 \end{bmatrix} \frac{\mathrm{d}}{\mathrm{d}t} \begin{bmatrix} u \\ v \\ w \end{bmatrix} + \begin{bmatrix} I_x & 0 & -I_{xz} \\ 0 & I_y & 0 \\ -I_{xz} & 0 & I_z \end{bmatrix} \frac{\mathrm{d}}{\mathrm{d}t} \begin{bmatrix} p_b \\ q_b \\ r_b \end{bmatrix}$$

$$+ \begin{bmatrix} -mz_G r_b & 0 & mz_G p_b \\ mx_G q_b & -mx_G p - mz_G r_b & mz_G q_b \\ mx_G r_b & 0 & -mx_G p_b \end{bmatrix} \begin{bmatrix} u \\ v \\ w \end{bmatrix}$$

$$+ \begin{bmatrix} -I_{xz} q_b & -I_y r_b & I_z q_b \\ I_{xz} p_b + I_x r_b & 0 & -I_z p_b - I_{xz} r_b \\ -I_x q_b & I_y p_b & I_{xz} q_b \end{bmatrix} \begin{bmatrix} p_b \\ q_b \\ r_b \end{bmatrix} = \begin{bmatrix} \bar{L} \\ \bar{M} \\ \bar{N} \end{bmatrix} \quad (9.10)$$

飞艇的动量和动量矩方程可统一表示为矩阵方程：

$$\begin{bmatrix} m & 0 & 0 & 0 & mz_G & 0 \\ 0 & m & 0 & -mz_G & 0 & mx_G \\ 0 & 0 & m & 0 & -mx_G & 0 \\ 0 & -mz_G & 0 & I_x & 0 & -I_{xz} \\ mz_G & 0 & -mx_G & 0 & I_y & 0 \\ 0 & mx_G & 0 & -I_{xz} & 0 & I_z \end{bmatrix} \frac{\mathrm{d}}{\mathrm{d}t} \begin{bmatrix} u \\ v \\ w \\ p_b \\ q_b \\ r_b \end{bmatrix}$$

$$+ \begin{bmatrix} 0 & -mr_b & mq_b & mz_G r_b & -mx_G q_b & -mx_G r_b \\ mr_b & 0 & -mp_b & 0 & mx_G p_b + mz_G r_b & 0 \\ -mq_b & mp_b & 0 & -mz_G p_b & -mz_G q_b & mx_G p_b \\ -mz_G r_b & 0 & mz_G p_b & -I_{xz} q_b & -I_y r_b & I_z q_b \\ mx_G q_b & -mx_G p_b - mz_G r_b & mz_G q_b & I_{xz} p_b + I_x r_b & 0 & -I_z p_b - I_{xz} r_b \\ mx_G r_b & 0 & -mx_G p_b & -I_x q_b & I_y p_b & I_{xz} q_b \end{bmatrix} \begin{bmatrix} u \\ v \\ w \\ p_b \\ q_b \\ r_b \end{bmatrix}$$

$$= \begin{bmatrix} F_x \\ F_y \\ F_z \\ \bar{L} \\ \bar{M} \\ \bar{N} \end{bmatrix} \tag{9.11}$$

作用在飞艇上的外力和外力矩包括重力,空气浮力,气动力和推进力及它们对飞艇体积中心的矩:

$$\boldsymbol{F} = \boldsymbol{F}_G + \boldsymbol{F}_B + \boldsymbol{F}_A + \boldsymbol{F}_I + \boldsymbol{F}_T \tag{9.12}$$

$$\boldsymbol{M}_R = \boldsymbol{M}_{RG} + \boldsymbol{M}_{RB} + \boldsymbol{M}_{RA} + \boldsymbol{M}_{RI} + \boldsymbol{M}_{RT} \tag{9.13}$$

式中:F_G,M_{RG} 为作用在飞艇上的重力和重力矩;F_B,M_{RB} 为作用在飞艇上的空气浮力和浮力矩;F_A,M_{RA} 为作用在飞艇上的气动力和气动力矩;F_I,M_{RI} 为作用在飞艇上的附加惯性力和附加惯性力矩;F_T,M_{RT} 为发动机推力 T 作用于飞艇上的推力和推力矩。

上述外力和外力矩在艇体坐标系下表示,在下面将逐一分析。

9.2.2.1 空气动力

同飞机类似,飞艇表面的空气动力[3]可以在体轴系下表示为一个合力矢量 $\boldsymbol{F}_A$ 和一个合力矩矢量 $\boldsymbol{M}_{RA}$,即

$$\begin{bmatrix} \boldsymbol{F}_A \\ \boldsymbol{M}_{RA} \end{bmatrix} = \begin{bmatrix} F_{Ax} \\ F_{Ay} \\ F_{Az} \\ \bar{L}_A \\ \bar{M}_A \\ \bar{N}_A \end{bmatrix} = \begin{bmatrix} -C_A(\alpha,\beta,\bar{\omega}_A,\delta_E,\delta_R)(0.5\rho V_A^2)S_{\text{ref}} \\ C_Y(\alpha,\beta,\bar{\omega}_A,\delta_E,\delta_R)(0.5\rho V_A^2)S_{\text{ref}} \\ -C_N(\alpha,\beta,\bar{\omega}_A,\delta_E,\delta_R)(0.5\rho V_A^2)S_{\text{ref}} \\ C_l(\alpha,\beta,\bar{\omega}_A,\delta_E,\delta_R)(0.5\rho V_A^2)S_{\text{ref}}L_{\text{ref}} \\ C_m(\alpha,\beta,\bar{\omega}_A,\delta_E,\delta_R)(0.5\rho V_A^2)S_{\text{ref}}L_{\text{ref}} \\ C_n(\alpha,\beta,\bar{\omega}_A,\delta_E,\delta_R)(0.5\rho V_A^2)S_{\text{ref}}L_{\text{ref}} \end{bmatrix} \tag{9.14}$$

式中:C_A 为体轴系下轴向力系数;C_Y 为体轴系下侧力系数;C_N 为体轴系下法向力系数;C_l 为体轴系下滚转力矩系数;C_m 为体轴系下俯仰力矩系数;C_n 为体轴系下偏航力矩系数;ρ 为空气密度;$S_{\text{ref}} = V_{\text{vol}}^{\frac{2}{3}}$ 为参考面积,V_{vol} 为飞艇体积,这与飞机以机翼面积作为参考面积不同;L_{ref} 为参考长度,本书 L_{ref} 为飞艇长;α 为来流

迎角;β 为来流侧滑角;$\overline{\boldsymbol{\omega}_A}$ 为飞艇相对于气流的无量纲角速度,$\overline{\boldsymbol{\omega}_A} = \boldsymbol{\omega}_A/(V_A/l)$,式中 $\boldsymbol{\omega}_A^{[3]}$、$V_A$ 为飞艇相对于气流的三轴角速度矢量、三轴空速矢量,$\boldsymbol{\omega}_A = [p_A \quad q_A \quad r_A]^T$,$\boldsymbol{V}_A = [u_A \quad v_A \quad w_A]^T$,$V_A = \sqrt{u_A^2 + v_A^2 + w_A^2}$;$\delta_E$ 为升降舵偏转角;δ_R 为方向舵偏转角。

艇体坐标系中的空速 V_A 可由风速和地速得

$$\boldsymbol{V}_A = \boldsymbol{V}_K - \boldsymbol{L}_{bg}\boldsymbol{V}_W \tag{9.15}$$

式中:$\boldsymbol{V}_K$ 为艇体坐标系下飞艇的地速;$\boldsymbol{V}_W$ 为大地坐标系中的风速矢量。

来流攻角 α、侧滑角 β 可用空速 $\boldsymbol{V}_A$ 的三轴分量表示为

$$\alpha = \arcsin\left(\frac{w_A}{\sqrt{u_A^2 + w_A^2}}\right) \tag{9.16}$$

$$\beta = \arcsin\left(\frac{v_A}{\sqrt{u_A^2 + v_A^2 + w_A^2}}\right) \tag{9.17}$$

9.2.2.2 附加惯性力

飞艇体积庞大,其惯性特征十分显著,动力学计算中须考虑附加惯性力。物体在理想气体中作非定常运动时所受的附加惯性力,大小与物体运动的加速度成比例,方向与加速度方向相反,该比例常数称为附加质量,用 λ_{ij} 表示。附加质量 λ_{ij} 可以理解为在 i 方向以单位(角)加速度运动时,在 j 方向的附加质量、附加质量静矩和附加转动惯量,即 λ_{ij} 是物体在理想气体中以单位(角)加速度运动时所受的气体惯性力。附加质量 λ_{ij} 恒取正值,同时在体轴系下规定:沿 x、y、z 方向的移动用 1、2、3 表示;沿 x、y、z 方向的转动用 4、5、6 表示。

一个任意形状的物体共有 36 个附加质量,可以列成如下方阵:

$$\boldsymbol{\lambda} = \begin{bmatrix} \lambda_{11} & \lambda_{12} & \lambda_{13} & \lambda_{14} & \lambda_{15} & \lambda_{16} \\ \lambda_{21} & \lambda_{22} & \lambda_{23} & \lambda_{24} & \lambda_{25} & \lambda_{26} \\ \lambda_{31} & \lambda_{32} & \lambda_{33} & \lambda_{34} & \lambda_{35} & \lambda_{36} \\ \lambda_{41} & \lambda_{42} & \lambda_{43} & \lambda_{44} & \lambda_{45} & \lambda_{46} \\ \lambda_{51} & \lambda_{52} & \lambda_{53} & \lambda_{54} & \lambda_{55} & \lambda_{56} \\ \lambda_{61} & \lambda_{62} & \lambda_{63} & \lambda_{64} & \lambda_{65} & \lambda_{66} \end{bmatrix}$$

根据势流理论可知:

$$\lambda_{ij} = \lambda_{ji} \quad (i,j = 1,2,3,4,5,6)$$

根据假设,坐标平面 $ox_b z_b$ 为飞艇的对称面,由附加质量矩阵的性质可得

$$\lambda_{12} = \lambda_{14} = \lambda_{16} = \lambda_{32} = \lambda_{34} = \lambda_{36} = \lambda_{52} = \lambda_{54} = \lambda_{56} = 0$$

在计算中,坐标平面 $ox_b y_b$ 近似对称,则又可得

$$\lambda_{13} = \lambda_{15} = \lambda_{24} = \lambda_{46} = 0$$

则附加质量矩阵变为

$$\boldsymbol{\lambda} = \begin{bmatrix} \lambda_{11} & 0 & 0 & 0 & 0 & 0 \\ 0 & \lambda_{22} & 0 & 0 & 0 & \lambda_{26} \\ 0 & 0 & \lambda_{33} & 0 & \lambda_{35} & 0 \\ 0 & 0 & 0 & \lambda_{44} & 0 & 0 \\ 0 & 0 & \lambda_{53} & 0 & \lambda_{55} & 0 \\ 0 & \lambda_{62} & 0 & 0 & 0 & \lambda_{66} \end{bmatrix}$$

飞艇所受的惯性力,是飞艇与气流的一种相互作用力。通过推导可得到作用在飞艇上的附加惯性力与力矩矢量为

$$\begin{bmatrix} \boldsymbol{F}_\mathrm{I} \\ \boldsymbol{M}_\mathrm{RI} \end{bmatrix} = \begin{bmatrix} F_{\mathrm{I}x} \\ F_{\mathrm{I}y} \\ F_{\mathrm{I}z} \\ \bar{L}_\mathrm{I} \\ \bar{M}_\mathrm{I} \\ \bar{N}_\mathrm{I} \end{bmatrix} = -\begin{bmatrix} \lambda_{11} & 0 & 0 & 0 & 0 & 0 \\ 0 & \lambda_{22} & 0 & 0 & 0 & \lambda_{26} \\ 0 & 0 & \lambda_{33} & 0 & \lambda_{35} & 0 \\ 0 & 0 & 0 & \lambda_{44} & 0 & 0 \\ 0 & 0 & \lambda_{35} & 0 & \lambda_{55} & 0 \\ 0 & \lambda_{26} & 0 & 0 & 0 & \lambda_{66} \end{bmatrix} \frac{\mathrm{d}}{\mathrm{d}t} \begin{bmatrix} u_\mathrm{A} \\ v_\mathrm{A} \\ w_\mathrm{A} \\ p_\mathrm{A} \\ q_\mathrm{A} \\ r_\mathrm{A} \end{bmatrix}$$

$$-\begin{bmatrix} 0 & -r_\mathrm{A} & q_\mathrm{A} & 0 & 0 & 0 \\ r_\mathrm{A} & 0 & -p_\mathrm{A} & 0 & 0 & 0 \\ -q_\mathrm{A} & p_\mathrm{A} & 0 & 0 & 0 & 0 \\ 0 & -w_\mathrm{A} & v_\mathrm{A} & 0 & -r_\mathrm{A} & q_\mathrm{A} \\ w_\mathrm{A} & 0 & -u_\mathrm{A} & r_\mathrm{A} & 0 & -p_\mathrm{A} \\ -v_\mathrm{A} & u_\mathrm{A} & 0 & -q_\mathrm{A} & p_\mathrm{A} & 0 \end{bmatrix}$$

$$\begin{bmatrix} \lambda_{11} & 0 & 0 & 0 & 0 & 0 \\ 0 & \lambda_{22} & 0 & 0 & 0 & \lambda_{26} \\ 0 & 0 & \lambda_{33} & 0 & \lambda_{35} & 0 \\ 0 & 0 & 0 & \lambda_{44} & 0 & 0 \\ 0 & 0 & \lambda_{35} & 0 & \lambda_{55} & 0 \\ 0 & \lambda_{26} & 0 & 0 & 0 & \lambda_{66} \end{bmatrix} \begin{bmatrix} u_\mathrm{A} \\ v_\mathrm{A} \\ w_\mathrm{A} \\ p_\mathrm{A} \\ q_\mathrm{A} \\ r_\mathrm{A} \end{bmatrix} \quad (9.18)$$

它们在艇体坐标系中的分量为

$$F_{Ix} = -\lambda_{11}\dot{u}_A - \lambda_{35}q_A^2 + \lambda_{26}r_A^2 + \lambda_{22}v_Ar_A - \lambda_{33}w_Aq_A$$

$$F_{Iy} = -\lambda_{22}\dot{v}_A - \lambda_{26}\dot{r}_A - \lambda_{11}u_Ar_A + \lambda_{33}w_Ap_A + \lambda_{35}p_Aq_A$$

$$F_{Iz} = -\lambda_{33}\dot{w}_A - \lambda_{35}\dot{q}_A + \lambda_{11}u_Aq_A - \lambda_{22}v_Ap_A - \lambda_{26}p_Ar_A$$

$$\bar{L}_I = -\lambda_{44}\dot{p}_A + (\lambda_{22} - \lambda_{33})v_Aw_A - (\lambda_{26} + \lambda_{35})v_Aq_A$$
$$+ (\lambda_{26} + \lambda_{35})w_Ar_A + (\lambda_{55} - \lambda_{66})q_Ar_A$$

$$\bar{M}_I = -\lambda_{35}\dot{w}_A - \lambda_{55}\dot{q}_A + (\lambda_{33} - \lambda_{11})u_Aw_A + \lambda_{35}u_Aq_A$$
$$+ \lambda_{26}v_Ap_A + (\lambda_{66} - \lambda_{44})p_Ar_A$$

$$\bar{N}_I = -\lambda_{26}\dot{v}_A - \lambda_{66}\dot{r}_A + (\lambda_{11} - \lambda_{22})u_Av_A - \lambda_{26}u_Ar_A$$
$$- \lambda_{35}w_Ap_A + (\lambda_{44} - \lambda_{55})p_Aq_A$$

若物体还有第三个对称面 $o_b y_b z_b$(前后对称),亦根据上面的方法可得

$$\lambda_{26} = \lambda_{35} = 0$$

把附加惯性力中与定常气动力系数、动导数产生的相重合气动力项剔除得

$$F_{Ix} = -\lambda_{11}\dot{u}_A - \lambda_{35}q_A^2 + \lambda_{26}r_A^2 + \lambda_{22}v_Ar_A - \lambda_{33}w_Aq_A \tag{9.19}$$

$$F_{Iy} = -\lambda_{22}\dot{v}_A - \lambda_{26}\dot{r}_A + \lambda_{33}w_Ap_A + \lambda_{35}p_Aq_A \tag{9.20}$$

$$F_{Iz} = -\lambda_{33}\dot{w}_A - \lambda_{35}\dot{q}_A - \lambda_{22}v_Ap_A - \lambda_{26}p_Ar_A \tag{9.21}$$

$$\bar{L}_I = -\lambda_{44}\dot{p}_A - (\lambda_{26} + \lambda_{35})v_Aq_A + (\lambda_{26} + \lambda_{35})w_Ar_A + (\lambda_{55} - \lambda_{66})q_Ar_A$$
$$\tag{9.22}$$

$$\bar{M}_I = -\lambda_{35}\dot{w}_A - \lambda_{55}\dot{q}_A + \lambda_{26}v_Ap_A + (\lambda_{66} - \lambda_{44})p_Ar_A \tag{9.23}$$

$$\bar{N}_I = -\lambda_{26}\dot{v}_A - \lambda_{66}\dot{r}_A - \lambda_{35}w_Ap_A + (\lambda_{44} - \lambda_{55})p_Aq_A \tag{9.24}$$

附加惯性力本质上是空气动力的一部分,其对飞艇的作用显著,而对于密度远大于空气的飞机则可忽略。

9.2.2.3 重力

假设地球表面为平面,重力加速度为常数,重力在地面坐标系中的矢量表达式为

$$[0 \quad 0 \quad G]^T$$

式中:$G = mg$,m 为飞艇质量。

在艇体坐标系中,重力和关于体轴系原点 o 的重力矩的矢量表达式为

$$\boldsymbol{F}_{\mathrm{G}} = \begin{bmatrix} F_{\mathrm{G}x} \\ F_{\mathrm{G}y} \\ F_{\mathrm{G}z} \end{bmatrix} = \boldsymbol{L}_{\mathrm{bg}} \begin{bmatrix} 0 \\ 0 \\ G \end{bmatrix} = \begin{bmatrix} -G\sin\theta \\ G\cos\theta\sin\phi \\ G\cos\theta\cos\phi \end{bmatrix} \quad (9.25)$$

$$\boldsymbol{M}_{\mathrm{RG}} = \boldsymbol{R}_{\mathrm{G}} \times \boldsymbol{F}_{\mathrm{G}} = \begin{bmatrix} 0 & -z_{\mathrm{G}} & y_{\mathrm{G}} \\ z_{\mathrm{G}} & 0 & -x_{\mathrm{G}} \\ -y_{\mathrm{G}} & x_{\mathrm{G}} & 0 \end{bmatrix} \begin{bmatrix} F_{\mathrm{G}x} \\ F_{\mathrm{G}y} \\ F_{\mathrm{G}z} \end{bmatrix} \quad (9.26)$$

式中：$\boldsymbol{L}_{\mathrm{bg}}$ 为地面坐标系 S_{g} 到艇体坐标系 S_{b} 的变换矩阵。

9.2.2.4 浮力

根据阿基米德定律，作用在飞艇上的空气浮力 B 等于飞艇所排开的空气的重量：

$$B = \rho V_{\mathrm{vol}} g$$

式中：飞艇所在高度的空气密度可以通过大气环境参数测量或计算得到。

严格地讲，地球大气的密度随高度上升而下降，浮力的作用点位于飞艇的体积中心下面。但在解决飞艇动力学问题时，通常认为飞艇周围的密度近似均匀。

在地面坐标系中，空气浮力矢量的表达式为 $\begin{bmatrix} 0 & 0 & -B \end{bmatrix}^{\mathrm{T}}$。

在艇体坐标系中，空气的浮力和浮力矩矢量分别为

$$\boldsymbol{F}_{\mathrm{B}} = \begin{bmatrix} F_{\mathrm{B}x} \\ F_{\mathrm{B}y} \\ F_{\mathrm{B}z} \end{bmatrix} = \boldsymbol{L}_{\mathrm{bg}} \begin{bmatrix} 0 \\ 0 \\ -B \end{bmatrix} = \begin{bmatrix} B\sin\theta \\ -B\cos\theta\sin\phi \\ -B\cos\theta\cos\phi \end{bmatrix} \quad (9.27)$$

$$\boldsymbol{M}_{\mathrm{RB}} = \boldsymbol{R}_{\mathrm{B}} \times \boldsymbol{F}_{\mathrm{B}} = \begin{bmatrix} 0 & -z_{\mathrm{B}} & y_{\mathrm{B}} \\ z_{\mathrm{B}} & 0 & -x_{\mathrm{B}} \\ -y_{\mathrm{B}} & x_{\mathrm{B}} & 0 \end{bmatrix} \begin{bmatrix} F_{\mathrm{B}x} \\ F_{\mathrm{B}y} \\ F_{\mathrm{B}z} \end{bmatrix} \quad (9.28)$$

当囊体形心与飞艇浮心重合时，即 $\boldsymbol{R}_{\mathrm{B}} = \begin{bmatrix} x_{\mathrm{B}} & y_{\mathrm{B}} & z_{\mathrm{B}} \end{bmatrix}^{\mathrm{T}} = \begin{bmatrix} 0 & 0 & 0 \end{bmatrix}^{\mathrm{T}}$ 时，浮力对体轴系坐标原点产生的矩为零，$\boldsymbol{M}_{\mathrm{RB}} = \begin{bmatrix} 0 & 0 & 0 \end{bmatrix}^{\mathrm{T}}$。

9.2.2.5 推力

为了提高平流层飞艇的操纵与控制的能力，其螺旋桨的推（拉）力轴线常设计成可上下、左右偏转，偏转角定义为 α_{T}、β_{T}。任一螺旋桨，在体轴系下对飞艇的力 $\boldsymbol{F}_{\mathrm{T}}$、力矩 $\boldsymbol{M}_{\mathrm{RT}}$ 可表示为

$$F_T = L_{bt}\begin{bmatrix}T_p \\ 0 \\ 0\end{bmatrix} = \begin{bmatrix}L_{bt}(1,1) \\ L_{bt}(2,1) \\ L_{bt}(3,1)\end{bmatrix}T_p = \begin{bmatrix}T_p\cos\alpha_T\cos\beta_T \\ T_p\sin\beta_T \\ -T_p\sin\alpha_T\cos\beta_T\end{bmatrix} \quad (9.29)$$

$$M_{RT} = R_T \times F_T = \begin{bmatrix}0 & -z_T & y_T \\ z_T & 0 & -x_T \\ -y_T & x_T & 0\end{bmatrix}\begin{bmatrix}F_T \\ F_T \\ F_T\end{bmatrix} \quad (9.30)$$

9.2.2.6 运动学方程

飞艇在地面坐标系与艇体坐标系中的速度分量之间的关系为

$$\begin{bmatrix}\dot{x}_{Kg} \\ \dot{y}_{Kg} \\ \dot{z}_{Kg}\end{bmatrix} = L_{bg}^T\begin{bmatrix}u_K \\ v_K \\ w_K\end{bmatrix} \quad (9.31)$$

欧拉角变化速度与体轴系下三轴角速度之间的关系为

$$\begin{bmatrix}\dot{\phi} \\ \dot{\theta} \\ \dot{\psi}\end{bmatrix} = \begin{bmatrix}p + \tan\theta(q\sin\phi + r\cos\phi) \\ q\cos\phi - r\sin\phi \\ \dfrac{1}{\cos\theta}(q\sin\phi + r\cos\phi)\end{bmatrix} \quad (9.32)$$

9.3 稳 定 性

9.3.1 运动方程的线性化

飞艇的非线性运动方程难以得到稳定特性的解析解。研究飞艇的稳定性与操纵性,一般采用飞机的稳定性分析方法:即利用小扰动假设,将微分方程在基准运动点进行线性化,通称为"小扰动法"。基准运动状态一般定为:飞艇沿铅垂面内对称定常直线飞行。在飞艇的线性化方程中,速度扰动分量通常采用欧美常用的$[\Delta u, \Delta v, \Delta w]$,而非国内飞机专业中常用的$[\Delta V, \Delta\alpha, \Delta\beta]$。

为研究飞艇操纵与稳定性分析的方便,初步作如下规定:风速$V_W = [0\ 0\ 0]$,即$V_A = V_K, \omega_A = \omega$。

为减少输入变量的个数,下面线化模型中假定动力推进装置为一台(对于多台推进装置线性化方法相同)。在基准运动中,推力轴线偏转角一般有

$\beta_{\mathrm{T}}=0°$。

对动力学方程(9.11)和运动方程(9.32)进行线性化,并写成一阶线性微分方程组 $K\dot{x} = Hx + Ju$ 的形式,其中状态量:

$$x = [\Delta u, \Delta v, \Delta w, \Delta p, \Delta q, \Delta r, \Delta \phi, \Delta \theta, \Delta \psi]^{\mathrm{T}}$$

输入量:

$$u = [\Delta \delta_{\mathrm{E}}, \Delta \delta_{\mathrm{R}}, \Delta \delta_{\mathrm{T}}, \Delta \alpha_{\mathrm{T}}, \Delta \beta_{\mathrm{T}}]^{\mathrm{T}}$$

式中: $\Delta \delta_{\mathrm{E}}$ 为升降舵偏转角增量; $\Delta \delta_{\mathrm{R}}$ 为方向舵偏转角增量; $\Delta \delta_{\mathrm{T}}$ 为油门增量。

9×9 阶系数矩阵 K、H,9×5 阶系数矩阵 J 分别为

$$K = \begin{bmatrix} m+\lambda_{11} & 0 & 0 & 0 & mz_{\mathrm{G}} & 0 & 0 & 0 & 0 \\ 0 & m+\lambda_{22} & 0 & -mz_{\mathrm{G}} & 0 & mx_{\mathrm{G}}+\lambda_{26} & 0 & 0 & 0 \\ 0 & 0 & m+\lambda_{33} & 0 & -(mx_{\mathrm{G}}-\lambda_{35}) & 0 & 0 & 0 & 0 \\ 0 & -mz_{\mathrm{G}} & 0 & I_{x}+\lambda_{44} & 0 & -I_{xz} & 0 & 0 & 0 \\ mz_{\mathrm{G}} & 0 & -(mx_{\mathrm{G}}-\lambda_{35}) & 0 & I_{y}+\lambda_{55} & 0 & 0 & 0 & 0 \\ 0 & (mx_{\mathrm{G}}+\lambda_{26}) & 0 & -I_{xz} & 0 & I_{z}+\lambda_{66} & 0 & 0 & 0 \\ 0 & 0 & 0 & 0 & 0 & 0 & 1 & 0 & 0 \\ 0 & 0 & 0 & 0 & 0 & 0 & 0 & 1 & 0 \\ 0 & 0 & 0 & 0 & 0 & 0 & 0 & 0 & 1 \end{bmatrix}$$

$$H = \begin{bmatrix} -A^{u} & -A^{v} & -A^{w} & 0 & -(m+\lambda_{33})w \\ Y^{u} & Y^{v} & Y^{w} & (m+\lambda_{33})w + Y^{p} & 0 \\ -N^{u} & 0 & -N^{w} & 0 & mu - N^{q} \\ \overline{L}^{u} & \overline{L}^{v} & \overline{L}^{w} & -mz_{\mathrm{G}}w + \overline{L}^{p} & 0 \\ \overline{M}^{u} & 0 & \overline{M}^{w} & 0 & -m(x_{\mathrm{G}}u + z_{\mathrm{G}}w) + \overline{M}^{q} \\ \overline{N}^{u} & \overline{N}^{v} & \overline{N}^{w} & (mx_{\mathrm{G}}-\lambda_{35})w + \overline{N}^{p} & 0 \\ 0 & 0 & 0 & 1 & 0 \\ 0 & 0 & 0 & 0 & 1 \\ 0 & 0 & 0 & 0 & 0 \end{bmatrix}$$

$$\begin{bmatrix} 0 & 0 & (B-G)\cos\theta & 0 \\ -mu+Y^r & -(B-G)\cos\theta & 0 & 0 \\ 0 & 0 & (B-G)\sin\theta & 0 \\ mz_Gu+(\lambda_{26}+\lambda_{35})w+\overline{L}^r & -Gz_G\cos\theta & Gy_G\cos\theta & 0 \\ 0 & 0 & \begin{array}{c}-G(z_G\cos\theta-x_G\sin\theta)\\ +B(z_B\cos\theta-x_B\sin\theta)\\ -G(z_G\sin\theta+x_G\cos\theta)\end{array} & 0 \\ -mx_Gu+\overline{N}^r & Gx_G\cos\theta & Gy_G\sin\theta & 0 \\ \tan\theta & 0 & 0 & 0 \\ 0 & 0 & 0 & 0 \\ 1/\cos\theta & 0 & 0 & 0 \end{bmatrix}$$

$$J = \begin{bmatrix} -A^{\delta_E} & -A^{\delta_R} & T_p^{\delta_T}\cos\alpha_T & -T_p\sin\alpha_T & 0 \\ 0 & Y^{\delta_R} & 0 & 0 & T_p \\ -N^{\delta_E} & 0 & -T_p^{\delta_T}\sin\alpha_T & -T_p\cos\alpha_T & 0 \\ 0 & 0 & -T_p^{\delta_T}y_T\sin\alpha_T & -T_py_T\cos\alpha_T & -T_pz_T \\ \overline{M}^{\delta_E} & 0 & T_p^{\delta_T}(z_T\cos\alpha_T+x_T\sin\alpha_T) & T_p(-z_T\sin\alpha_T+x_T\cos\alpha_T) & 0 \\ 0 & \overline{N}^{\delta_R} & -T_p^{\delta_T}y_T\cos\alpha_T & T_py_T\sin\alpha_T & T_px_T \\ 0 & 0 & 0 & 0 & 0 \\ 0 & 0 & 0 & 0 & 0 \\ 0 & 0 & 0 & 0 & 0 \end{bmatrix}$$

系数矩阵 K、H 中，右上标表示对三轴空速 u、v、w、三轴角速度 p、q、r 以及俯仰角 θ 的导数。系数矩阵 J 中，右上标表示对升降舵偏转角 $\Delta\delta_E$、方向舵偏转角 $\Delta\delta_R$、油门 δ_T 的导数。

在操纵稳定性的分析中，根据飞艇的动力学特性，常把小扰动方程简化为 4 阶纵向、4 阶横侧向两个相互独立的线性微分方程组。

1）纵向线性化方程

将 4 阶纵向线性化方程写成 $K\dot{x} = Hx + Ju$ 的形式。

式中：$x = [\Delta u, \Delta w, \Delta q, \Delta\theta]^T$；$u = [\Delta\delta_E, \Delta\delta_T, \Delta\alpha_T]^T$，$\Delta\delta_E$ 为升降舵偏转角增量，$\Delta\delta_T$ 为油门增量。

$$K = \begin{bmatrix} m+\lambda_{11} & 0 & mz_G & 0 \\ 0 & m+\lambda_{33} & -(mx_G-\lambda_{35}) & 0 \\ mz_G & -(mx_G-\lambda_{35}) & I_y+\lambda_{55} & 0 \\ 0 & 0 & 0 & 1 \end{bmatrix}$$

$$H = \begin{bmatrix} -A^u & -A^w & -(m+\lambda_{33})w & (B-G)\cos\theta \\ -N^u & -N^w & mu-N^q & (B-G)\sin\theta \\ \overline{M}^u & \overline{M}^w & -m(x_G u + z_G w) + \overline{M}^q & \begin{array}{l}-G(z_G\cos\theta - x_G\sin\theta)\\ +B(z_B\cos\theta - x_B\sin\theta)\\ -G(z_G\sin\theta + x_G\cos\theta)\end{array} \\ 0 & 0 & 1 & 0 \end{bmatrix}$$

$$J = \begin{bmatrix} -A^{\delta_E} & T_p^{\delta_T}\cos\alpha_T & -T_p\sin\alpha_T \\ -N^{\delta_E} & -T_p^{\delta_T}\sin\alpha_T & -T_p\cos\alpha_T \\ \overline{M}^{\delta_E} & T_p^{\delta_T}(z_T\cos\alpha_T + x_T\sin\alpha_T) & T_p(-z_T\sin\alpha_T + x_T\cos\alpha_T) \\ 0 & 0 & 0 \end{bmatrix}$$

2) 横侧向线性化方程

将 4 阶横侧向线性化方程写成 $K\dot{x} = Hx + Ju$ 的形式。

式中：$x = [\Delta v, \Delta p, \Delta r, \Delta\phi]^T$；$u = [\Delta\delta_R, \Delta\beta_T]^T$。

$$K = \begin{bmatrix} m+\lambda_{22} & -mz_G & mx_G+\lambda_{26} & 0 \\ -mz_G & I_x+\lambda_{44} & -I_{xz} & 0 \\ (mx_G+\lambda_{26}) & -I_{xz} & I_z+\lambda_{66} & 0 \\ 0 & 0 & 0 & 1 \end{bmatrix}$$

$$H = \begin{bmatrix} Y^v & (m+\lambda_{33})w + Y^p & -mu + Y^r & -(B-G)\cos\theta \\ \overline{L}^v & -mz_G w + \overline{L}^p & mz_G u + (\lambda_{26}+\lambda_{35})w + \overline{L}^r & -Gz_G\cos\theta \\ \overline{N}^v & (mx_G-\lambda_{35})w + \overline{N}^p & -mx_G u + \overline{N}^r & Gx_G\cos\theta \\ 0 & 1 & \tan\theta & 0 \end{bmatrix}$$

$$J = \begin{bmatrix} Y^{\delta_R} & T_p \\ 0 & -T_p z_T \\ \overline{N}^{\delta_R} & T_p x_T \\ 0 & 0 \end{bmatrix}$$

9.3.2 静稳定性

由飞机飞行力学的定义[3]可知,静稳定性由气动导数 $C_{m\alpha}$、$C_{l\beta}$、$C_{n\beta}$ 的符号决定。

考虑到小速度下姿态平衡的需要及其质量分配的限制,飞艇在设计时,重心坐标的 x 分量一般限制在形心附近,如图9.2所示。飞艇的艇身有较大静不稳定性,通过尾翼可使全艇的气动焦点向后偏移。但由于结构强度等方面的限制,尾翼面积一般不足以使得全艇的气动焦点移动到重心之后,即使得气动俯仰静稳定。因此,飞艇俯仰一般为静不稳定($C_{m\alpha}>0$);侧滑同样为静不稳定($C_{n\beta}<0$)。如何通过气动阻尼和重浮力偶保证飞艇的动稳定,是稳定性设计工作的重点。

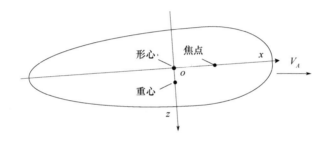

(a)单独艇身气动焦点示意图

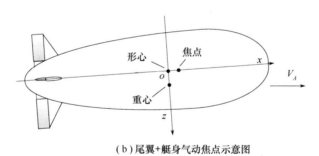

(b)尾翼+艇身气动焦点示意图

图9.2 (小迎角下)飞艇焦点位置示意图

9.3.3 动稳定性

气动力、重浮力偶(图9.3)是影响飞艇动稳定性的两个主要因素,附加惯性力有限程度增加飞艇的稳定性。

根据飞艇动力学特性[4],纵向稳定模态一般分为浪涌、升沉与摆动三个模态;横侧向分为侧滑、偏航与滚转三个模态,如表9.1所列。

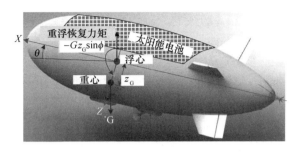

图9.3 飞艇纵向受力示意图

表9.1 飞艇运动稳定模态

模态		描述对象
纵向	浪涌	空速稳定性
	升沉	迎角稳定性
	摆动	俯仰稳定性
横侧向	侧滑	侧滑角稳定性
	偏航	航向角速度稳定性
	滚转	横滚稳定性

浪涌模态:浪涌模态表征的是空速稳定特性。由于飞艇的重力基本由浮力平衡,空速并不与俯仰角耦合生成长周期沉浮运动[2],而单独成为一个模态。相对于纵向其他二个模态,浪涌模态对应是较大负根(绝对值较小)一阶模态,特征根可近似为 $s = \dfrac{-A^u}{m + \lambda_{11}}$。

升沉、摆动模态:由于浪涌模态中的速度响应时间远大于升沉、摆动模态中状态量的响应时间,在分析升沉、摆动模态特性时,纵向速度 u 可视为常值。则纵向四阶线性化方程则可简化为3阶,同样可简化 $\boldsymbol{K}\dot{\boldsymbol{x}} = \boldsymbol{H}\boldsymbol{x} + \boldsymbol{J}\boldsymbol{u}$ 形式,式中

$$\boldsymbol{x} = [\Delta w, \Delta q, \Delta \theta]^{\mathrm{T}}; \boldsymbol{u} = [\Delta \delta_{\mathrm{E}}, \Delta \delta_{\mathrm{T}}, \Delta \alpha_{\mathrm{T}}]^{\mathrm{T}}$$

$$\boldsymbol{K} = \begin{bmatrix} m + \lambda_{33} & 0 & 0 \\ 0 & I_y + \lambda_{55} & 0 \\ 0 & 0 & 1 \end{bmatrix}$$

$$\boldsymbol{H} = \begin{bmatrix} -N^w & mu - N^q & 0 \\ \overline{M}^w & -m(x_G u + z_G w) + \overline{M}^q & -Gz_G \\ 0 & 1 & 0 \end{bmatrix}$$

$$\boldsymbol{J} = \begin{bmatrix} -N^{\delta_{\mathrm{E}}} & -T_{\mathrm{p}}^{\delta_{\mathrm{T}}} \sin\alpha_{\mathrm{T}} & -T_{\mathrm{p}} \cos\alpha \\ \overline{M}^{\delta_{\mathrm{E}}} & T_{\mathrm{p}}^{\delta_{\mathrm{T}}}(z_{\mathrm{T}}\cos\alpha_{\mathrm{T}} + x_{\mathrm{T}}\sin\alpha_{\mathrm{T}}) & T_{\mathrm{p}}(-z_{\mathrm{T}}\sin\alpha_{\mathrm{T}} + x_{\mathrm{T}}\cos\alpha_{\mathrm{T}}) \\ 0 & 0 & 0 \end{bmatrix}$$

对于上面升沉、俯仰振荡组成的三阶线性方程,还可进一步简化近似成一个一阶升沉模态方程与一个二阶俯仰振荡模态方程。

升沉模态是表征飞艇迎角的稳定性。升沉模态的稳定,并非一定要使质量中心处于全艇气动焦点位置的前面(对于飞艇几乎都是 $C_{m\alpha}>0$)。俯仰运动的耦合、良好阻尼性同样可使升沉模态动稳定。

摆动模态表征的是飞艇俯仰角的振荡特性,其中重浮力产生的姿态恢复力矩 $-Gz_G\sin\theta$ 是保证飞艇的俯仰姿态稳定的重要参数。z_G 值减小,稳定性则降低。

侧滑、偏航模态:在飞艇的模态特性中,侧滑、偏航耦合较深。对四阶横侧向小扰动方程进行简化处理,可得到侧滑、偏航的二阶线化方程[5]。对于常规布局飞艇的六个稳定模态,侧滑模态最不易稳定。图 9.4 给出飞艇侧滑模态稳定性对飞艇飞行特性的影响。图 9.4(a)为侧滑模态稳定时的飞行特性,飞艇受到风速扰动后,航向"背离"扰动风向,扰动结束后,侧滑角逐渐趋于零,飞艇继续沿直线飞行。侧滑模态不稳定时,侧滑角在扰动消失后,趋于一个非零常值,飞艇在侧滑作用下,做圆周运动(在水平面内的投影),如图 9.4(b)所示。

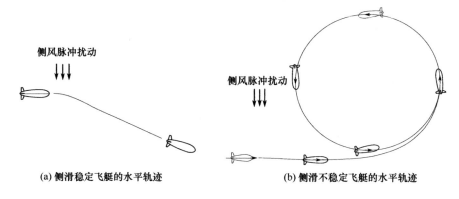

(a) 侧滑稳定飞艇的水平轨迹　　(b) 侧滑不稳定飞艇的水平轨迹

图 9.4　侧滑模态的扰动响应(见彩图)

由于结构强度等方面的限制,飞艇尾翼较小,不可能具有常规飞机那样的"风标效应",即使得偏航静稳定导数 $C_{n\beta}>0$。但尾翼面积与长细比满足一定的条件时,其气动阻尼及侧向力导数 $C_{Y\beta}$ 亦可得侧滑模态稳定。

飞艇滚转振荡模态稳定特性:如图 9.5 所示,飞艇尾翼较小,使得其产生的气动横滚力矩较小,无论横滚静稳定导数 $C_{l\beta}<0$ 与否,重浮恢复力矩 $-Gz_G\sin\phi$ 及滚转阻尼 $C_{l\bar{p}}$ 可有效保证横滚稳定,在设计中对 $C_{l\beta}$ 一般不作要求。

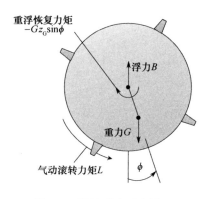

图 9.5　横滚受力示意图

另外,较小滚转阻尼 $C_{l\bar{p}}$ 也使得滚转模态呈现振荡特性。

9.4 操 纵 性

9.4.1 操纵手段

平流层飞艇由于飞行速度低、惯性大,通常采用舵面、质量质心、推力矢量等多种操纵手段,以提高操纵效能。表9.2给出了平流层飞艇运动操纵的常用手段。

表9.2 平流层飞艇运动操纵常用手段

操纵对象		目 标
升降舵		俯仰操纵
方向舵		偏航操纵
前后副气囊空气		俯仰操纵
氦气释放/抛投镇重		净浮力控制
动力推进装置	推力增减	速度
	(多发)推力差动	俯仰/偏航操纵
	推力轴线偏转	速度/俯仰/偏航操纵

图9.6给出了飞艇升降舵操纵示意图,升降舵利用气动力进行操纵,操纵效率与空速的二次方成正比,因而在速度较低时,舵效较低。

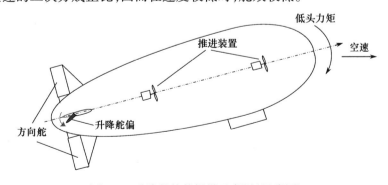

图9.6 升降舵俯仰操纵示意图(见彩图)

图9.7示意通过前后副气囊体的空气充放调整飞艇的质心,进而进行俯仰操纵。这种操纵能力只受风机/阀门的空气流量限制,受空速影响小。

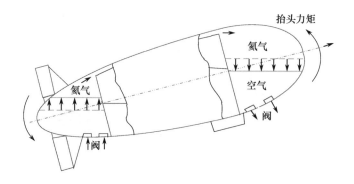

图 9.7　通过(前后副气囊)调整质心进行俯仰操纵示意图(见彩图)

图 9.8 给出了飞艇方向舵操纵示意图,也是利用气动力进行操纵的,操纵效率与升降舵相同。

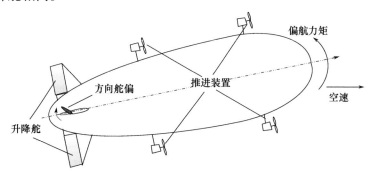

图 9.8　方向舵航向操纵示意图(见彩图)

9.4.2　操纵特性

9.4.2.1　操纵响应快慢

飞艇的体积越大,操纵性越差。某体积平流层飞艇以速度 15m/s 飞行时,方向舵偏 15°,仅获得约 -2°/s 的稳态转弯速度。由图 9.9 可知,随着体积的增大,阶跃方向舵偏产生的偏航角速度,其上升时间、峰值时间都较快地增加。巨大的质量/惯量特性是造成操纵品质降低的主要原因,同样给飞行控制系统的设计带来挑战。

9.4.2.2　静操纵(配平)性能

飞艇的静操纵(配平)手段主要有:升降舵、重心调节、浮力控制及推力矢量。图 9.10 给出了某平流层飞艇(舵面配平)的定直平飞曲线;图 9.11 对升降

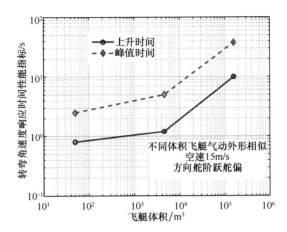

图9.9 不同体积飞艇阶跃方向舵偏的转弯时间响应性能

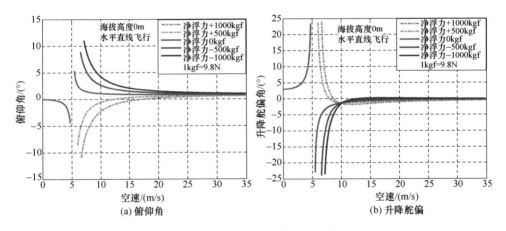

图9.10 飞艇平飞配平曲线(见彩图)

舵操纵和重心操纵进行了比较。

由图9.10可以看出:

(1)飞艇在低速飞行时,舵效较低,飞艇的最小平飞速度一般由升降舵效限定。

(2)由于俯仰气动力矩的静不稳定特性,以及升降舵偏转对气动升力的贡献,要使飞艇处于抬头飞行(净重力状态),升降舵须下偏配平;反之,保持艇低头飞行(净浮力状态),升降舵须上偏。

由图9.11可以看出,在俯仰操纵中:

(1)升降舵效随着飞行速度的降低迅速降低;

(2)通过前后副气囊中的空气调节质心,在低速时则可获得较大的俯仰操纵效能,在速度较大状态俯仰操纵效率只稍有降低。

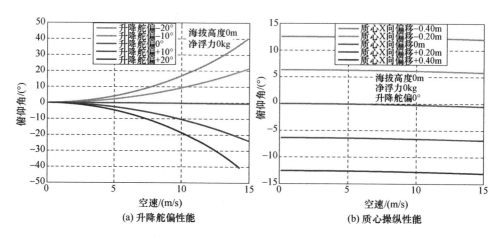

图 9.11　飞艇俯仰配平性能(见彩图)

在平流层飞艇设计中,调整质心是俯仰操纵的一种常用手段。

9.5　飞行性能

9.5.1　飞艇性能计算方法

研究飞机飞行性能时,可把飞机视为一个可操纵的质点,只需建立描述质心运动的力学方程,就可以确定飞机的基本飞行性能及飞行轨迹。由表 9.3 可知,飞艇在操纵效率、操纵方式上与飞机相比存在差异(如采用侧滑转弯等),飞艇的飞行性能(如平飞速度范围、起飞降落、续航、机动)需采用刚体动力学方程才可获得较为准确的计算结果。

表 9.3　飞艇与飞机性能计算方法比较

	飞艇	常规飞机
操纵效率	飞行速度相对较低,舵面操纵效率低。在舵面配平飞行时,最小平飞速度一般由升降舵效率和推力确定	飞行速度较高,舵面操纵效率高。在舵面配平飞行时,最小平飞速度一般由失速迎角和推力确定
转弯方式	侧滑转弯,方向舵偏产生的偏航力矩先使飞艇航向偏转,产生侧滑角后,速度跟随偏转	副翼偏转产生滚转后,升力在水平方向的投影形成向心力,使速度转弯。在性能计算时,可令侧滑角近似为零
结论	飞艇的操纵效率和操纵方式,导致飞艇的力与力矩方程不可近似解耦,性能计算与分析中,力矩方程不可忽略	飞机操纵效率高,操纵方式优良,绕飞机质心的力矩平衡基本不影响力的平衡关系。只需要升阻力气动力就能进行可靠的性能计算与分析

9.5.2 基本飞行性能

9.5.2.1 平飞性能

除气动力、推力外,净浮力、重心位置、副气囊的大小同样是影响飞艇的速度-高度包线的因素。图9.12中给出质心一定、推力轴线固定时,不同净浮力下的飞艇平飞速度性能。有趣的是,净浮力为零的特殊状态,在某一段低速区域,升降舵可能不足以使飞艇保持水平直线飞行。

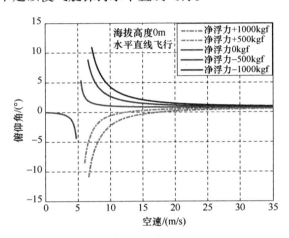

图9.12 平飞俯仰角-速度曲线(见彩图)

9.5.2.2 升降性能

影响平流层飞艇升降速度的因素有:净浮力、质心位置、推力、升降舵偏。平流层飞艇在采用无动力升降过程中,质心位置调节可作为控制升降速度的有效手段。图9.13给出了质心变化对升降性能的影响曲线。其中,质心x坐标采用艇体坐标系,向艇首偏移时,为正;向艇尾偏移时,为负。由图9.13可知:

(1) 净浮力为正时,质心越向后移动,上升速度越快;净浮力为负时,质心越前移动,下降速度越快。

(2) 由于艇首与艇尾的非对称性,导致飞艇在升降过程中产生水平运动速度。

日本平流层SPF飞艇在放飞时,使氦气集中在头部,质心偏向艇尾方向,以较大的俯仰角升空(图9.14),从而减小上升阻力,产生较大的上升速度。另外,美国平流层飞艇"攀登者"在下降过程中,也是通过调整多个气囊中气体的质心,使得飞艇低头,从而获得更快的下降速度。

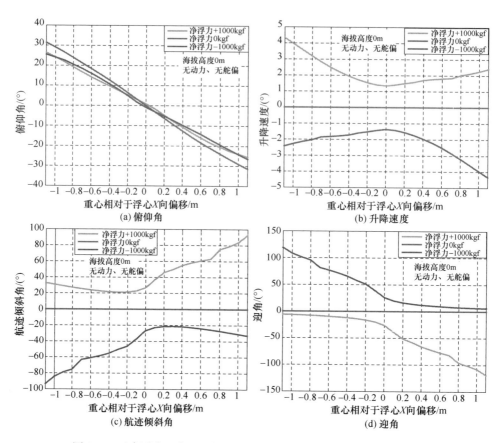

图9.13 （净浮力一定、无动力）质心位置对升降性能的影响（见彩图）

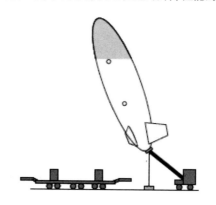

图9.14 日本平流层SPF艇放飞姿态

9.5.2.3 转弯性能

飞艇转弯的手段一般有两种：方向舵或推力矢量。对于大惯量的平流层飞艇,速度较低时,推力矢量转弯效能较高;在速度较快时,方向舵的转弯效能较高。图 9.15 给出了舵偏转弯性能示例。

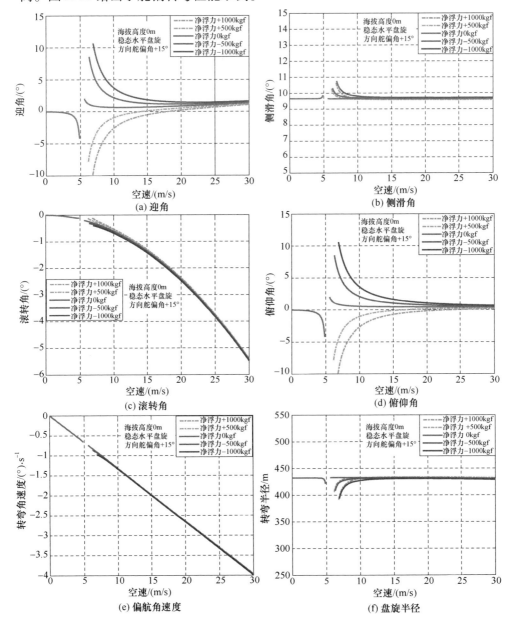

图 9.15 (方向舵操纵)水平盘旋性能(见彩图)

(1) 由图 9.15(b)、(f)可知,侧滑角、转弯半径基本与速度无关。
(2) 如图 9.15(e)所示,转弯角速率基本随着空速线性增加。

(3) 飞艇在侧滑转弯过程中,会产生一定的横滚角,对于体型较大的平流层飞艇,横滚角一般仅为几度。

参考文献

[1]《飞机设计手册》总编委会. 飞机设计手册 第 1 册 常用公式、符号、数表[M]. 北京:航空工业出版社,1996.

[2] 吴森堂,费玉华. 飞行控制系统[M]. 北京:北京航空航天大学出版社,2005.

[3] 肖业伦,金长江. 大气扰动中的飞行原理[M]. 北京:国防工业出版社,1992.

[4] Khoury G A, Gillett J D. Airship Technology[M]. London:Cambridge University Press, 2002.

[5] 王永林. 飞艇横侧向稳定性分析[J]. 沈阳:飞机设计,2012,32(3).

第 10 章
压力调节

平流层飞艇属于微压差的超压浮空器,通过调节囊体内的气体压力让飞艇保持一定的气动外形。飞艇压力调节系统的主要作用是补充或释放飞艇副气囊气体来调节气囊内外压差,另外压力调节系统还具有通过调节前后副气囊空气量来调整艇体姿态的作用[1,2]。

压力调节系统(图 10.1)一般包括压力执行单元、压力控制单元和压力测量单元。压力执行单元由风机、阀门、连通阀等执行件组成,能够执行压力调节的

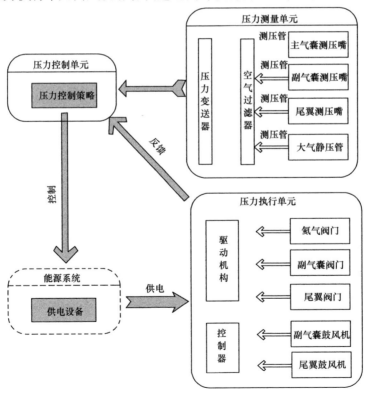

图 10.1　压力调节系统基本工作原理

任务；压力测量单元由测压嘴、测压管、静压管等组成，能够检测各气囊和外界环境压力；压力控制单元主要是根据压力测量单元的检测结果，按照压力控制策略产生动作信号，进而控制压力执行单元的执行件动作来调节各气囊压力。

常规飞艇一般要求飞艇的各囊体压力保持在一定范围内，这个压力的范围与囊体材料特性、飞艇工作高度、风速、温度、密度等有密切关系，可表示为

$$p = f(\sigma_b, H, v_w, T_a, \rho)$$

式中：σ_b 为材料承受的抗拉张力强度，决定气囊的最大工作压力 p_{max}；H 为飞艇工作高度；v_w 为环境风速；T_a 为环境温度；ρ 为环境气体密度；后4个参数决定了气囊的最小工作压力 p_{min}（参见第7章相关内容）。

所以常规飞艇工作压力范围为 (p_{min}, p_{max})，一般选择一个工作压力点，压力调节系统不停地工作，保持飞艇的内外压差在这个压力工作点附近，进而保证飞艇的气动外形。

10.1 压力调节特点

10.1.1 压力调节工作原理

平流层飞艇在地面停留、上升、下降阶段的压力调节工作原理与常规飞艇无异，主要为通过补充或释放副气囊气体来保持内外压差。

平流层飞艇在驻空阶段，通常要求能够在某一风速较小的高度做较长时间的飞行。此时，为保证飞艇的重浮力平衡，在飞艇载其他设备不变、并不采取其他措施的情况下，会要求飞艇内部的气体量也必须保持不变。而在长时间的驻空飞行过程中，随着飞艇内部气体温度的变化，保持气体量不变的方式将导致气体压力的变化，由此要求飞艇及其压力调节系统必须能够应对这种变化。

10.1.2 环境的影响

10.1.2.1 低空气密度的影响

平流层飞艇的工作高度高，环境空气密度低，因此必须考虑低空气密度对风机进气性能的影响。对空气密度影响的分析主要根据风机相似定律[3,4]。

1）相似基准

几何相似基准为

$$\frac{D_f}{D_f'} = \frac{b_f}{b_f'} = \lambda_L \text{（相似尺寸比值）} \qquad (10.1)$$

运动相似基准为

$$\frac{v_r}{v_r'} = \frac{u_f}{u_f'} = \lambda_v \text{（相似速度比值）} \quad (10.2)$$

由于风机的圆周速度 $u_f = \dfrac{\pi D_f n_f}{60}$，代入式（10.2）有

$$\frac{v_r}{v_r'} = \frac{u_f}{u_f'} = \frac{D_f n_f}{D_f' n_f'} = \lambda_L \cdot \lambda_n \text{（相似尺寸比值×转速相似比值）} \quad (10.3)$$

由相似基准可导出流量相似公式、压头相似公式和功耗相似公式。

2）流量相似

流量公式为

$$Q_f = \varepsilon_f \cdot \pi D_f \cdot b_f \cdot v_r \cdot \eta_V \quad (10.4)$$

式中：ε_f 为叶片排挤系数，反映叶片厚度对流道过流面积的遮挡程度；根据几何相似，风机排挤系数为等值；D_f 为出口处叶片中径；b_f 为出口处叶片前盘和后盘之间的轮宽；v_r 为流体的有效分速度；η_V 为容积效率，表示容积损失的大小。

流量相似关系式为

$$\frac{Q_f}{Q_f'} = \frac{\varepsilon_f \cdot \pi D_f \cdot b_f \cdot v_r \cdot \eta_V}{\varepsilon_f' \cdot \pi D_f' \cdot b_f' \cdot v_r' \cdot \eta_V'} = (\lambda_L)^3 \cdot \lambda_n \text{（尺寸比值立方×转速比值）}$$

$$(10.5)$$

3）压头相似

压头公式为

$$p = \rho \cdot u_f \cdot v_r \cdot \eta_h \quad (10.6)$$

式中：η_h 为高度效率。

压头相似关系式为

$$\frac{v_r}{v_r'} = \frac{u_f}{u_f'} = \lambda_v$$

$$\frac{p}{p'} = \frac{\rho \cdot u_f \cdot v_r \cdot \mu_h}{\rho' \cdot u_f' \cdot v_r' \cdot \mu_h'} = \frac{\rho}{\rho'} \lambda_v^2 = \lambda_\rho \cdot \lambda_L^2 \cdot \lambda_n^2$$

（密度比值×尺寸比值平方×转速比值平方） (10.7)

4）功耗相似

功耗公式为

$$E_f = Q_f \cdot p \cdot \eta_m \quad (10.8)$$

式中：η_m 为功耗效率。

功耗相似关系为

$$\frac{E_f}{E_f'} = \frac{Q_f \cdot p \cdot \eta_m}{Q_f' \cdot p' \cdot \eta_m'} = \lambda_\rho \cdot \lambda_L^5 \cdot \lambda_n^3$$

（密度比值×尺寸比值五次方×转速比值立方） (10.9)

根据风机相似定律,风机的功耗与压头减小程度与空气密度成正比,风机的功率也与空气密度成正比。在低空气密度情况下,风机的功耗将减小,风机的压头将减小。

为了满足飞艇在平流层时的内压需求,需选用大压头的风机。例如当设计飞艇在平流层时最小内压为 $5\mathrm{mmH_2O}$①,按空气密度为地面的 1/14 计算,风机在地面时的压头需大于 $70\mathrm{mmH_2O}$。

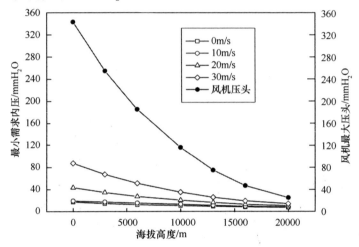

图 10.2　某飞艇在不同高度最小需求内压和风机最大压头对比（见彩图）

10.1.2.2　低环境温度的影响

压力调节系统有电动机构和风机等机电设备,低温对于这些机电设备的使用有一定的影响,将会降低这些机电设备的性能,甚至使其不能工作。

对于电动机等传动器件,低温的影响会使轴承的阻力增加,电动机的无用功耗增大,降低电动机的使用效率。为了降低低温的影响,需要改变电动机轴承的润滑方式,降低轴承的运行阻力。

对于风机、电动机等的控制器件,低温的影响主要是相关控制器件在 -70℃ 环境温度下将难以工作。一般的控制器件能够在 -40℃ 环境温度下正常工作,为了适应更低温度的环境,通常需要将这些控制器单独放置并对其进行环控。

---

① 压力单位毫米水柱：$1\mathrm{mmH_2O} = 9.8\mathrm{Pa}$。

10.1.3 升降过程中能源消耗

压力调节系统是常规型布局平流层飞艇的能耗大户。常规型飞艇在地面系泊、上升、下降及空中驻留阶段均需保持气动外形,因此压力调节系统在整个飞行过程中都需要一直处于工作状态。特别是在下降阶段,平流层20km处空气密度约为海平面的1/14,气压约为海平面的1/18,飞艇从平流层返回到地面的过程中外界气压不断增加、气体密度不断增大,需要风机一直不断地往气囊中吹气,最终补充飞艇13/14体积容量的空气进入气囊;而且出于保形需要,飞艇内部的气体压力始终要高于环境压力;风机在保证流量的同时又必须保证足够的压头,由此造成风机的用电功率极大。一种典型飞艇在下降过程中风机的功耗如图10.3所示。

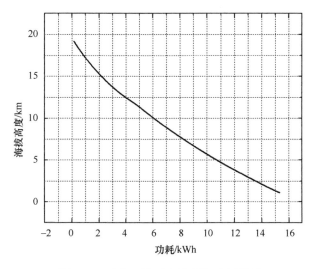

图 10.3 飞艇下降过程中风机功耗统计

平流层飞艇的能量来源主要是太阳能,而目前薄膜结构太阳能电池的效率还比较低,所以为了保证飞艇的能源平衡,要求各系统能够最大程度地提高效率。因此在压力调节系统的设备设计及选型中需要选用效率高的进气风机,在能够满足压头的情况下尽量选用低压头大流量的风机,同时一般要求各风机配备单向阀门,降低风机吹开单向阀所需的能耗。

10.2 流量需求

10.2.1 升降过程中空气流量

飞艇在上升或下降过程中,因为外界空气密度和气压的变化,为了保持气囊内外压差空气囊需要释放或补充空气。由于下降过程中气囊内部气体与外界存在热量交换等影响因素,与飞艇下降速率相匹配的气囊进气量难以准确地量化。因此在计算中需要进行部分简化,假设飞艇在升降过程中不传热,即氦气、气囊、空气、外界相互之间没有热的传递与交换,气囊内外压差保持不变,则气囊体积变化速度(即空气流量)可按式(10.2)计算。

$$Q_f = \frac{0.02766}{T_a} \cdot V \cdot v_z \tag{10.10}$$

由式(10.10)可知,空气流量需求与气囊体积 V、升降速度成正比 v_z,与环境温度 T_a 成反比。所以体积越大的、升降速度越快的飞艇空气流量需求越大,环境温度越低空气流量越大。典型的流量图如10.4所示。

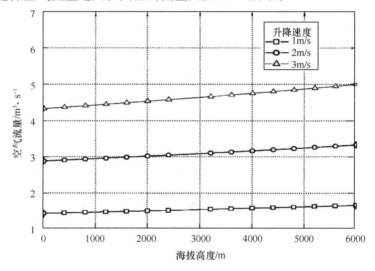

图10.4 不同高度、不同升降速度下空气囊的空气流量(见彩图)

10.2.2 温度变化过程中空气流量

飞艇内部气体的温度随着环境的不断变化而变化:温度升高,内部气体压力增加,需要放出一定量的空气;温度降低,内部气体压力降低,需要补充一定量的空气。因温度变化而导致的空气流量根据式(10.3)进行计算。

$$Q_f = -\frac{V}{T_a}\frac{dT}{dt} \tag{10.11}$$

式中:T_a 为当地温度,dT/dt 为温度变化率,一般可选择5K/h、10K/h、15K/h作为计算点。

比较温度变化过程中的空气流量与升降过程中的空气流量,选取较大者作为空气进排气装置的设计输入数据。一般升降过程中的空气流量大于温度变化的空气流量需求。

10.3 系统设计

10.3.1 阀门设计

飞艇的副气囊一般设计有排气的阀门和进气的风机。排气的阀门数量由飞艇上升过程中的总排气流量需求除以单个阀门的流量能力得到,为了保证系统的安全可靠,阀门通常选择2个以上,所有阀门的流量总和须大于流量需求值。

飞艇的氦气囊也设计有阀门,主要作用是释放多余氦气或用于紧急释放氦气。

飞艇的阀门一般设计为安全阀的结构形式,具有释放超压气体的能力。气囊阀门的结构和电信设计,通常须使阀门满足电控、地面人工遥控及机械自动三种工作方式,既能够在规定的压力范围内安全地密闭,又能确实地开启放气以及在超压状态下自动开启泄压;在特定情况下,可改变阀门的开启高度,以调节阀门的排气量,保证气囊内压始终处于安全、平稳的范围。阀门具体性能应满足下列要求:

(1) 流量要求。满足飞艇最大上升速度各囊体排出气体的需求。
(2) 开启压力。满足飞艇各种条件下囊体保持气动外形需要的气囊内压。

对于氦气阀,还应遵循下列设计原则:

(1) 能防止主气囊的内压超限,快速放出膨胀的氦气。
(2) 需要正常下降或紧急着陆时,可用氦气阀放氦气控制下降速度。

阀门的安装配置应满足飞艇总体的结构布置要求,原则上同样的功能阀门集中安装,氦气阀尽量安装在艇体顶部或侧部,以方便氦气的释放。

10.3.2 风机设计

飞艇的供气方案通常选用轻质高效的轴流风机作为供气源,轴流风机的效率、进气流量、最大工作压差、控制方式和重量是风机选型时需参考的主要技术指标。在设计过程中,风机的数量取决于气囊进气量的大小和安全裕度的选择,通常安全系数取 1.2~1.5 倍。设计时,风机尾部可配置单向阀,当风机不工作时,单向阀可封闭鼓风管,防止漏气。

根据飞艇总的流量需求,调整压力调节执行件(阀门、风机)的数量,满足空气排出和充入速度,覆盖在不同速度升降情况下压力调节的需求,保证飞艇始终能够工作在一定的压力范围,维持住飞艇的气动外形。

10.3.3 压力采集单元设计

压力采集装置应能在飞艇任意工作条件下,及时、准确地采集各气囊内部气体的绝对压力和外界大气静压,并迅速将两者的差压即内压传送至压力控制单元。该装置应能在各种风速、风向等条件下具有连续工作的能力。

压力采集装置的设计应满足下列设计要求:

(1) 采取有效措施,消除因飞艇自身运动扰动而导致的大气静压采集误差,静压测量精度应控制在规定的范围内。

(2) 对于测压管路中的水分和杂质成分,应设置有合适的过滤措施,并保证管路有足够的排污能力。

(3) 管路在维护或拆卸时,应设置有拆卸方便的结构接口。

(4) 压力传感器所能达到的精度、量程和工作稳定性、环境适应性应满足飞艇总体的工作要求,量程通常介于 0~2000Pa,精度不低于 ±0.1% 的满量程。

测压位置的选择应使被测气体尽可能地不受或少受外来气流扰动的影响,并且应确保外来物不会进入或堵塞进气口,同时应防止水分进入压力采集装置;并且静压口的位置和结构还应能防止结冰,以免堵塞进气口。

10.3.4 压力控制策略设计

压力控制策略的设计流程是根据飞艇刚度强度的计算结果,设计压力调节设备在不同高度不同风速条件下的动作门限。

飞艇压力控制策略一般要求有遥控、自控两种模式。对于无通信设备的飞艇要求必须有自控模式。

1) 控制逻辑

在自控模式下,飞艇在地面系留、升空放飞、空中驻空和回收下降等过程中,测压管经由测压嘴与飞艇各气囊连通,并将各气囊内的压力信号送至控制单元,控制单元通过压力采集单元实时监测囊体内气体内压变化。当某一气囊内压力低于风机打开设置门限值时,则控制相应的风机进行鼓气开启,直至压力达到风机关闭设置门限值时,控制风机关闭;当气囊内压力超过阀门开启设置门限值时,控制单元则控制相应的阀门进行打开放气,直至压力达到阀门关闭设置门限值时,控制阀门关闭,同时将阀门的开、合状态反馈给控制单元。

在遥控模式下,地面操作人员根据飞艇飞行状态,手动操作控制各压力调节执行件(风机、阀门)的开关。

2) 艇体阀门、风机动作门限值设定

自控模式下,飞艇控制单元可通过预先设定的控制模式控制阀门、风机的开启或关闭动作,保证飞艇内部各囊体内压维持在正常水平范围内。各气囊阀门、风机的控制门限值主要依据不同飞行条件下可以保证飞艇刚度强度的内外压差进行设定,不同的飞艇需要考虑各自的实际使用情况。

当气囊压力处于自控调节模式时,为保证复杂风场条件下飞艇的压力调节不至于发生紊乱,还应在控制门限变化时增加缓冲区,同时允许压力控制人工干预,以保证飞艇囊体始终工作在安全的压力范围,并避免在风速等条件多变的情况下飞艇的压力控制门限反复变化调整。

参考文献

[1] Khoury G A, Gillett J D. Airship Technology[M]. London: Cambridge University Press, 2002.
[2] 甘晓华,郭颖. 飞艇技术概论[M]. 北京:国防工业出版社,2005.
[3] 毛正孝. 泵与风机[M]. 北京:中国电力出版社,2000.
[4] 续魁昌. 风机手册[M]. 北京:机械工业出版社,1999.

第 11 章 能源与配电

11.1 能源系统

平流层飞艇要实现长时留空,必须能够长时间地提供足够能源以满足动力飞行、设备和任务载荷的用电需求。现有设计中最常用的能源提供方法是采用太阳能电池和储能电池完成昼夜能量循环:夜晚通过储能电池供电,白天通过太阳能电池给设备供电,同时为储能电池充电。根据目前的研制和相关工业水平,太阳能电池、储能电池的重量仍在整个平流层飞艇的系统重量中占有较大的比例。

11.1.1 能源系统构成

平流层飞艇对能源的需求主要用于飞行器飞行动力、有效任务载荷功耗以及有限环控等,该需求随飞行器种类、任务周期、任务载荷类型的变化而不同[1]。

在大气密度较低的条件下,平流层飞艇靠速度升力或浮力飞行驻留,对飞行重量,包括飞行器自重、有效任务载荷重量和能源系统重量,要求近乎苛刻,为了提高有效任务载荷能力,必须最大程度上限制能源系统的重量。因此,要求能源系统在提供必要所需能量的前提下具有最轻重量,即高质量比能量,成为平流层飞艇对能源系统的基本通用要求。

对于飞行时间为 24h 内的短时飞行任务平流层飞艇,可选择以储能电池作为动力来源;飞行时间在 24h 以上的长时平流层飞艇,通常选择以太阳能发电或微波输能技术和储能技术组合能源方案,分别用于周期性的能量获取、储存和释放,因而就进一步涉及太阳能发电或微波输能技术的比功率、效率和储能系统比能量、储能效率等相关的技术指标。较低的能量效率会抵消掉能源系统高比功率和高比能量的技术优势。

对于能源系统而言,供电母线电压的设置取决于飞行器所需传输功率的水平。目前的航天器,所需功率相对平流层飞行器的功率需求较小,在此技术状态下一般采用28V或100V的母线供电体制。而对于大功率(十千瓦量级)、超大功率(几十千瓦量级)用电等级的平流层飞行器系统,为了提高能源效率一般设有多母线电压体制变换,即高压母线(100～1000V)和低压母线(28～100V)分别对应一定功率等级的载荷。高压母线主要用于飞行器的大功耗电力传输,例如飞行器动力、大功率雷达等;低压母线主要用于一般用电设备供电,例如通信、测控、照相等。

平流层飞艇艇载能源供给系统的主要功能是满足飞艇飞行全程设备功率需求,由于飞艇飞行留空时间较长,留空期间需要持续的能量供给,通常采用太阳能电池阵和储能电池组合的能源系统来满足飞艇电源的需求(图11.1)。平流层飞艇的太阳能电池白天除能够为负载提供所需能量外,还要完成对锂离子电池充电;飞艇飞行全程中太阳能电池无法满足供电要求时,锂离子电池组应能满足艇上设备用电需求;应急电源应满足能源系统正常供电故障时,飞艇返回过程中关键设备用电需求;系统能根据负载情况与太阳能电池发电情况,自动协调能源系统为飞艇供电,在保障用电的基础上,充分利用能量。

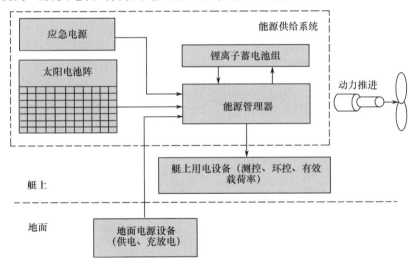

图11.1 飞艇能源系统框图(见彩图)

11.1.2 能源系统设计要素

平流层飞艇的能源系统设计需要从功率需求分析、太阳能电池设计、储能电池设计、能源管理方案设计等方面综合考虑。

功率需求分析是通过对飞艇飞行全程设备功率需求的统计和分析,配置储能电池和太阳能电池数量规模,并通过合理的能源管理方法为全艇的负载用电提供保障。

太阳能电池设计则是根据电池的特性,通过日辐射量的分析,对太阳电池阵功率进行计算,估算太阳电池阵总功率,对太阳能电池阵列进行设计。

储能电池设计是根据飞艇各阶段功率要求,在蓄电池组和太阳电池阵满足整个飞行阶段能源需求的条件下,对电池组容量等参数的设计。

能源管理方案是飞艇在光照期和过夜各阶段,能量的调节、变换、分配、传输过程,并在整个寿命期间内,保障飞艇的不间断、安全、可靠地供电。

11.1.2.1 能源系统总体计算

平流层飞艇能源系统的设计核心思想是合理配置储能电池和太阳能电池数量规模,并通过合理的能源管理方法为全艇的负载用电提供保障,覆盖飞艇飞行全程艇上用电设备的功率需求(图11.2)。

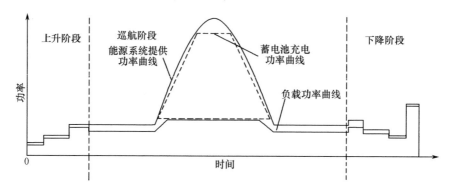

图 11.2　全程覆盖艇上功率需求示意图(见彩图)

因此,在能源系统设计时,首先需要根据负载功率和夜间工作时间配置相应的储能电池,设负载夜间平均功率为 P_{night},夜间工作时长为 t_{night},则所消耗的能量为

$$E_{night} = P_{night} \times t_{night} \tag{11.1}$$

设电池的放电深度为 η_{deep},电池比能量为 ρ_{cell},则所需配置的储能电池重量为

$$m_{cell} = P_{night} \times t_{night} / \eta_{deep} / \rho_{cell} \tag{11.2}$$

再根据白天工作时长 t_{day},负载白天平均功率 P_{day},以及电池平均充电功率 P_{charge},白天所需能量

$$E_{day} = t_{day} \times (P_{day} + P_{charge}) \tag{11.3}$$

太阳的位置可以由太阳方位角 ψ、太阳高度角 γ(或太阳天顶角 θ)确定。飞艇接受太阳辐射能量,入射的太阳光线可分解为垂直分量和水平分量两部分,其

中只有垂直分量的辐射可以被有效吸收,如图11.3所示。

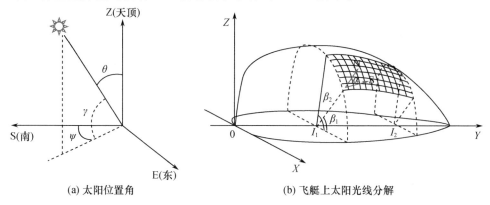

(a) 太阳位置角　　　　(b) 飞艇上太阳光线分解

图11.3　飞艇接受太阳能辐射通量计算示意图(见彩图)

根据日期和经纬度,设当地当天标准日照时间为 t_{stantard} 小时,太阳能电池发电效率为 η_{solar},则单位太阳能电池发电能量为

$$E_{\text{spa}} = 1000 \times \eta_{\text{solar}} \times t_{\text{stantard}} \tag{11.4}$$

进而结合式(11.3),可以计算得太阳能电池阵面积为

$$S_{\text{solar}} = E_{\text{day}}/E_{\text{spa}} \tag{11.5}$$

再根据艇上设备情况和当地太阳能电池辐照情况选择相应的能源管理方式即可。

11.1.2.2　太阳能电池设计

1) 太阳能电池设计

根据能源供给系统的功率要求,设计太阳能电池串、并联片数。太阳能电池的最佳工作电压计算公式为

$$U_{\text{solar}} = [U_{\text{mp}} + \beta_{\text{U}}(T_{\text{solar}} - 25)]K_{\text{solar-E}}K_{\text{solar-A}} \tag{11.6}$$

式中: U_{solar} 为寿命末期太阳电池片电压; U_{mp} 为寿命初期最大功率点太阳电池片电压; β_{U} 为电压温度系数; T_{solar} 为工作温度; $K_{\text{solar-E}}$ 为电压辐照衰降因子; $K_{\text{solar-A}}$ 为电压组合损失因子。

太阳能电池串联片数计算公式为

$$太阳能电池串联数 = \frac{母线电压 + 线路和二极管压降}{单片电池电压} \tag{11.7}$$

太阳能电池并联片数计算公式为

$$太阳能电池并联数 = \frac{供电阵需求电流}{单串电池输出电流} \tag{11.8}$$

2）常用太阳能电池

（1）铜铟镓硒太阳能电池。高效化合物半导体柔性薄膜太阳能电池可以把太阳光能直接转换为电能，给负载供电。该太阳能电池没有运动部件，工作时无振动、无污染、无噪声，是既安静又清洁的电源。由于高效化合物半导体柔性薄膜太阳能电池的重量轻、抗辐射性能好，又具有柔性。因此，它适用于空间（通信卫星、飞船、空间站、微小卫星等）和亚卫星轨道飞行器（平流层飞艇等）、多种地面和军事装备（单兵作战系统电源以及救生装备等），具有良好的需求背景和应用前景。

铜铟镓硒（CIGS）薄膜材料及电池[2-4]自20世纪70年代以来，由于吸收光谱频带宽、高效率、高环境适应性（如抗辐照特性）等特点，一直是欧、美、日等国家发展的重点方向之一。目前实验室制备的玻璃衬底电池光电转换效率已达到20.3%。表11.1列出了国外CIGS的主要进展。

表11.1 国外CIGS薄膜太阳能电池研究进展

研究机构	面积/cm²	衬底材料	效率（%，AM1.5）	时间
德国太阳能与氢能研究中心	0.5	玻璃（SLG）	20.3	2010
美国国家再生能源实验室（NREL）	0.419		19.9	2008
美国国家再生能源实验室	0.4		17.5	2000
日本松下	0.96		17.0	2003
Miasolé	9762	不锈钢（SS）	>11（批产）	2010
			15.7（最高）	
美国环球太阳能公司	3883		11.7（量产）	2009
			15.45（最高）	
日本产业技术综合研究所（AIST）		钛（Ti）	17.4	2008
日本产业技术综合研究所	0.477	陶瓷基材	17.7	2008
瑞士联邦材料科技实验室	0.595	高分子膜	20.4	2013
Solarion公司	400	聚酰亚胺（PI）	10（量产）	2009
美国Ascent solar（组件内联）	429		>11	2009

CIGS太阳能电池经过20多年的迅速发展，已取得了较为辉煌的成就，随着人们对CIGS材料的物理基础、器件构建等各方面的深入研究，CIGS薄膜太阳电池的转换效率和大面积组件的效率将继续得到提高，同时，CIGS薄膜太阳电池的成本将继续降低。CIGS薄膜太阳电池将会是航空及军事领域电池应用的研发重点和发展方向之一。

（2）非晶硅太阳能电池。为实现大幅度降低光伏电池成本的目标，近年来出现的薄膜太阳能电池具有以下优点：①材料具有较高的吸收系数，微米厚度足以吸收绝大部分太阳辐射,大大节省昂贵的半导体材料。②材料制备和电池制作同时完成,工艺简单,可实现大规模生产。③明显降低能耗,缩短能源回收期,且便于使用玻璃、塑料等廉价衬底。④可制备在柔性衬底上,极大提高了质量比功率,在空间飞行器动力电源应用上具有广阔的应用前景。

目前,非晶硅薄膜太阳能电池正在进入显著的技术进步和规模化应用阶段。西班牙巴塞罗那大学的 Villar. F 等在温度低于 150℃ 的条件下利用 HWCVD 方法制备出转换效率为 4.6% 的非晶硅薄膜光电池。日本三菱重工(MHI)制成了世界上面积最大的高效非晶硅薄膜太阳能电池(1.4m×1.1m),其转换效率达到 8%。美国的 HALE-D 平流层飞艇,顶部铺设了柔性非晶硅薄膜太阳能电池为推进系统和载荷提供能源,并为锂离子电池充电。当前非晶硅电池的发展仍需要解决以下问题:①转换效率不高,工程应用中转换效率最高仅 10.1%,低于其类型的太阳能电池。②非晶硅太阳能电池存在光致衰退效应,该效应可以使非晶硅薄膜太阳能电池在开始运作的 6 个月内转换效率 η 减小 30%,填充因子 FF 从 >70% 下降到约为 60%,这是非晶硅电池最大的不足。

虽然非晶硅电池有以上不足,但非晶硅电池和铜铟镓硒太阳能电池被认为是薄膜太阳电池两条主要技术路线。美国能源部和 NASA 也已经把这两种柔性薄膜电池均作为军事领域应用的研发重点和发展方向。

(3)薄晶硅太阳能电池。在硅材料系列的太阳能电池中,单晶硅太阳能电池转换效率最高,技术也最为成熟。而轻质高效晶体硅太阳能电池一般具有 150μm 以下的厚度,与常规的高效晶体硅太阳能电池相比,除了同样具有较高的转换效率外,由于采用了薄化制备技术,可大大节省硅材料的使用,相对于常规高效晶体硅太阳能电池,该类电池使用的硅基材料可节省 30%~50% 以上,同时更兼备了轻、薄的优点,使电池的重量大幅度降低,形成较高的功率质量比性能。

德国研制的大面积高效薄晶硅太阳能电池采用新型 PERC 结构(图 11.4),效率为 23%~24%,电池面积为 250mm×250mm,衬底厚度为 100μm,并准备将厚度进一步减薄到 50μm 以下,计划应用于其最新研究的平流层飞艇。

图 11.4　德国研制的大面积高效薄晶硅电池

目前,在双层多孔硅转移薄膜生长技术的研究和开发应用方面取得重要进展的是美国 Solexel 公司,2012 年 10 月他们在新加坡亚太光伏会议上公布的厚度为 43μm、面积为 156mm×156mm 的薄晶硅电池,效率达到了 20.6%,开路电压达 670mV,短路电流密度达 37.15mA/cm²,硅衬底可以反复使用 100 次以上,从而大幅度降低电池的生产成本。其电池制备流程如图 11.5 所示,美国 Solexel 公司的电池为背结背接触型结构。

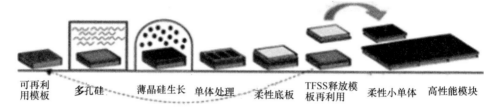

图 11.5　Solexel 公司薄晶硅电池工艺方案(见彩图)

由于目前薄膜太阳能电池的转换效率普遍较低,飞艇应用存在技术瓶颈,新型的高效薄晶硅太阳能电池正在被逐步地论证和采用。薄晶硅太阳电池已经在 Sky Sailor、Solong、Solar Impulse 等多款无人机上得到成功应用。薄晶硅太阳电池在平流层飞艇上应用,可通过合理的单片、组件以及方阵结构、电路设计,并合理布局,实现一定曲率范围内半柔性弯曲,进而解决工程实际应用中碎片率的技术问题,发挥其高效率和低成本的优势,使飞艇发电功率不足的瓶颈得以突破。如美国传感器与结构集成项目(ISIS 项目)已经完成了 200kW 的高薄晶硅太阳能电池的生产,计划应用到高空飞艇项目中作为发电电池,设计满足 ISIS 飞艇项目的需要。

(4) 砷化镓太阳能电池。以砷化镓(GaAs)为代表的 III-V 化合物电池,由于具有较高的转换效率受到人们的普遍重视。GaAs 是典型的 III-V 族化合物半导体材料,其能隙正好为高吸收率太阳光的值,与太阳光谱的匹配较适合做倍率聚光太阳能电池。

砷化镓生产方式和传统的硅晶圆片生产方式大不相同,砷化镓需要采用磊晶(Epitaxy)技术制造。这种磊晶圆片的直径通常为 4~6 英寸①,比硅晶圆片的 12 英寸要小得多。磊晶圆片需要特殊的机台,同时砷化镓原材料成本要高出硅很多,最终导致砷化镓成品 IC 成本比较高。GaAs 砷化镓太阳能电池大多采用液相外延法(LPE)、分子束外延(MBE)或金属有机气象沉淀(MOCVD)技术制备。制备 GaAs 薄膜太阳能电池的方法有晶体生长法、直接拉制法、气相生长法、液相外延法等。由于 Ga 比较稀缺,而 As 有毒,且制造成本又高,所以其发

---

① 长度单位英寸:1inch = 2.54cm。

展受到了限制,不适合于大规模的民用化生产,而多用于空间。目前国际上已将 GaAs 太阳能电池作为航天飞行空间主电源,而且 GaAs 组件所占的比重也在逐渐增加。

国外薄膜 GaAs 太阳能电池代表性产品情况如表 11.2 所列。

表 11.2　国外薄膜 GaAs 太阳能电池代表性产品情况

国外研究机构	技术水平(实验室/量产水平)	是否量产	产品应用情况
Spectorlab	实验室 33%～34%(四结,AM0)	否	已搭载试验
Emcore	实验室 33.6%(四结,AM0)	否	无
Alta Devices	实验室 30.8%(双结,AM1.5),量产 25%(单结,AM1.5)	量产	无人机
Microlink Devices	实验室 29%(三结,AM0),量产 27.1%(三结,AM0)	量产	无人机
Sharp	实验室 30.5%(三结,AM0)	否	已搭载试验

尽管薄膜 GaAs 太阳电池具备最高功率质量比水平,但由于制备流程复杂,技术难度大,且成本相对极为昂贵,要实现大面积高空飞艇应用还有相当距离,但就技术条件而言,随着技术成熟度的不断提高,该类电池具备极大的使用潜力。

(5)几种电池的比较。未来 2020 年铜铟镓硒太阳能电池批量生产组件效率(AM0)将达到 14%,批生产组件重量比功率为 370W/kg,单个组件面积不小于 $0.5m^2$。而柔性 CIGS 薄膜太阳能电池的突破性发展主要集中在设备改良、吸收层材料生长、组件集成工艺三大方面,一方面优化改良核心材料沉积设备,提高 CIGS 吸收层在组分和膜厚方面的均匀性和稳定性;另一方面通过应力匹配、带隙调控、组件集成等工艺优化提高电池及组件效率,从而达到工艺与设备的高度集成。

对于非晶硅太阳能电池,至 2020 年,电池批量生产组件效率(AM0)目标为 12%,批生产组件重量比功率为 320W/kg,单个组件面积不小于 $0.5m^2$。卷对卷薄膜生长设备中的工艺参数对薄膜沉积性能的影响是研究的重点,获得大面积均匀薄膜,改善电池结构提高电池效率,提升批次间产品的一致性是研究目标之一。

针对薄晶硅太阳能电池,未来 5 年,以制备转换效率大于或等于 23%、功率质量比大于 420W/kg,并解决在飞艇上应用的系统性关键技术为目标。其关键难点在于通过技术突破带动超薄晶硅太阳能电池性能提升,在薄晶硅转换效率和柔韧性方面得到进一步提升。

对于砷化镓薄膜太阳能电池,预期五年内其效率能达到28%,质量比功率为2800W/kg。

11.1.2.3 储能电池设计

1) 储能电池设计

储电池组总容量计算公式为

$$电池组容量 = \frac{蓄电池组整个段段供电能量}{蓄电池组放电深度} \quad (11.9)$$

单体电池串联数量计算公式为

$$单体电池串联数 = \frac{母线电压}{单体电池电压} \quad (11.10)$$

电池组并联数量还要复核最大充放电倍率,一般以小于0.2C为宜。

2) 常用储能电池

(1) 锂离子电池。锂离子蓄电池是一种二次电池(充电电池),它主要依靠锂离子在正极和负极之间移动来工作。在充放电过程中,Li^+在两个电极之间往返嵌入和脱嵌:充电时,Li^+从正极脱嵌,经过电解质嵌入负极,负极处于富锂状态;放电时则相反。电池一般采用含有锂元素的材料作为电极,是现代高性能电池的代表。

未来航天飞行器的发展,特别是平流层飞行器,对储能电池的比能量提出了更高的要求,高能量密度电池的使用,可以降低电池在整个飞行器系统中所占重量,大大降低发射成本,增加有效载荷。因此需要在现有的锂离子蓄电池体系基础上进行更高比能量锂离子电池产品的开发来满足未来型号的发展需求。

锂离子蓄电池作为一种20世纪90年代初期发展起来的先进蓄电池,具有高比能量、高电压、良好的低温性能、低的自放电率和无记忆效应等一系列优点[2,5-7],如表11.3所列。锂离子电池的工作电压为镍氢电池、镉镍电池的3倍,铅酸电池的2倍,质量比能量密度为镉镍电池的3倍,氢镍电池的2倍,且循环性能良好。锂离子电池还被认为是新一代混合电动车(HEV)及纯电动车(EV)用动力电源,具有很大的发展空间。为此,美国已将锂离子蓄电池在空间的应用研究列入21世纪新卫星计划之一,并已将锂离子蓄电池应用于"火星计划"中的登陆器和漫游器以及其他空间任务,如将锂离子蓄电池用做地球同步轨道(GEO)和低轨道(LEO)卫星的储能电源。NASA认为航天飞行器储能电源应该遵循镉镍-氢镍-锂离子蓄电池这样一个发展规律。由此不难看出,锂离子蓄电池即将且正在成为空间用第三代高能储能电源。

表 11.3　不同种类储能电源性能比较

电池	工作电压/V	体积比能量/(Wh/L)	质量比能量/(Wh/kg)	循环寿命/次	充电时间/h
锂离子电池	4.2~2.5	300~500	120~180	500~1000	3~4
密封铅酸电池	2.5~1.5	80	20~30	200~500	8~16
镉-镍电池	1.4~1.0	155	30~50	500	2~4
镍氢电池	1.4~1.0	190	70~90	500	2~4

在 2014 年中国电动汽车动力电池运行安全与技术可持续发展国际论坛上，美国 EaglePicher 公司以及 Navitas Systems 公司分别公布了他们研制的新型高比能软包装锂离子电池，两家公司均是采用硅基负极和高容量正极材料，电池比能量可以达到 250~300Wh/kg（图 11.6）。

Navitas 高比能软包装电池单体(2~5Ah)

标称电压	3.6V
最高电压	4.3V
最低截至电压	3.0V
比能量	260~300Wh/kg
能量密度	550~730Wh/L
最大持续电流	额定电流的 1 倍
循环寿命	剩余 80% 容量时 >300 次

图 11.6　Navitas Systems 公司高比能软包装电池基本性能

2016 年初，国外聚合物锂离子电池产品开始大量出现。但是，超高比能量锂离子蓄电池开发尚需解决的技术问题有：①镍钴铝三元正极材料需要解决国产化和安全性问题。②富锂锰基三元正极材料尚无市售商品，还需要解决首次充放电效率低和提高循环稳定性、批量化等技术问题。③高比容量硅碳负极材料需要解决材料循环稳定性、国产批量化等技术问题。④高比能量锂离子蓄电池安全可靠性研究，过充易起火和爆炸的问题等。

针对平流层的典型环境要求，如低温、低气压等，在锂离子蓄电池低温方面的研究有待进一步加强。一方面应从蓄电池本身的性能出发，突破锂离子蓄电池低温下的性能，此外，还需从系统热控的角度出发，优化系统的热设计，形成循环能源系统的综合利用。

（2）锂硫电池。锂硫电池以硫为正极反应物质，以锂为负极。放电时负极反应为锂失去电子变为锂离子，正极反应为硫与锂离子及电子反应生成硫化物，正极和负极反应的电势差即为锂硫电池所提供的放电电压。在外加电压作用下,锂硫电池的正极和负极反应逆向进行,即为充电过程。

锂硫电池的理论比容量高达 2600Wh/kg,实际可实现的比能量大约为 600Wh/Kg,是目前商品化锂离子电池的 2~3 倍,是未来高能二次电池发展的重要方向。此外,单质硫还具有资源丰富、成本低廉、环境友好等优势,使锂硫电池极具应用前景。目前对锂硫电池的研究涵盖了正极材料、电解液、隔膜、负极材料等各个部分。从发表的论文数量上看,研究的热点在正极材料方面。但从应用的角度看,在锂硫电池电解液或隔膜体系的进步显得更为关键[2]。

美国 NASA2010 年提出空间电源的发展路线,如图 11.7 所示,希望在未来 15 年实现二次电池比能量达到 500Wh/kg。

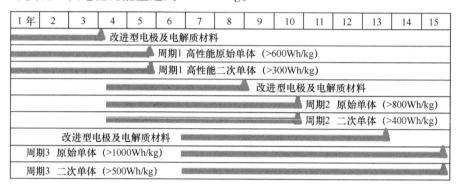

图 11.7　NASA 发展路线图(2010 年)

2014 年,NASA 选出了 4 个用于先进能源存储技术的提案。分别从高安全性、高比能量、长寿命角度发展空间用锂硫电池:①用于高比能系统的硅阳极电池,Amprius 公司提交。②用于航空航天的高能密度长寿命锂-硫电池,加州理工学院提交。③先进高能可再充电锂-硫电池,印第安纳大学提交。④基于安全的石榴石电解质的锂-硫能源存储,马里兰大学提交。先进能源存储技术可作为 NASA 未来空间任务的能源,将是未来深空探测如小行星、火星等任务的关键。这些新能源存储装置的开发将帮助 NASA 未来的无人和载人探索任务。

与国际相比,国内锂硫电池研发据报道单体比能量 320~400Wh/kg,但循环寿命还有待进一步提高。锂硫电池技术的发展还需要切实解决以下问题:①电池的使用寿命问题,单质硫在电解液中的溶解引起"穿梭效应"导致电池寿命的迅速下降。②电池的安全问题,硫、金属锂以及电解液都是易燃物质,金属锂表面形成的枝晶易形成短路引起安全事故。③高稳定性、高电导率以及合适的硫化物溶解电解液的研究。④大容量电池及电池组的设计与安全性。

(3) 可再生燃料电池。燃料电池涉及化学热力学、电化学、电催化、材料科学、电力系统及自控等学科的有关理论。燃料电池具有以下特点:能量转化效率高,直接将燃料的化学能转化为电能,中间不经过燃烧过程,因而不受卡诺循环的限制。燃料电池系统的燃料电能转化效率在45%~60%,而火力发电和核电的效率在30%~40%。此外,燃料电池还具有全负载范围内发电效率高、具有较强的过载能力、燃料来源多样性、发电后排放物大部分是水,对环境无污染等特点。

再生燃料电池(RFC)是在氢氧燃料电池技术的基础上发展而来。它巧妙地将水电解技术与氢氧燃料电池技术相结合,是一套氢气、氧气产生、储存和利用的高效电化学综合反应系统。如图11.8所示,系统白天向阳时,利用太阳能电池给水电解器供电,电解水产生氢和氧储存在气瓶中;在阴影区(黑天),系统中氢氧燃料电池使用储存的氢气和氧气发电,驱动载荷工作,而燃料电池的唯一反应产物水经收集、回收后,又可通过电解水产生氢气和氧气供燃料电池发电使用,并实现"再生"。和蓄电池相比,再生燃料电池具有高比能量和比功率,而且克服了蓄电池的自放电、放电深度及电池容量有限等弱点,因而特别适用于空间及临近空间长期飞行。系统产生的高压 H_2、O_2、H_2O 还可以用于空间站及卫星的姿态控制,以及宇航员的生命保障等。因此,再生燃料电池技术被视为今后"空间可再生能源技术"的重要发展方向之一。

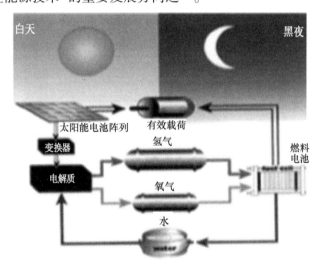

图 11.8 再生型燃料电池系统框图(见彩图)

美国的集成传感器即结构(ISIS)飞艇项目,采用雷达与飞艇结构一体化设计思想(图11.9),极大提高有效载荷承载能力。其能源系统采用再生燃料电池,论证目标比能量大于400Wh/kg。日本JAXA也在大力发展面向飞艇及深恐探测等项目的再生燃料电池技术,据报道可达到或接近450Wh/kg。而国内与国外相比,RFC技术开发在比能量、效率等方面还存在显著差距。

RFC 尤其是 PEM 型低温体系技术,最大挑战是系统闭环效率低,不足 50%,这意味着比锂离电池需要配备多出近一倍有效面积太阳电池。如在平流层飞艇上的应用,无疑会增加对太阳电池安装数量、面积、重量,附带增加安装固定结构和电缆重量以及均衡调节控制挑战,进而抵消 RFC 高比能量的优势。在比能量方面,RFC 是使用氢、氧循环再生存储的技术方案还是仅对氢气循环再生存储方案有待进一步深入研究。通常介质存储及管理部件(储罐、管道、阀门以及结构等)占据 RFC 系统的重量和体积主体(50% 以上),如果平流层飞艇上仅对氢气进行再生存储利用,氧气从平流层大气中获得,那么势必降低 RFC 系统重量。由此 RFC 系统需要增加一套高效率空气压缩装置,从而获得燃料电池发电所需的足够浓度的氧气。而从平流层低气压(5kPa)大气通过空气压缩装置高效提升至 100~200kPa 的空气压力又是一项艰巨的技术挑战。

图 11.9　ISIS 飞艇项目技术状态(见彩图)

面向平流层飞艇应用,再生燃料电池技术的发展还需要在以下方面开展进一步深入细致的工作:RFC 系统优化设计、高效率氢氧介质轻质压力储罐技术、基于系统优化的反应堆技术(燃料电池电堆、高压水电解器、可逆电堆)以及新技术、新概念的原理演示验证。

(4) 几种电池的比较。为了进一步对比不同储能电池之间的优缺点和适用范围,表 11.4 对不同电池的特点作了总结,为不同工作场合下应选用何种电池提供了一定的指导[2]。

表 11.4 不同储能电池比较

类型项目	一次性燃料电池	再生燃料电池	一次性锂电池	锂离子电池组
种类	PEM/H_2-O_2	PEM/分体式	锂亚硫酰氯电池	能量型锂离子电池体系
能量密度	>400Wh/kg	270~350 Wh/kg	400Wh/kg	200Wh/kg
功率密度	<45W/kg	<30W/kg	25W/kg	450W/kg
成熟度	较为成熟	不成熟	较成熟	技术成熟
技术难点	空间环境适应性；高密度储气系统	高压水电解器技术；高密度储气系统；水回收纯化技术	大容量锂亚硫酰氯电池的安全可靠性较差	蓄电池组的长寿命技术；蓄电池组的电源管理与控制
设备复杂度	较复杂	十分复杂	复杂	简单
可维护性	易维护	易维护	可维护	易维护
应用案例	某型无人机地面试验系统	太阳能-再生燃料电池储能	返回式卫星，地雷引信等	便携式电子设备，空间卫星，武器装备，混合动力车等
结论	根据需求设计，比能量可大于400Wh/kg，可作为平流层飞艇主电源使用。但需要针对平流层飞艇使用要求及环境条件对燃料电池能源系统进行特殊设计和环境、力学性能测试研究	作为长航时飞行器储能电源，再生燃料电池优势明显。由于成熟度较低，需作为中、长期技术储备进行预先研制	锂亚硫酰氯电池的能量密度较高，但是其可承受的放电倍率较小，而且安全可靠性较差，目前尚没有高压电池组应用案例	锂离子电池是目前已商业化的二次电池体系中能量密度最高的。而且经过近20年的发展，其制造技术已十分成熟，应用范围正逐渐扩大。400V高压锂离子电池组也已经在混合动力轿车上开始技术验证，有着众多的工程化应用经验可供借鉴。综合各方面来看，在可再生燃料电池的电性能、可靠性和工程化应用成熟度得到大幅提高之前，锂离子电池是平流层飞艇当前储能电源的最佳选择

11.1.2.4　能源管理方案设计

平流层飞艇能源管理系统负责并承担飞艇在光照期和过夜各阶段,对能量的调节、变换、分配、传输和管理工作,并在整个寿命期间内,为飞艇提供不间断、安全、可靠供电的任务。与以往空间飞行器相比,平流层飞艇的工作模式及功率的需求分配比较复杂,具有超大规模、超高功率、多能源综合等特点。在此种情况下,能源管理系统面临太阳能电池最大功率跟踪、联合供电、太阳能电池能量多余等多种工作状态互相切换的复杂工况。而且,由于平流层飞艇对高压、超大功率稳定输出需求,需要对闭环能源系统的拓扑簇、控制策略及控制系统稳定性等方面内容开展深入研究,采用合理的能源管理电路拓扑结构和能源管理策略,达到平流层飞艇能源持续平衡与稳定的管理目的[8]。

自 20 世纪 70 年代以来,在中大型负载功率的航天器能源系统中,采用太阳能电池阵和蓄电池组联合供电体制下的全调节母线的控制方式较多。母线控制方式不一样,相应的母线系统拓扑结构也不一样。目前电源控制方式主要可归纳为 S^3R(顺序开关分流调节器)型功率调节技术、混合型功率调节技术、S^4R 型功率调节技术和 MPPT 型调节技术。

1) S^3R

S^3R 型功率调节技术是 ESA 在 20 世纪 70 年代伴随开关调节技术发展起来的。即在分流域、充电域和放电域三个线性区间内,分别通过对分流调节器、充电控制器和放电控制器进行控制,以实现能源系统母线调节功能。S^3R 型功率调节技术的主要特点是:实现全调节母线控制,可将一次电源母线稳定在要求的设计值上;完全实现真正意义上的模块化设计,可按功率要求,通过模块组合适应新的模块需求;母线滤波器比较小;在任意工作状态时,只有一个模块处于开关状态;非常优异的动态负载响应能力;可采取多级冗余设计从而避免单点失效;设计简单并容易形成批生产;无需复杂的设计备份;热耗低。

S^3R 型功率调节技术设计思想在 1977 年第三届 ESA 空间能源会议上由 Sullivan 和 Weinberg 提出,并引起极大反响。随后 ESA 的 GEO 通信卫星能源系统一般都采用此类调节技术,该项技术直至今天仍在中外航天器上继续使用,其原理框图见图 11.10。

对于需要频繁进行充、放电的 LEO 轨道航天器,S^3R 型功率调节技术存在一定限制。由于其充电控制器和放电控制器均直接与电源母线相连,当遇到低压母线(如 28V)的要求时,蓄电池组的充电电压会受到较大限制,不得不靠减少蓄电池单体数量并扩大蓄电池容量来满足能源系统对电池数目的要求,而蓄电池单体数目的减少和蓄电池容量的增加则会带来充电电流的增大。因此,在进行 LEO 轨道航天器能源系统设计时,需慎重使用 S^3R 型功率调节技术。

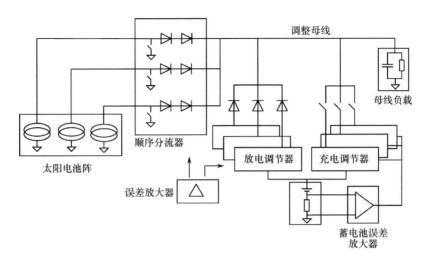

图 11.10 S³R 型功率调节技术原理框图

2）混合型功率调节技术

为可克服 S³R 型功率调节技术的局限性,针对某型产品低母线电压的供电体系和需要频繁进行充放电的特点,ESA 在 20 世纪 80 年代末期研制出混合型功率调节技术。其特点是主误差放大器在分流域和放电域两个线性区间内分别控制分流调节器和控制调节器,减少了控制电路的复杂程度;采用充电阵和供电阵彼此独立的设计技术,通过独立的充电阵对蓄电池组进行充电和控制,实现能源系统母线的全功能调节。混合型功率调节技术的原理框图见图 11.11。该技术的缺点在于充电阵与供电阵相分离,当充电阵满足负载功率需求后,多余的太阳能电池阵功率会被白白分流掉,造成整个系统使用效率的下降。

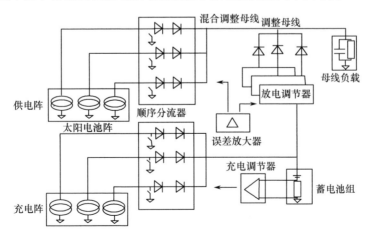

图 11.11 混合型功率调节技术原理框图

3) S^4R

20世纪90年代中期,针对全调节母线在 GEO 轨道和 LEO 轨道航天器使用的特点,ESA 能源系统试验室在全球首先研制成功串联型顺序开关分流调节器 S^4R 型功率调节技术。该技术既克服了 S^3R 型功率调节技术中充电控制器直接连接在母线上所带来的功率损耗和质量过大的缺点(与 S^3R 系统相比,该方案可以减少约30%的质量),又克服了混合型功率调节技术使用独立充电阵效率较低的缺陷,特别是继承了混合型功率调节技术两域控制特点的优势,实现了主误差放大器在分流、充电域和放电域两个线性区间内分别控制分流调节器和放电调节器,减少了控制的复杂程度,较好地满足了 GEO 轨道和 LEO 轨道航天器对能源系统的使用要求。

S^4R 技术的研制,扩展了能源系统的设计和应用领域,推进了控制装置的模块化进程,代表了当今空间能源系统调节技术的发展趋势。S^4R 功率调节系统原理框图见图11.12。

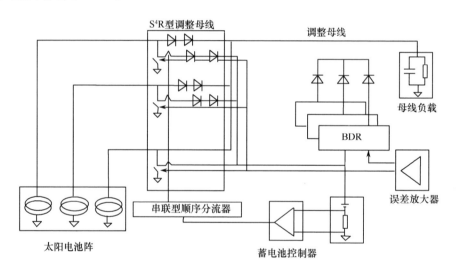

图 11.12　S^4R 功率调节系统原理框图

4) MPPT

光伏发电系统的一个基本特点是太阳能电池阵输出功率受环境影响较大,其输出的峰值功率点经常发生漂移,并且在整个寿命的不同阶段,输出功率的差别也较大。为了在寿命的不同阶段以及各种环境条件下都能充分利用到太阳能电池阵可能输出的最大功率,就应该控制电池阵的输出以使其工作在峰值功率点附近,于是就提出最大功率跟踪(MPPT)这一概念[9,10]。

由于太阳能电池阵列输出特性的非线性特征,在不同的照射强度和温度下其 P-U 特性曲线各不相同,如图 11.13 所示。MPPT 技术可以采用一定的控制算法预测当前工况下阵列可能的最大功率输出,通过改变阻抗情况来使太阳能电池板输出工作在最大功率点上,从而最大化获取太阳能。

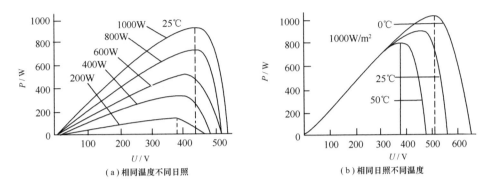

(a) 相同温度不同日照　　　　　(b) 相同日照不同温度

图 11.13　太阳能电池的伏瓦特性

图 11.14 所示为 MPPT 工作原理示意图。图中曲线 I、II 是两种不同光照情况下光伏阵列的 I-U 特性曲线,A、B 分别为情况 I、II 下光伏阵列的最大功率点,负载 1、负载 2 为两个不同负载的特性曲线。假设光伏阵列一开始工作在 I 情况下的最大功率点 A 点,光强减弱使得光伏阵列的输出变化至特性曲线 II,由于负载没有改变,光伏阵列的工作点转移到 A′点。而此时光伏阵列的最大功率点为 B 点,这就需要对其外部电路进行控制使负载特性变为负载曲线 2,实现与光伏器件的功率匹配,从而使光伏阵列输出最大功率。

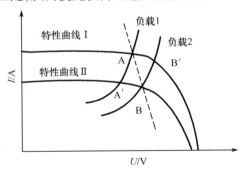

图 11.14　MPPT 原理示意图

由图 11.14 可知,太阳能电池显然存在最大功率点。在最大功率点左边,功率随着电压的增加而增加;在最大功率点右边,功率随着电压的增加而减小。故太阳能电池的 MPPT 可以利用 DC 电路的软负载特性,通过控制光伏电池的端电压,从而改变光伏电池的输出负载以修正光伏电池的输出功率,最终使系统运行于输出功率的最大值点。

11.1.3 微波输能

平流层飞艇在现有的太阳能电池与蓄电池组和供电模式下,存在如下两个无法克服的问题:①需要大面积太阳能电池以提高电功率,因此成本高,并带来由于太阳能电池面积过大之后的使用和维护难度。②夜间需储能电池进行供电,供电时间长,因此储能要求高,重量大,由要求飞艇体积进一步增大,制造和飞行困难增加。在该供电模式下,电能主要用于平台自身维持,任务载荷供电能力低下;同时任务承载能力低下,与平台自身重量相比占比小。

如果采用微波无线输能配合太阳能电池的供电模式,有以下优点:①可实现临近空间飞艇的大功率持续供电,进而实现飞艇长期留空,对飞艇实现战略功能,提升军事价值具有重要作用。②可以从根本上改变平流层飞艇能源系统重量过大的问题,进而大幅度减小平流层飞艇体积,降低临近空间飞艇制造难度、周期和成本。③采用微波输能技术为平流层飞艇供电,可以减少电源系统对平台承载能力的侵占,提高任务载荷承载能力和供电能力,有利于提高飞艇执行任务的效率。

11.1.3.1 微波输能基本原理

无线能量传输是基于功率电子技术、电磁场理论、微波技术、微电子等多学科交叉的新型技术领域,它日益受到世界各国的重视。世界各主要大国都在研究空间无线能量传输技术来进行外太空实验发电。美国、日本、俄罗斯等国对该设想投入了大量的人力和财力,进行了大量的研究,并取得了一定的突破,给无线能量传输技术提供了很好的发展平台。

目前常用的无线能量传输方式主要有四种,近距离常用的有两种:电磁感应方式和磁共振耦合方式;远距离常用的也有两种:微波方式和激光方式。

电磁感应方式的理论基础是法拉第电磁感应定律。电磁感应方式无线能量传输是依据变压器演变而来的,原理较为简单,目前这种方式相对比较成熟,已有不少产品上市,比较多的是手机、数码相机或电动牙刷等生活用品的无线充电器。除了小功率充电器外,电磁感应方式还可用于大功率设备的充电,尤其是随着能源和环境问题的突出,电动汽车的大量推广,使得无线电动汽车充电器也较受关注。激光无线输能技术由于激光自身的特性,并不适合作为飞艇的无线输能手段。

应用于飞艇的微波输能技术则是通过地面站将电能转换为微波能量,经过发射天线将微波能量辐射传递至飞艇上的接收天线,接收天线重新将微波能量转换为电能供飞艇使用。为了将微波能量传递至平流层飞艇,微波必须经过大气层进行传递,因此微波大气传输损耗非常重要,此要求限制了系统频率选择,通常选择 2.45GHz、5.8GHz、35GHz、94GHz、140GHz 和 220GHz 的微波大气窗口以避开水汽和氧气的吸收峰。同时,微波大气传输损耗随频率升高而增加。由于平流层飞艇的微波无线输能要求限制接收系统规模以控制重量,因此必须采用较高的微波频率以实现在有限的接收天线尺寸下保证微波的截获概率。同时较高的微波频率也有利于采用较小的发射天线,有利于采用可机动的地面发射站实现灵活组网和避开降雨区。

11.1.3.2 微波输能飞艇系统

为满足飞艇对能量供给的需求,微波功率发射系统必须向飞艇辐射足够微波能量。由于单只微波功率源输出很大功率的技术难度较高,同时成本很高,并且对发射系统的功率容量要求较高,所以通常采用非相干微波功率合成技术,即多个微波功率发射系统同时向飞艇辐射微波能量,通过合成方法实现大功率的微波无线输能。微波输能飞艇系统如图11.15所示。

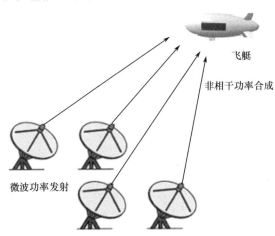

图 11.15　微波输能飞艇系统示意图

基于微波输能的飞艇系统主要包括:飞艇系统、控制系统、微波功率发射系统和微波功率接收系统。

(1) 飞艇系统:用于携带任务设备在空中飞行,利用无线微波输送的能量执行各项飞行任务,同时飞艇系统还应包括地面遥控系统,可方便地从地面遥控飞艇飞行。

(2) 控制系统:用于控制微波功率的发射,跟踪空中飞艇的运动,调整发射天线的方向。

(3) 微波功率发射系统:通过高定向性的微波天线和波束聚焦装置,将微波源产生的高功率微波定向辐射给飞艇。

(4) 微波功率接收系统:通过高接收效率的微带天线阵列,整合二极管整流电路,将地面发射来的微波辐射转换为直流功率,为飞艇提供能量供应。

11.1.3.3　国内外研究现状

微波无线能量传输的概念是由美国 W. C. Brown 在20世纪60年代提出的,在美国空军资助下,W. C. Brown 在 S 波段(2.45GHz)开展了开创性的研究工作。

21世纪以来,美国、欧洲、日本等能源需求大国,开始对基于微波输能技术的空间太阳能卫星计划进行验证、试验和规划。

在过去的20年中,美国主要开展了如下工作:①采用海拔高度为20km 的飞艇上安装反射器,实现相距100km 的地面能量中级转发实验,用于测试微波能量传输。②进行100kW 功率级初级 SPS 平台的实验室验证。③用5-20kW 级别的微波输能技术驱动在月球极地探测的月球车。

在日本,2009年神户大学的先进反向相控阵技术试验验证了无线能量传输高效固态放大器和主动跟踪移动动物体进行无线能量传输;2012年日本京都大学的基于磁控管的相控阵列测试,传输功率1.9kW,微波源效率42.3%,微波—直流效率54%;2013年京都大学的基于半导体相控阵列测试,总功率大于1.6kW。

综合世界微波无线输能技术现状,微波无线输能技术向飞艇平台方向应用发展的趋势总结如下:①采用柔性共形微带天线,天线粘贴在飞艇下腹表面,与飞艇表面共形。②采用新技术、新工艺,提高微波无线输能的效率,降低能量传输过程中的损耗。③采用多个微波功率源同时向飞艇辐射微波能量,在不增加单只微波源输出功率和发射设备功率容量条件下,大幅度提高飞艇接收到的微波功率。④采用相控阵技术,使对飞艇的跟踪指向速度更快,角度更精确。

各个国家对无线能量传输的日益重视,越来越多的国家开始增加此项研究领域。我国空间无线能量传输技术虽然刚刚起步,但在"863"课题以及自然科学基金的支持下,对无线能量传输中的一些关键技术也进行了一些研究工作,微波输能的地面验证也取得了一些成绩。但是,当前阶段的微波输能效率普遍较低,传输距离较短,尚未达到平流层飞艇工程应用水平。然而,由于其独特的重量优势,随着微波输能技术水平的不断提升,为未来解决平流层飞艇能源供给难题提供了一种具有前景的技术手段。

11.2　配电系统

11.2.1　配电系统简介

11.2.1.1　配电系统概念

平流层飞艇配电系统的主要功能是将能源系统的电能传输并分配至艇上用

电设备,同时,还具有保证配电系统出现故障时,防止故障蔓延扩散的控制与保护功能。平流层飞艇配电系统由输电线路、配电设备等组成,配电设备中还设有控制电源和用电设备供电或断电以及控制供电线路切换的功率开关设备,如常规的断路器、接触器或现代的固态功率控制器等[11]。

11.2.1.2 平流层飞艇配电系统特点

对平流层飞艇配电系统的基本要求是可靠性、设备费用、维修性、质量和供电质量,其中可靠性要求最重要。供配电系统中每个电源应能独立于其他电源而工作,一个电源的故障不应使另一电源也失去供电能力,并且每个电源应能自身启动和供电,同时,电源故障不应导致与它连接的用电设备发生故障。

平流层飞艇作为一种高空长航时且尺寸巨大的飞行器,其配电系统具有以下特点:

(1) 在飞艇正常和应急工作状态下,配电系统应具有将电能从电源传输到用电设备的高可靠性,特别要保证用于安全返航设备的连续供电。

(2) 个别电源发生故障或导线断开、短路时,配电系统仍能保持继续工作的能力,并能限制故障的发展,将故障产生的影响限制在最小范围内。

(3) 配电系统应重量轻,由于飞艇尺寸巨大,因此需要尽量采用高电压传输体制,减轻电网质量。

(4) 系统应易于安装、检查、维修和维护方便。

(5) 应采取必要的滤波和屏蔽设施,减少对电子和通信设备的电磁干扰。

11.2.1.3 配电系统新技术

最初的飞艇等平流层飞行器的能源系统仍采用的是以继电器、熔断丝为基础的集中配电方式,但随着飞艇用电设备迅速增加,电源功率不断提高,这种配电方式将不再适应发展需要。目前随着电子、计算机技术的迅猛发展以及多年对飞机配电系统的基础研究工作和技术储备[12],分布式智能配电技术应用于平流层飞行器的技术条件也已基本具备。

计算机技术的发展产生了系统的综合控制与管理,随着电力电子和微电子技术的发展,固态器件取代了传统的机电式、触电式继电器和接触器,这种固态器件可以用计算机进行控制。固态配电方式取消了众多的离散信号控制线,由计算机通过多路传输数据总线传递控制信号和状态信息,固态功率控制器对用电设备进行控制和保护,由地面综合显示装置显示系统状态。固态配电方式的配电系统可采用分布式汇流条配电方案,用电设备就近与配电汇流条相连。它是以计算机为中心,通过多路数据总线和固态或混合式功率控制器构成的新型配电系统。这种固态配电技术是平流层飞艇电气系统实现综合化控制的基础,具有电网重量小、工作可靠、高度自动化等一系列优点,正受到各国重视并逐步应用于平流层飞艇等大型飞行器上。固态配电技术的优点如下:

(1) 电网重量小,配电汇流条设置在用电设备附近,电源至用电设备间的馈电线可取尽量短的路径,并显著减少控制线。

(2) 具有容错供电能力,即供电系统出现故障后仍能向用电设备供电。

(3) 实现了负载自动管理,自动协调电源所能供给的功率和用电设备所需的功率,有效提高了电源利用率,有秩序的加载和卸载,避免了多个大容量负载同时突加和突卸,改善了供电品质,减轻了操控人员的负担,避免了误操作引起的事故,缩短了负载监控时间。

(4) 固态功率控制器具有接通断开负载、实现电路故障保护和提供开关状态信息的功能,保护作用通过直接检测电流来实现,而不是采用热保护方式,改善了保护选择性。

(5) 计算机资源共享,一旦其中一台计算机失效,其工作可由别的计算机分担,保证系统连续运行。

(6) 具有自检测功能,实现地面维护自检和飞行中周期性自检,提高了维修性。

11.2.2 配电模式

平流层飞艇的配电方式可分为集中式、混合式和分散式三种。

11.2.2.1 集中式

集中式配电是将所有的电源和负载接到同一个汇流条上,其主要优点是当单个电源发生故障时,用电设备仍能由其他电源继续供电,操作维护方便;缺点是配电系统质量大,中心配电装置笨重,一旦受到损坏,所有用电设备均断电。

11.2.2.2 混合式

混合式配电是将电源产生的电能都输送到中心配电装置,一般系统的电源汇流条均设置于此装置中,除中心配电装置外,系统还设置了分配电装置,它们安装在飞艇不同位置。各用电设备可分别就近由上述两种配电装置获取电能。一些大功率用电设备,一般由中心配电装置供电。这种配电系统可大大减少导线用量,简化中心配电装置,减轻其重量。但只要中心配电装置遭到破坏,全部用电设备的供电就会立即中断,与集中式配电一样。

11.2.2.3 分散式

分散式配电将电能从各电源传输到各自的中央汇流条(即中央汇流条不止

一个),再从中央汇流条输电给负载汇流条和用电设备比较集中的负载汇流条,为增加供电系统可靠性,各自的中央汇流条可以相互并联。分散式配电方式适用于电路分支多、用电设备连接导线截面较大的场合。

11.2.2.4　双电压直流供电体制

平流层飞艇的供电体制由两方面决定,一方面,平流层飞艇的电能来源是储能电池和太阳能电池,两者发出的都是直流电;另一方面,平流层飞艇尺寸巨大,如果采用低压传输电能则损耗巨大,因此平流层飞艇通常采用高压母线传输体制进行远距离供电。此外,考虑到通信、控制等设备的供电普遍采用 28VDC 供电体制,因此平流层飞艇通常采用高低压结合的双电压直流供电体制。其中,高压供电电路主要用于主电源传输以及大功率设备,如电动机等的电力传输,低压供电电路主要用于小功率设备,如飞控、通信设备的电力传输。采用此供电体制的另一个好处是,可以在给飞控、通信设备供电的低压传输电路上设置应急电源,保证关键负载的供电。

11.2.3　负载统计与分析

电气负载和电源容量分析是平流层飞艇电气系统设计中不可缺少的重要环节。能源系统应满足全艇用电设备的容量要求。能源系统的容量是否合适,将影响到电气系统运行的可靠性和经济性。因此,在电气系统的方案设计阶段,就必须进行电气负载和电源容量分析,即对影响电源容量的各种因素及其影响程度进行分析,确定能源系统在艇载条件下实际具有的供电能力。分析所有用电设备在各种工作状态下的供电要求,并综合供电与用电两者的供求情况,实现电源容量和电气负载的合理配置。同时亦可通过电气负载和电源容量分析,对已有的能源系统进行供配电的校核。

电气系统指从发电、配电到用电的整个电网,凡是与电网相连接的,需要电网供电的设备均可视为电气系统的一部分。但是用电设备按其功能又分别属于各相应的系统,如动力系统、环控系统和压力调节系统等。因此,在进行电气负载分析和电源容量分析时,对用电设备仅考虑其对供电系统的要求和影响。电气系统按独立电源和电源种类可以分解为若干子系统,并把该类电源的配电网路、汇流条连同由这些汇流条供电的用电设备一起,作为一个独立的电气系统。因此,在进行电气负载和电源容量分析时,应按各个独立的电气系统或各类电源及其负载分别进行系统分析。

电气负载分析的内容是将各个独立的电气系统或各类电源所供电的那些负载,按照其在飞艇飞行各个阶段的用电情况进行统计计算,以确定该系统在各飞行阶段的用电要求。

电源分析的内容是针对各个独立的电源,分析在飞艇飞行的各个阶段,各种因素对电源容量的影响,计算出相应的电源实际供电能力。电源容量通常是指电源的额定功率,即在额定工作条件下,电源保证供电指标不超出规定范围的供电能力。由于使用条件相对额定工作条件的偏离,实际的供电能力并不等于额定容量,所以必须对额定容量进行修正。

在电气负载分析和电源分析的基础上,将两者在同一工作阶段同一区间进行比较,从而确定电源容量对其负载用电的满足程度和富余程度,即电源容量分析。

11.2.3.1 负载统计

1) 电气负载的分类

为合理配置汇流条和确定负载分析的内容,应按用电设备的电气负载性质进行分类。

(1) 电动机类:电动机一般为交流异步电动机和直流电动机。电动机的启动电流通常是其稳态额定电流的 5 倍以上,当电动机的容量相对电源容量而言足够大时,应进行启动状态的分析。

(2) 加温类:电加温的用电设备多为电阻性负载。

(3) 照明类:各种照明及信号灯具,包括航行灯、防撞灯等机外照明以及设备舱照明等。

(4) 电子类:电子类负载随着无线电技术和电子器件的发展在飞行器上应用得越来越多。飞行控制等重要电子系统通常要求多余度供电和不间断供电。

(5) 控制类:包括继电器、指示器和指示灯等,这类负载通常不超过全艇总用电负载的 5%。

配电设计必须按照用电设备的重要性及其供电要求安排不同等级的汇流条,因此在进行负载统计时应明确各用电设备的重要性等级。通常可分为下列三类:

(1) 非重要负载:在电源出现故障、供电不足时,不影响安全飞行的、可以临时卸载的那些负载,如加温设备等。

(2) 重要负载:完成正常飞行任务所需要的用电设备。艇上大部分用电设备属于此类负载。

(3) 应急负载:保证飞艇安全返航或就近着陆(包括维持可操纵飞行)所必需的最低限度的用电设备。通常由应急汇流条对这些应急负载供电。

另外,用电设备的工作方式直接影响到对电源容量的要求,因此,在进行负载分析时必须按下述规定进行分类:

(1) 连续工作负载:用电设备通电工作时间较长,能够达到稳定温升的状态,称为连续工作。在进行负载分析时,一般把工作时间长于5min的负载定义为连续工作负载。

（2）短时工作负载:用电设备通电工作时间较短,不足以达到稳定温升的状态,称为短时工作。在进行负载分析时,把工作时间大于0.005min而小于或等于5min的负载定义为短时工作负载。

（3）重复短时工作

当用电设备工作时多次接通和断开,而每次接通时间和两次接通之间的间隔时间都不足以达到稳定温升或完全冷却,这种工作状态称为重复短时工作。在进行负载分析时,只考虑接通工作的时间。

2）电气负载统计的主要内容

（1）用电设备的名称、型号或成品号；

（2）制造厂商的名称或代码；

（3）用于飞艇上的哪个系统,全机数量及同时工作的数量；

（4）额定电压、频率、相数、功率因数、额定功率、额定电流以及配用的电路保护装置；

（5）（断路器或熔断器的）型号规格及所属的图号、引出馈电线的线号；

（6）在飞艇各工作状态下的工作方式及相应的输入功率变化；

（7）特殊供电要求,如不间断供电、供电可靠度、余度供电等；

（8）动态特性,如启动曲线、最大启动电流、启动时间等。

3）统计数据的来源

（1）通常由主管飞艇各用电设备（或系统）的专业部门提供所用的用电设备的工作情况和供电要求；

（2）各用电系统和用电设备的技术资料；

（3）用电设备铭牌上的额定数据；

（4）通过试验或计算取得用电设备的用电情况；

（5）在初步统计时,若某些用电设备暂时无法通过上述途径获得所需数据,则通常采用与同类用电设备类比的方法,初步估算所需的数据；但随着主机和附件的研制进展,最终应以用电设备制造厂提供的准确数据为依据,进行最后的负载分析和电源容量分析。

4）负载统计的阶段性

在研制过程中,电气负载的统计通常要分阶段进行。最初一轮的统计由于数据不全或不准确,往往只能用于初步分析。随着工作的深入,各系统的设计逐步确定后,用电设备的用电要求才能逐步明确。配电设计需进行反复平衡调整,方能保证负载分配的均衡性和供电安全性,因此相应地要进行多次负载统计,直到配电设计确定后,负载统计才随之确定。

11.2.3.2 负载分析

在进行负载分析时,应首先确定以哪一级汇流条为基础进行分析,并在分析报告中加以说明。通常先以最末级汇流条为基本单位进行负载统计、汇总、分析;然后向上逐级合并折算到主汇流条,最终分析各能源系统的容量及其负载要求。

在负载统计的基础上按汇流条逐级进行负载分析,即对由独立能源系统供电的所有电气负载按照飞艇所定义的各个工作状态和规定的时间区间进行计算和累加,得出由各汇流条及独立电源供电的所有用电设备的总用电量及其变化情况,并和电源的供电能力相比较。负载分析包括稳态分析和瞬态分析。稳态分析借助于汇流条负载表进行;瞬态分析则是用瞬态曲线完成。此外还需进行若干专项分析,如艇载蓄电池的充、放电分析,发动机电启动的启动分析,地面电源的供电分析等。

1) 阶段划分

飞艇用电设备的负载情况通常随工作状态的不同而改变。因此,在进行负载分析时要明确划分和定义飞艇的各个工作状态,以便按这些工作状态来逐项分析用电设备的供电要求。根据飞机的电气负载和电源容量分析,结合飞艇飞行特点,将飞艇工作状态主要分为以下 8 个阶段:G1 地面维护、G2 启动和预热、G3 滑行、G4 起飞和上升、G5 巡航、G6 下降、G7 着陆、G8 应急。

(1) G1 地面维护:地面维护是指由艇上或艇外的电源供电进行地面维护、检查或测试时,用电设备所处的工作状态。在此期间,应对所有用电设备进行分析,并且要考虑所有可能同时工作的各组负载的最大功率。

(2) G2 启动和预热:从准备启动发动机到开始滑行这段期间飞艇的工作状态。如果在例行飞行之前,某些设备有延长或缩短预热的特殊要求,则要增加一个"设备预热"阶段,并在分析报告中加以说明。如果发动机采用电启动,则要单独进行发动机的电启动分析,以确定启动机的用电要求。但是对只用地面电源启动的情况,在对艇上电源分析时,则不再列入启动机负载。

(3) G3 滑行:滑行是指从飞艇靠其自身动力开始移动起到准备进入起飞滑跑为止;或者着陆时,从着陆滑跑结束起到发动机关车为止这一阶段电气系统所处的工作状态。

(4) G4 起飞和上升:从飞艇起飞滑跑开始到进入平飞和巡航为止所处的工作状态。

(5) G5 巡航:飞艇在到达指定高度,水平飞行期间所处的工作状态。

(6) G6 下降:从飞艇平飞和巡航转入下降开始到进入着陆前的工作状态。

(7) G7 着陆:从飞艇进入着陆进场开始到完成着陆滑跑为止所处的状态。

(8) G8 应急:在电气负载和电源容量分析中所指的应急状态是指主电源全部失效时用应急电源供电的状态,应急供电状态可以在上述飞艇的各工作状态中出现。在应急状态,必须保证应急用电负载的供电,以确保飞艇安全飞行,并应急着陆。在负载分析中,应急负载应列入应急状态栏并按应急电源的负载要求进行分析。

应该注意的是,上述状态要求的划分不是绝对的,实际分析时应根据具体情况合理地划分。如有必要可增加各种故障(发动机故障、发电动机故障、二次电源故障等)状态的分析。

2) 分析方法

(1) 对非连续工作负载的分析。用电设备的工作时间小于负载分析表所规定的时间区间,即非连续工作的负载,其平均负载要求应折算到相应的标准时间区间。对交流用电设备,用平均有功功率(p)和平均无功功率(q)表示。交流平均值计算公式为

$$交流平均功率(p,q) = \frac{单个设备用电 \times 同时工作的设备数 \times 工作时间}{时间区间}$$

(11.11)

(2) 对连续工作负载的分析。用电设备工作时间超过 5min 则视为连续工作负载。如果在工作期间内负载要求无变化,则将每个设备的负载要求乘以同时工作的设备数,即为连续工作的平均负载。

如果用电设备在连续工作区间的负载要求是变化的,则以任何 5min 区间平均负载的最大值作为连续工作的平均负载要求值。

在平均负载栏里填写的负载要求是只考虑稳态工作的要求。至于启动状态或冲击电流状态则在瞬态分析中考虑。

(3) 时间区间。对每种工作状态均应按下述三种时间区间进行分析:

① 5s 分析,凡持续时间大于 0.005min 的用电设备均应进行 5s 分析。

② 5min 分析,凡持续时间大于 5s 的用电设备均应进行 5min 析。

③ 连续分析,凡持续时间大于 5min 的用电设备均应进行连续分析。

上述时间区间是与能源系统的容量相协调的。连续分析是与能源系统的连续额定容量相对应的,5min 分析与 5s 分析则是与电源的短时过载能力相对应的。5s 分析与能源系统的 2 倍过载能力相对应,5min 分析则与能源系统的 1.5 倍过载能力相对应。对于 1.5 倍过载时间达不到 5min 的能源系统,可考虑在技术条件中规定两种容量,即长期连续工作的容量和过载时降低了的额定容量。

(4) 直流负载计算。直流用电设备的直流负载要求应按照上述的三种时间区间分别进行计算,然后填入直流负载分析表中。

3) 瞬态分析

飞艇中的惯性负载,如电动机等,启动时其瞬态电流远大于额定电流,通常电动机的启动电流可达 4~7 倍额定电流。如果此类负载的容量较大,或有几台电动机同时启动,则启动电流对电网造成的冲击就很大。由于电流大,产生的线路压降也很大,将造成电网电压很大的波动,从而影响其他用电设备的正常工作,因此进行瞬态分析是十分必要的。

有关标准规定,如果负载的瞬态峰值超过任何一台发电动机额定容量的20%,则要求电动机制造厂提供完整的启动曲线以便进行瞬态分析。瞬态分析就是将所有应考虑的瞬态负载与稳态负载要求叠加,合并成一条负载随时间变化的曲线,然后将此曲线与所分析状态下的能源系统的 5s 修正容量进行比较,确定电源能否承受瞬态负载的冲击。一般对从瞬态开始到 0.02s 范围内的瞬态功率不作考虑,故通常对灯类负载的接通瞬态冲击通常不进行分析。

对于故障或应急时切换汇流条或成组负载而引起的瞬态,在负载分析和电源容量分析中可不考虑。但如果订购方有特殊要求,则需在各系统的分析中对此加以说明。

对于电动机和其他惯性负载的启动分析可以通过计算峰值系数来进行。峰值系数计算公式为

$$A = \frac{1.1(B - C + D)}{E} \qquad (11.12)$$

式中:A 为峰值系数;B 为在所分析的状态下,5s 区间的系统平均功率要求;C 为在此分析的工作状态下,最大设备或若干同时启动的设备在 5s 分析区间的平均功率要求;D 为上述设备的启动峰值要求;E 为所分析的电源的 5s 区间修正容量。

在一般情况下,为防止系统工作不正常,峰值系数必须小于 1。

4) 蓄电池分析

(1) 统计由蓄电池供电的各用电设备所需功率(P_i)和工作时间(t_i)(i 表示第 i 个设备),并计算出所需的电流(I_i)(通常机载蓄电池平均供电电压为 24V)。

(2) 计算由蓄电池供电的用电设备在蓄电池供电时间内的总安时数为

$$Q_P = \sum_{i=1}^{n} I_i t_i \qquad (11.13)$$

(3) 根据蓄电池的主要功用确定蓄电池的总放电工作时间(t_P),计算在(t_P)时间内的平均放电电流(I_{CP})为

$$I_{CP} = \frac{Q_P}{t_P} \qquad (11.14)$$

(4) 各种航空蓄电池在常温情况下的放电容量和放电电流关系由蓄电池专用技术条件提供,在分析时应考虑艇载环境温度对蓄电池放电电流的影响。

(5) 根据平均放电电流(I_{CP}),从放电电流和放电容量关系曲线中查出该蓄电池在所计算的放电电流 I_{CP} 时可以输出的安时容量 Q_m。

(6) 蓄电池在常温工作时一般应满足 $Q_P \leqslant (0.75 \sim 0.8) Q_m$。

(7) 长期在低温下使用的蓄电池,应考虑配置自动加温设备,以防止低温下蓄电池容量的急剧减小。

5) 地面供电分析

飞艇在地面使用外部电源对艇载用电设备供电的工作状态称地面供电。对地面供电状态应单独进行负载分析。

外部电源的功用是在地面对发动机进行启动,或在起降场对飞艇供电,提供地面装载和预热状态机载用电设备的用电,或在维护飞艇时,对艇载设备进行通电检查。做容量分析时首先对地面供电状态的用电设备进行负载分析。外部电源的容量应能满足地面供电时负载分析的供电要求。

11.2.3.3 电源分析

电源分析就是针对 5s、5min 和连续三种工作状态分别计算出电源额定容量修正系数和电源修正容量,并从负载分析表中查出相应的时间区间的负载要求,将两者进行比较。

1) 5s 分析

(1) 计算 5s 区间额定容量,即单台电源 5s 额定容量乘以并联运行的台数。

(2) 计算 5s 电源修正容量,即 5s 区间额定容量乘以 5s 综合修正系数的积。

(3) 从负载分析表中查取 5s 负载要求。

(4) 计算 5s 容量裕度,一次电源容量裕度计算公式为

$$H_p = \frac{(J_p - E_{Lp})}{J_p} \times 100\% \tag{11.15}$$

式中:H_p 为一次能源系统的容量裕度;J_p 为一次能源系统的修正容量;E_{Lp} 为一次能源系统的负载,包括对二次能源系统的供电。

二次电源容量裕度计算公式如下:

$$H_s = \frac{(J_s - E_{Ls})}{J_s} \times 100\% \tag{11.16}$$

式中:H_s 为二次能源系统容量裕度;J_s 为二次能源系统修正容量;E_{Ls} 为二次能源系统的负载。

2) 5min 分析和连续分析

参照 5s 分析步骤进行 5min 分析和连续分析,应注意的是 5min 分析与连续

分析的容量修正系数必须考虑冷却条件,确定合适的冷却修正系数。

11.2.3.4 分析结论

以有关标准或专用技术规范对系统容量裕度的最低规定值作为衡量标准,在电气负载和电源容量分析的报告上,根据分析的结果最终应给出该电气系统各电源的容量在飞艇各种工作状态下是否足够的结论。

一般主电源和二次电源连续供电的容量裕度要求为33%～50%。应急能源系统(交流和直流)的容量裕度要求一般为10%以上。

本章所述的分析方法是符合有关标准规定的,但在具体执行中还应注意以下事项:

(1) 数据的准确性将影响到分析结论的可信程度。

(2) 每当配电设计中配电方案有所调整或负载、电源等设备参数有所变动时,就必须重新进行相应的分析,因此分析不是一次完成的,往往要反复多次。

(3) 分析方法的可选择性。任何系统分析均是以现有系统为前提,其目的是通过分析揭示系统的固有特性。因此分析的方法不是唯一的,各种分析方法各有所长,使用者应根据所分析系统的特点,适当地选取有效、便捷的分析方法,灵活加以应用。

(4) 应适当确定分析结果的评判准则,分析的结果表明了系统的容量裕度及所对应的飞艇工作状态,至于这一结果是否能满足该艇的各种工作状态的供电量和供电可靠性的要求,还必须依据该飞艇的有关技术规范作出适当的结论。

参考文献

[1] Khoury G A, Gillett J D. Airship Technology [M]. London: Cambridge University Press, 2002.

[2] 武伟,倪勇. 平流层飞艇储能电池研究现状[J]. 浮空器研究,2015,9(3):1-7.

[3] 张秀清,李艳红,张超. 太阳能电池研究进展[J]. 中国材料进展,2014,33(7):436-441.

[4] 闫礼,乔在祥.柔性铜铟镓硒薄膜太阳电池[J]. 电源技术,2011,35(8):1016-1018.

[5] Nitta N, Wu F X, Lee J T, et al. Li-Ion Battery Materials:Present and Future[J]. Materials Today, 2015, 18(5):252-264.

[6] 曹金亮,张春光,陈修强等. 锂聚合物电池的发展、应用及前景[J]. 电源技术,2014,38(1):168-169,188.

[7] Pan N. Epitaxial Lift-off of Large-Area GaAs Multi-Junction Solar Cells For High Efficiency Clean and Portable Energy Power Generation[C]. Kuala Lumpur,Malaysia:IEEE International-al Conference on Semiconductor Electronics, 2014:347-349.

[8] 李国欣. 航天器能源系统技术概论[M]. 北京:中国宇航出版社, 2008.

[9] 谢建. 太阳能光伏发电工程实用技术[M]. 北京:化学工业出版社,2010.
[10] 倪勇. 平流层飞艇太阳能电池 MPPT 控制系统研究[C]. 长沙:可再生能源国际会议,2013.
[11] 沈颂华. 航空航天器供电系统[M]. 北京:北京航空航天大学出版社,2005.
[12]《飞机设计手册》总编委会. 飞机设计手册 第16册 电气系统设计[M]. 北京:航空工业出版社,1999.

第 12 章 雷达载荷

12.1 概述

随着目标隐身技术、综合电子干扰技术、超低空突防和反辐射导弹技术这"四大威胁"的迅猛发展,我国的预警能力面临重要挑战。平流层飞艇装载预警雷达和光学探测设备构成平流层预警探测系统,可扩展雷达视距、提高雷达覆盖范围和对低空、超低空目标的探测能力,在时间、空间上填补卫星和预警飞机留下的预警空白区,与卫星、预警飞机等一起组成全方位、全天候的预警探测系统,远距离探测、跟踪来袭的各类目标,查明其航向、航速等情况,并进行目标识别,在预警防空反导作战中发挥重要的作用。

平流层飞艇载雷达体积大、能耗低、载重有限的特点需要采用薄膜有源阵列天线体制。薄膜结构将给相控阵天线带来革命性的变化,其技术相对于目前常用的片式有源阵列天线具有更轻的重量。围绕薄膜有源阵列天线的研究,需要在薄膜阵面、T/R 组件、柔性馈电网络、展开机构等多个方面进行技术攻关,必将对相控阵天线技术的发展起重要的推进作用[1]。

在薄膜阵列天线实现的具体技术研究方面,美国喷气动力实验室围绕这一项目已开展十余年的工作,目前积累了较多的技术基础,技术处于领先地位。

雷达载荷主要由超大规模共形有源相控阵天线、收发分系统、信号处理分系统、阵面形变监测与校正分系统、供配电分系统,以及波束调度、时序控制、监控、惯导、定位授时等设备组成。

12.2 雷达设计

由于平流层飞艇平台的能源和载重能力非常有限,预警雷达载荷必须具有轻型、低能耗的特点,为了同时满足雷达高数据率和大作用距离的要求,雷达天线需要采用大型、低辐射功率、低质量面密度的有源相控阵天线。对于艇载有源天线系统,主要有以下三种实现方案:

（1）全模拟相控阵体制,其优点:设备量小,成本低。缺点:由波束射频网络形成,损耗大,多波束灵活性差;阵面不可重构,网络固定、可扩展性差;抗干扰自由度固定,需要抗干扰辅助通道。

（2）全数字有源相控阵体制,即每个单元对应一个数字收发通道,其优点:阵面可重构性强、扩展性好;信号动态范围大;自由度多(单元级),抗干扰能力强;全数字形成,多波束灵活性好,可有效提高系统时间资源利用;无馈线网络,仅有本振、时钟、校准分配网络,系统损耗小。缺点:现有数字化器件功耗相对较大,对于极低发射功率雷达系统来讲,对系统效率影响较大。

（3）子阵级数字有源相控阵体制,即单元级加模拟移相器、子阵级数字波束形成。其优点:阵面重构可在子阵级实现,便于方位波束覆盖;子阵波束数字形成,子阵级多波束灵活性较好;子阵波束内的抗干扰自由度较多;数字接收机和DBF设备量有所减少;子阵内有馈线网络,子阵间有本振、时钟、校准分配网络。缺点:由于子阵栅瓣的因素,同时多波束的角度覆盖范围有限,但对以后更大天线规模的平流层飞艇预警探测系统中该限制影响较小。

综合考虑平流层预警探测飞艇系统重量、结构复杂性、功耗及总体性能指标等因素,艇载有源天线宜采用子阵级数字有源相控阵体制。

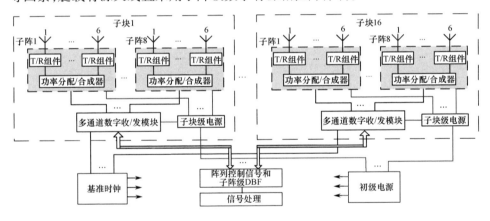

图 12.1　子阵级数字有源相控阵天馈系统基本构成框图(见彩图)

子阵级数字有源相控阵天馈系统基本构成框图如图 12.1 所示,其组成主要包括 T/R 组件、功率分配/合成器、多通道数字收发模块、子阵级 DBF、各级电源、基准时钟等。

天线阵面可采用 UHF 波段和 X 波段共孔径设计。

轻质天线面板共口径的方式主要有:两个频带的天线都采用缝隙天线的形式(参考 ISIS 天线面板[2-4]);X 波段采用微带贴片天线,P 波段采用微带振子。这两种共口径的形式见图 12.2 和表 12.1。

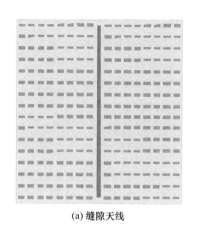
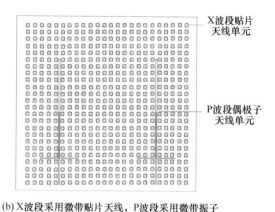

(a) 缝隙天线　　　　　(b) X波段采用微带贴片天线，P波段采用微带振子

图12.2　两种共口径方式的比较（见彩图）

表12.1　两种共口径方式的比较列表

方式	缝隙天线共口径（采用折纸方式）	X波段采用微带贴片天线 P波段采用微带振子
重量	容易做到轻量化的设计	轻量化设计较难
双波段影响	影响小	影响较大
可维修性	较好	较差
有源集成	容易做到有源集成	馈电网络复杂，天线单元不易于T/R组件集成，电磁兼容设计难度大。

从上面的比较可以看出，采用缝隙天线共口径的方式更适应于轻质天线面板的应用。

UHF波段雷达子阵数字化形式如图12.3所示。X波段数字子阵包含4个数字化通道，每个数字化通道对应1个模拟子阵，每个模拟子阵包含2×2共4个天线面板及1个四路射频功率分配/合成器，如图12.4所示。

阵面形变监测与校正分系统由分布在飞艇外部气囊上的UHF波段和X波段浮动信标单元以及安装在吊舱刚性基座上位置关系固定的信标单元组成；信标单元包括独立的天线单元和数字化接收和发射机，并通过光缆与信号处理分系统完成数据和信号传输。

供配电分系统由初级配电动机柜、二级配电盒、三级变配电模块和面板级DC/DC电源模块组成。

任务管理分系统包括任务剖面管理、时间能量资源管理、波束调度管理、工作时序产生、通信及外设管理，同时完成对Ⅲ型询问机/二次雷达的任务管理及波束调度、雷达通信处理、雷达情报信息上报和雷达外设管理等。

监控主要完成雷达整机控制、状态监视、雷达各分系统状态信息和环境信息

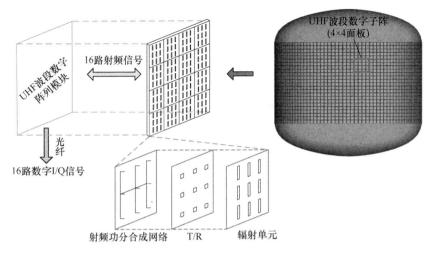

图 12.3 UHF 波段雷达子阵数字化形式（见彩图）

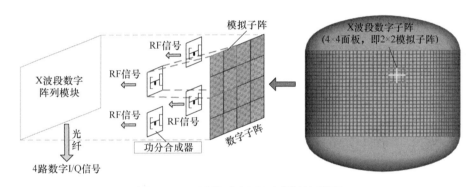

图 12.4 X 波段雷达原理框图（见彩图）

采集处理、机内测试设备（BITE）控制等工作。

惯性导航可以提供平流层飞艇的运动姿态信息，包括飞艇的位置、飞行速度、横滚角、俯仰角以及飞行的航向等。

定位授时通过 GPS 或者北斗全球定位系统提供飞艇的位置以及为整机提供工作的基本时钟。

空中所有设备均放在飞艇主气囊内部，其中薄膜有源相控阵天线可安装在艇内设置一个任务气囊侧壁上（整体形式参见 4.2.4.2 节布局），其余部分可安置在任务舱内。

地面部分称为地面信息处理中心，包括显控系统（含显示、监控、情报综合等）、数据处理系统、通信设备和电源等，设有雷达控制、系统管理、任务监控、数据库管理等席位。空中与地面两部分通过无线通信的上行与下行的信号与数据链来构成一个空地结合、自动控制与人工操作相结合的系统。

12.3 关 键 技 术

1) 雷达载荷与飞艇一体化总体设计(图 12.5)技术

对于平流层预警探测飞艇系统,通过吊舱搭载载荷的方式无法满足巨大的天线孔径安装需求,因此必须考虑采取新的设计理念和思路,将雷达载荷与飞艇平台进行一体化设计,使得系统综合性能最大化。一体化总体设计至关重要,在整个系统研制过程中起着牵头和抓总的作用。一体化设计所带来的问题和挑战很多,需重点考虑一体化载荷对飞艇平台总体参数(重量、重心、气体体积变化等)的影响,艇体内部雷达载荷天线阵面结构安装形式,载荷大跨度柔性膜结构刚度和强度特性,艇体内部复杂热环境对飞艇性能的影响,内部氦气囊与空气囊布置方式,内置载荷电信接口、全系统兼容和适配性等多个问题,是一个涉及多个学科、多个领域的综合优化设计技术。

2) 大型轻量化天线与囊体共形复合技术

天线阵面与飞艇囊体材料间存在膨胀系数差异,对如此大面积的天线阵面,在温差、压差变化的环境下,需要保证艇体内气囊合理的圆柱外形和刚性结构特性(在承受各种压载情况下仍能保持囊体张紧)。为此除了需要在理论上作深入探索外,还必须辅以性能试验,得出刚度系数与囊体尺寸变化、压差变化的规律。此外,为保证天线圆柱曲面精度基本不受环境影响,需实现特殊环境下的超大型轻质天线与圆柱形囊体的共形复合,实现轻质天线与囊体在复杂环境下的高可靠连接,这些都是研究的重点和难点问题。

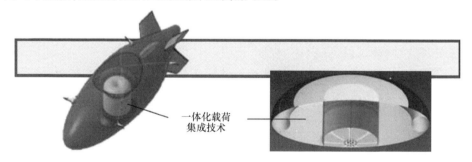

图 12.5 雷达载荷与飞艇平台一体化设计(见彩图)

3) 一体化热环境分析技术

飞艇平台和雷达任务载荷在平流层环境长期工作,较低的环境气体密度使得对流换热效果很弱,作为大尺寸、大功率设备,雷达天线阵列的自身散热问题将比其在地面海拔高度时更加关键;与此同时,由于一体化设计的需求,雷达载荷与飞艇内部气体密切接触,雷达载荷的散热必将会提高飞艇内部气体的温度,而内部气体的温度特性又将在一定程上影响飞艇的飞行性能,因此,雷达载荷与飞艇内部气体之间的热量传递与相互影响也是一体化设计中必须解决的关键问题。在实际研制过程中,必须采用有效的模拟手段分析各个海拔高度下、特别是平流层环境中飞艇内部气体的温度场和雷达载荷表面的温度分布,同时开展相应的地面验证试验。

4) 轻量化薄膜有源阵列天线技术

由前面分析知道,平流层预警探测飞艇系统天线阵面巨大,常规的天线阵面整体成型与集成方式已无法满足需要,因此,采用基于天线面板的模块化设计思想,提高了天线可制造性、可维修性和可靠性。采用模块化设计以后,天线设计的重点将主要集中在天线面板的设计上。

(1) 天线面板单元形式的选择

在未来平流层预警探测飞艇系统中主要采用轻量化薄膜共口径天线形式,为了保证技术发展的延续性,目前 UHF 波段的天线必须为 X 波段的天线留下空间,以保证共口径的可能性。

(2) 天线面板组成结构

天线面板内部集成了天线单元、馈线、有源 T/R 组件、连接器以及相应的电源和控制信号线。天线面板设计的重点是减轻重量,降低制造工艺难度和提高可靠性。在天线减重方面采取的主要措施:①利用安装天线面板的任务气囊的表面作为天线反射板,有效降低天线面板厚度和重量。②面板内所有射频和控制信号线均采用薄膜图案刻蚀方式,实现减重。③天线面板支撑结构设计采用轻质复合材料和减重设计方式,在满足面板刚强度条件下有效减重。

5) 高效低功率 T/R 模块技术(图 12.6)

平流层预警探测飞艇系统天线孔径大,有源通道数多,由于受到平台载荷功率限制,平均到单个模块功率非常低,这种情况有别于传统大功率应用,降低 T/R 模块接收通道功耗,提高模块功率效率附加值和集成度,减小体积和重量是 T/R 模块设计需要考虑的重点。

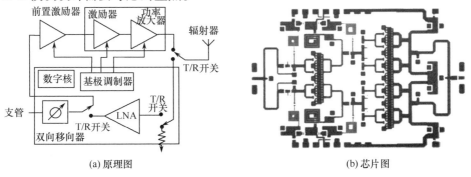

图 12.6 微波集成单片

T/R 组件需要完成发射和接收两个主要功能,因此 T/R 组件中主要包含发射通道、接收通道、驱动控制、电源调制等 4 个部分组成。发射通道主要完成射频激励信号的放大,并输出至馈线网络;接收通道将天线接收的回波信号放大,并保证较低的噪声系数,同时又要满足接收机的幅度要求;模块的收发开关切换及相位、衰减的控制由驱动控制部分完成,T/R 组件主要实现的功能如下。

(1) 发射通道:实现高输出功率的指标要求,并实现相位可调。

(2) 接收通道:由限幅电路与低噪声放大电路组成信号放大,并实现相位可调。

(3) 相位控制:由外部发指令给驱动控制器,并由其控制内部器件,实现模块相位控制。

(4) 电源调制:模块的发射电源和接收电源调制在模块内部实现,能实现整个系统状态的发射脉冲工作、接收脉冲工作、接收连续波工作等状态控制。

6) 柔性天线阵面形变感知与动态补偿技术(图 12.7)

飞艇通常通过向囊体内部充入氦气保持自身形状,其结构形状随周围风场、囊体内部气体压力、外界温度等因素的变化而产生一定量的变化。由于雷达天线与飞艇囊体结构集成在一起,飞艇自身的形变不可避免地将对天线阵面的形状造成影响。通常,相控阵天线主要是通过调整各收发通道幅度和相位,补偿各单元空间波程差,来实现空间波束合成与扫描功能。天线阵面形状的变化将改变个天线单元的空间相对位置,从而影响相控阵天线的波束合成能力和扫描特性,甚至导致系统无法正常工作。为确保正常工作,雷达天线需采用形变感知技术,实时监测阵面形状,同时将形变信息传送至计算机,通过对阵面形变的建模分析,计算出形变而引起的相位变化量,并完成实时补偿。

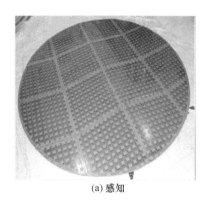 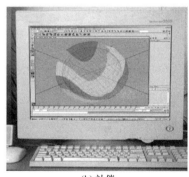

(a) 感知　　　　　　　　　　　(b) 补偿

图 12.7　天线阵面形变感知与补偿(见彩图)

参考文献

[1] 曹锐,吴曼青,阎跃鹏,等. 传感器即结构件关键技术及研究进展[J]. 雷达科学与技术,2011,9(6).

[2] Clark T, Jaska E. Million Element ISIS Array[C]. Waltham:IEEE International Symposium on Phased Array Systems and Technology,2010.

[3] Williams R B, Maxhimer K M, Brennan T et al. Design of Radar Panel Mounting Hardware for ISIS Radar Antenna[C]. Boston:54th AIAA/ASME/ASCE/AHS/ASC Structures Structural Dynamics, and Materials Conference,AIAA, 2013.

[4] Watthews W. Toward a 10-Year Airship, DARPA's ISIS Project Heads for 400-Foot Phototype UAV[N]. Defence News, 2009-03-11.

主要符号表

A, Y, N	体轴系下气动力:轴向力,侧力,法向力
A_{bottom}	尾翼根弦的投影面积
A_c	对流换热面积
A_D	吊舱表面积
A_r	雷达接收孔径面积
A_R	辐射器散热面积
A_{wall}	尾翼侧板的根弦截面面积
B	飞艇总浮力
B_{net}	净浮力
b_f	风机叶片前盘和后盘之间的轮宽
C_A, C_Y, C_N	体轴系下轴向力系数,侧力系数,法向力系数
C_D, C_L	阻力系数,升力系数
C_{envelope}	飞艇蒙皮热容
C_F, C_M	无量纲气动力系数,无量纲气动力矩系数
$C_{\text{he}}, C_{\text{air}}$	氦气、空气相对分子质量
C_l, C_m, C_n	体轴系下滚转力矩、俯仰力矩、偏航力矩系数
$C_{l\beta}, C_{m\alpha}, C_{n\beta}$	横滚、俯仰、航向静稳定性导数
$C_{l\bar{p}}$	滚转阻尼导数
C_p, C_v	定压比热、定容比热
C_{power}	功率系数
$C_{Y\beta}$	侧向力导数
c_{lp}	滚转力矩系数对无量纲滚转角速度的导数
c_{lr}	滚转力矩系数对无量纲偏航角速度的导数
c_{Lq}	升力系数对无量纲俯仰角速度的导数
c_{mq}	俯仰力矩系数对无量纲俯仰角速度的导数

c_{Yr}	侧力系数对无量纲偏航角速度的导数
D_a	飞艇外气囊最大直径
D_f	风机出口处叶片中径
D_p	螺旋桨直径
D_S	单个脉冲检测力因子
E	流体单元总能量
E_{cell}	储能电池能量
E_{day}	飞艇白天能量需求
E_f	风机能耗
E_{Lp}, E_{Ls}	一次、二次能源系统的负载
E_{m-in}	高空动力电动机输入能耗
E_{night}	飞艇夜晚能量需求
E_{solar}	太阳能电池能量
E_{spa}	单位太阳能电池发电能量
e	流体单元内能
F_d	阻力
F_p	轴向压缩力
F_n	噪声系数
F_A, M_{RA}	气动力,气动力矩
F_B, M_{RB}	空气浮力,浮力矩
F_G, M_{RG}	重力,重力矩
F_I, M_{RI}	附加惯性力,附加惯性力矩
F_T, M_{RT}	作用于飞艇的推力,推力矩
f	长细比
G	飞艇总重力
Gr	格拉晓夫数
g	重力加速度
H	高度(几何高度,海拔高速)
$\overline{H}$	位势高度
$H_{airship}$	飞艇升空高度
H_p, H_s	一次、二次能源系统的容量裕度
H_{target}	目标升空高度

H_U	突风梯度长度
h	对流换热系数
h_{in}	内表面对流换热系数
h_{out}	外表面对流换热系数
h_r	外表面辐射换热系数
I	惯性矩
I_D	地面某一平面的太阳直射辐射强度
I_{dH}	水平面太阳散射辐射强度
I_{ga}	地面等效长波辐射强度
I_i, I_{CP}	设备电流,蓄电池平均放电电流
$I_{R,H}$	海拔高度 H 处的地面反射太阳辐射强度
I_{SH}	水平面反射辐射强度
I_{SUN}	大气层外边界太阳辐射强度
J_p, J_s	一次、二次能源系统的修正容量
$K_{ballonet}$	副气囊考虑连接结构质量的系数
K_{cell}	储能电池工作系数
K_{cool}	冷却设备质量系数
K_{engine}	电动机质量系数
$K_{envelope}$	主气囊考虑连接结构质量的系数
K_{heat}	加热设备质量系数
K_{Li}	与长度尺度相关的质量系数
K_{mi}	艇上操控、电气、通信等设备安装结构的质量系数
K_{pi}	艇上操控、电气、通信等设备质量系数
$K_{pressure\_in}$	进气设备质量系数
$K_{pressure\_out}$	放气设备质量系数
$K_{propeller}$	螺旋桨质量系数
K_{solar}	太阳能电池工作系数
$K_{solar-E}$	太阳能电池电压辐照衰降因子
$K_{solar-A}$	太阳能电池电压组合损失因子
K_{tail}	尾翼考虑连接结构质量的系数
k	流体介质导热系数
k_{11}	物体沿体轴系 X 方向加速平动引起的轴向附加惯量

k_{22}	物体沿体轴系 Y 方向加速平动引起的侧向附加惯量
k_{33}	物体沿体轴系 Z 方向加速平动引起的法向附加惯量
k_{44}	物体绕体轴系 X 轴加速转动引起的滚转附加惯量
k_{55}	物体绕体轴系 Y 轴加速转动引起的俯仰附加惯量
k_{66}	物体绕体轴系 Z 轴加速转动引起的偏航附加惯量
k_a, k_b	飞艇轴向、横向惯性系数
k_c	飞艇质量分布系数
k_m	芒克(Munk)动力系数
$\bar{L}, \bar{M}, \bar{N}$	体轴系下气动力矩:滚转力矩,俯仰矩力,偏航力矩,常规气动力矩与附加惯性力矩的合力矩
L_a	飞艇长度
L_{ba}	气流坐标系 S_a 到艇体坐标系 S_b 的转换矩阵
L_{bg}	地面坐标系 S_g 到艇体坐标系 S_b 的转换矩阵
L_{bt}	推力轴线到艇体坐标系 S_b 的转换矩阵
L_{ref}	参考长度
L_{SE}	系统损耗
L_{m-opt}	飞艇高空最远飞行距离
L_{tail}	尾翼压力中心到艇体浮心距离
l	特征长度
M, M_{max}	弯矩,最大弯矩
$M_{dynamic}$	飞艇动力弯矩
M_{FAA}	按 FAA 经验公式得出的整体弯矩
M_S	系统余量
M_{static}	飞艇静力弯矩
M_{t0}	电动机额定转矩
m	质量(重量)
m_{air}	副气囊中空气质量
$m_{airship}$	装备完善的飞艇系统质量
$m_{ballast}$	配重
$m_{ballonet}$	副气囊质量
m_{cabin}	吊舱质量
m_{cell}	储能电池质量

m_{empty}	飞艇空重
m_{engine}	电动机质量
$m_{envelope}$	主气囊质量
m_{equip}	艇上其他设备质量
$m_{equipment\_in}$	吊舱内部装载其他设备的质量
m_{he}	氦气质量
m_{hull}	飞艇囊体质量
m_{mi}	艇上操控、电气、通信等设备安装结构的质量
m_{oil}	油量
$m_{payload}$	任务载量
$m_{pressure}$	压力调节设备质量
$m_{propeller}$	螺旋桨质量
m_{solar}	太阳能电池质量
$m_{structure}$	艇上其他结构质量
m_{tail}	尾翼质量
$m_{temperature}$	热控设备质量
m_{thrust}	动力设备质量
m_{total}	飞艇总质量
Nu	努塞尔数
n_f	风机转速
n_s	转速每秒
n_{safe}	安全系数
n_{t0}	电动机额定转速
n_{tail}	尾翼数量
P_{AV}	雷达平均功率
P_{charge}	飞艇储能电池平均充电功率
P_{cool_max}	飞艇环控最大冷却功率
P_{day}	飞艇白天平均工作功率
P_{heat_max}	飞艇环控最大加热功率
P_i	飞艇各用电设备功率
P_{night}	飞艇夜晚平均工作功率
P_{pi}	飞艇操纵、电气、通信等各设备工作功率

P_{p-ref}	飞艇螺旋桨参考功率
P_t, P_{t-need}	飞艇动力功率、需用功率
Pr	普朗特数
p	压力
$\bar{p}, \bar{q}, \bar{r}$	无量纲滚、俯仰角、偏航角速度
p_0	静压力
p_a	大气压力
p_A, q_A, r_A	相对于气流的三轴角速度
p_b, q_b, r_b	三轴角速度
p_{max}, p_{min}	最大压力、最小压力
Q	换热量
Q_a	通过其他途径吸收的热量
Q_{ci}	飞艇蒙皮与内部气体之间的对流换热
Q_{co}	飞艇蒙皮与外部大气之间的对流换热
Q_d	飞艇蒙皮上吸收的天空散射辐射
Q_{DN}	飞艇蒙皮上吸收的直射太阳辐射
Q_{eR}	辐射器吸收的外热流
Q_f	压力调节设备流量
Q_{f-in}, Q_{f-out}	压力调节设备进气、放气流量
Q_g	飞艇蒙皮上吸收的地面反射辐射
$Q_{IRa \to g}$	飞艇蒙皮与地面的长波发射
$Q_{IRa \to s}$	飞艇蒙皮与大气的长波辐射
Q_L	通过冷板吸收的设备发热量的总和
Q_m	蓄电池供电安时容量
Q_P	蓄电池供电总安时容量
Q_r	飞艇蒙皮内部的长波辐射
q_D	吊舱内部与外界环境热交换速率
R_0	地球半径
R_{air}	空气气体常数
$\boldsymbol{R}_B$	浮心坐标矢量
$\boldsymbol{R}_G$	质心坐标矢量
R_{max}	主气囊最大截面半径

R_s	视距范围
Ra	瑞利数
Re	雷诺数
r_c	飞艇质心轴向位置处的半径
r_{tail}	尾翼侧板环向曲率半径
$S_a - o_a x_a y_a z_a$	气流坐标系
$S_b - o_b x_b y_b z_b$	艇体坐标系
$S_g - o_g x_g y_g z_g$	地面坐标系
$S_{ballonet}$	副气囊的表面积
$S_{envelope}$	主气囊的表面积
S_{RCS}	目标截面积
S_{ref}	参考面积
S_{solar}	太阳能电池阵面积
S_{tail}	尾翼的表面积
T	温度，气体温度
T_0	温度常数
T_a	大气温度
T_{aim}	吊舱内部目标控制温度
T_c	特征温度
$T_{envelope}$	飞艇蒙皮温度
T_p, T_{p-ref}	螺旋桨拉力、参考拉力
T_R	辐射器表面平均温度
T_s	天空当量辐射温度
T_{solar}	太阳电池工作温度
T_w	固体壁面温度
T_∞	自由流体温度
t	时间
t_{day}	白天时长
t_{night}	夜晚时长
t_p	蓄电池总放电工作时间
t_s	空域搜索时间
$t_{stantard}$	标准日照时间

U	电压
U_m	突风速度
U_{mp}	寿命初期最大功率点太阳电池片电压
U_{solar}	太阳电池片电压
U_∞	空气来流速度
u_f	风机圆周速度
$\boldsymbol{u}_A, \boldsymbol{v}_A, \boldsymbol{w}_A$	空速矢量三轴量
$\boldsymbol{u}_K, \boldsymbol{v}_K, \boldsymbol{w}_K$	地速矢量三轴量,可简化为 u, v, w
V	体积
$\boldsymbol{V}_A$	空速矢量
$\boldsymbol{V}_K$	地速矢量
V_{vol}	飞艇体积
v	空速
v_B	对应最大突风强度的设计空速
v_c	飞艇速度
v_{design}	设计空速
v_H	设计最大平飞速度
v_r	流体有效分速度
v_w	环境风速
v_z	升降速度
W_0	最大设计平衡重量
W_l	最大着陆重量
W_{sh}	最大静态重量
W_t	最大起飞重量
α, β	迎角,侧滑角
$\dot{\alpha}, \dot{\beta}$	无量纲迎角变化率,无量纲侧滑角变化率
α_T, β_T	发动机推力的偏置角
β_U	太阳电池电压温度系数
ΔB_{net}	净浮力变化量
Δp	差压
ΔT	壁面与流体之间温差
ΔT_{cp}	仪器与冷板间温差

ΔV_{he}	氦气体积变化量
δ_D	吊舱壁面厚度
δ_E, δ_R	升降舵偏转角,方向舵偏转角
δ_s	囊体、尾翼材料厚度
δ_T	发动机油门
ε_f	风机叶片排挤系数
ε_g	地面长波辐射发射率
ε_R	辐射器散热面长波辐射发射率
ε_s	天空长波辐射发射率
η_{cell}	储能电池的充电效率
η_{engine}	电动机的功率效率
η_G	天线增益效率
η_h	高度效率
η_m	风机功耗效率
$\eta_{propeller-D}$	螺旋桨推力效率
$\eta_{propeller-P}$	螺旋桨功率效率
η_{solar}	太阳能电池发电效率
η_T	搜索占用时间比例
η_{tran}	传动系统效率
η_V	容积效率
λ_D	隔热材料导热系数
λ_L	风机相似尺寸比值
λ_n	风机转速相似比值
λ_P	进速比
λ_{tail}	尾翼面积系数
λ_v	风机相似速度比值
μ	动力黏性系数
v	运动黏性系数
ρ	密度
ρ_a	环境大气密度
ρ_{air}	副气囊中空气密度
$\rho_{ballonet}$	气囊材料的面密度

ρ_{cell}	储能电池能量密度
$\rho_{envelope}$	气囊材料的面密度
ρ_{he}	氦气密度
ρ_{solar}	太阳能电池能量密度
ρ_{tail}	气囊材料的面密度
σ	Stefan–Boltzmann 常数 $(5.67\times10^{-8}\mathrm{W/(m^2\cdot K^4)})$
σ_b	材料拉伸极限强度
σ_{round}	飞艇蒙皮的周向张力
σ_H^P	尾翼内部超压引起的环向张力
σ_Y^P	尾翼内部超压引起的展向张力
σ_Y^L	尾翼外载荷引起的展向张力
σ_Z^P	尾翼隔板中由内压引起的隔板张力
τ_A	气溶胶透过系数
τ_{atm}	反射面处的总的直射透过率
$\tau_{atm,H}$	接受面处的总的直射透过率
τ_e	地面长波辐射透过率
τ_R	干洁(理想)大气透过系数
τ_M	混合气体透过系数
τ_O	臭氧透过系数
τ_W	水汽透过系数
ϕ,θ,ψ	滚转角,俯仰角,偏航角
Ψ,γ,θ	太阳方位角,高度角,天顶角
$\boldsymbol{\omega}$	角速度矢量
$\boldsymbol{\omega}_A$	相对于气流的角速度矢量
Ω_s	搜索空域

缩略语

ALD	Atomic Layer Deposition	原子层沉积
AM	Air Mass	大气质量
AWACS	Airborne Warning and Control System	机载预警和控制系统
BITE	Built-in Test Equipment	机内测试设备
CBD	Chemical Bath Deposition	化学水浴法
CFD	Computational Fluid Dynamics	计算流体动力学
CIGS	$CuIn_xGa_{(1-x)}Se_2$	多晶铜铟镓硒
DBF	Digital Beam Forming	数字波束形成
DC/DC	Direct Current/ Direct Current	直流/直流转换
ESA	European Space Agency	欧洲航天局
EV	Electric Vehicle	纯电动车
FAA	Federal Aviation Administration	美国联邦航天局
GEO	Geostationary Earth Orbit	地球同步轨道
HAA	High Altitude Airship	高空飞艇
HALE	High Altitude Long Endurance	高空长航时
HALE-D	High Altitude Long Endurance-Demonstrator	高空长航时演示验证艇
HEV	Hybrid Electric Vehicle	混合电动车
HWCVD	Hot Wire Assisted Chemical Vapor Deposition	热丝辅助化学汽相淀积
IBC	Bifacial Interdigitated Back-contact	双面指叉背接触
ILGAR	IonLayer Gas Reaction	离子层气相反应法
ISIS	Integrated Sensor Is Structure	传感器结构一体化

JPL	Jet Propulsion Laboratory	美国喷气动力实验室
JAXA	Japan Aerospace Exploration Agency	日本宇航研究开发机构
JSTARS	Joint Surveillance Target Attack Radar System	联合监视目标攻击雷达系统
LEMV	Long Endurance Multi-intelligence Vehicle	长航时多情报飞艇
LEO	Low Earth Orbit	低轨道
LPE	Liquid Phase Epitaxy	外延法
LTCC	Low Temperature Co-fired Ceramic	低温共烧陶瓷技术
MBE	Molecular Beam Epitaxy	分子束外延
MCM	Multi-chip Module	多芯片组件
MFR	Multi-frame Reference	多参考系
MHI	Mitsubishi Heavy Industries	三菱重工
MIT	Massachusetts Institute of Technology	麻省理工学院
MOCVD	Metal-organic Vapor Phase	金属有机气象沉淀
MPPT	Maximum Power Point Tracking	最大功率跟踪
NALJ	National Aerospace Laboratory of Japan	日本国家宇航实验室
NASA	National Aeronautics and Space Administration	美国国家航空航天局
NREL	National Renewable Energy Laboratory	国家再生能源实验室
PEM	Proton Exchange Membrane	质子交换膜
PERC	Passivated Emitter Rear Contact Solar Cells	钝化发射区背面电池
PET	Polyethylene Terephthalate	聚对苯二甲酸乙二醇酯
PI	Polyimide Film	聚酰亚胺
RFC	Regenerative Fuel Cell	再生燃料电池
SAR	Synthetic Apertur Radar	合成孔径雷达
SO	Solid Oxide	固体氧化物
SPF	Stratosphere PlatForm	（日本）平流层平台

SPS	Solar Power Satellite	空间太阳能电站
S³R	Sequential Switching Shunt Regulator	顺序开关分流调节器
S⁴R	Series Sequential Switching Shunt Regulator	串联型顺序开关分流调节器
T/R	Transmitter/Receiver	收/发

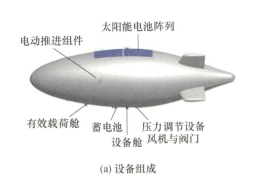

(a) 设备组成

(b) 外形示意图

图 1.2　HAA 总体构型

(a) 牵引近照

(b) 牵引出库

图 1.3　HALE-D 飞艇

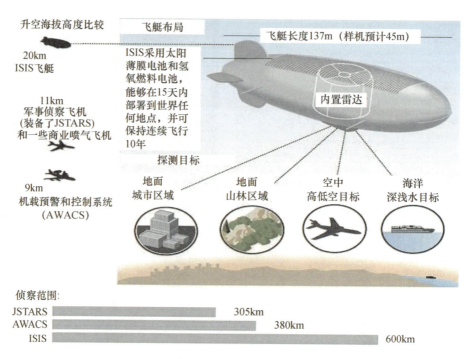

图 1.4　ISIS 飞艇示意图

(a) 整体外形　　　　(b) 地面近照

图 1.6　Ascender 飞艇

(a) 尾部结构

(b) 内部框架

图 1.7　Stratellite 飞艇

(a) SPF-1 飞艇

(b) SPF-2 飞艇

图 1.8　日本 SPF 飞艇

图 1.9　高效相控阵天线的 3D 架构

(a) T/R 组件　　　　　　　　　(b) 接收组件

图 1.10　X 波段片式 T/R 组件(1997 年)与爱立信公司片式接收组件(2005 年)

(a) 高集成 LTCC 天线　　　　　　(b) 贴片单元

图 1.11　LTCC 贴片 4×4 天线

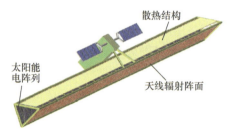
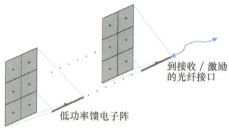

(a) 充气硬化可展开有源透镜天线　　　(b) 局部空间波束馈电结构

图 1.12　充气硬化可展开有源透镜天线及局部空间波束馈电结构示意图

(a) ILC Dover 公司天线　　　　　　(b) L'Garde 公司天线

图 1.13　JPL 与 ILC Dover 公司和 L'Garde 公司
分别开发的 L 波段薄膜阵列天线

(a) 天线整体

(b) 天线局布

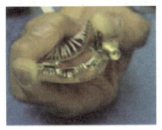
(c) 天线单元模块

图 1.14　JPL 开发的具有 2×4 个单元的 L 波段有源相控阵天线

(a) 天线整体

(b) 天线局部

图 1.15　加拿大研制的薄膜 SAR 天线演示样机

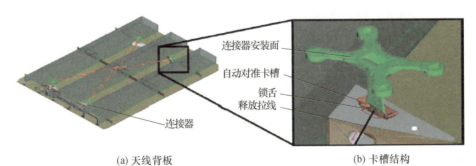
(a) 天线背板　　　　　　　　　　　(b) 卡槽结构

图 1.16　面板背部的卡槽[6]

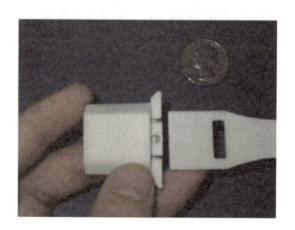

图 1.17 连接器和卡槽[6]

(a) 柔片校直标准工具　　(b) 准备与面板结合的安装柔片

图 1.18 固定位置以及准备与面板结合的柔片[6]

图 1.19 准备安装到任务囊体上的天线面板[6]

图 1.20 安装到任务囊体上的第一个天线面板[6]

(a) 安装好的天线面板

(b) 天线面板间距

图 1.21 安装到任务囊体上的前两个天线面板[6]

图 1.22 热循环试验中的天线面板[6]

(a) 地面满充状态　　　　　　　　　　　(b) 初始上升状态

图 2.2　高空哨兵满充状态及上升状态[1]

(a) 双球　　　　　(b) 三球　　　　　(c) 多球

图 2.3　JP 宇航公司多囊体气球

图 2.4　平流层飞艇技术范畴

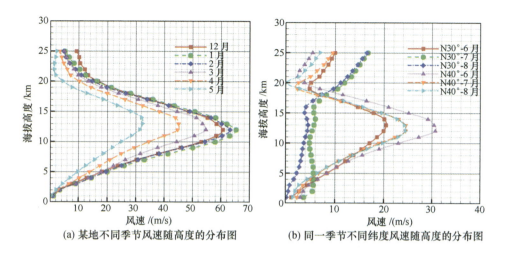

图 2.6 风速随高度分布图

(a) 某地不同季节风速随高度的分布图

(b) 同一季节不同纬度风速随高度的分布图

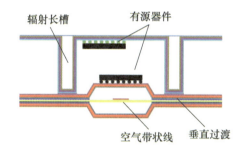

图 2.7 薄膜天线设计

图 2.8 超大阵面与平台结构融合[3]

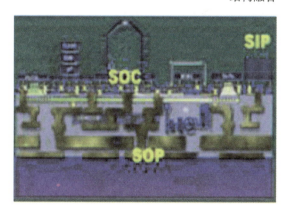

图 2.9 采用微系统技术实现系统级芯片

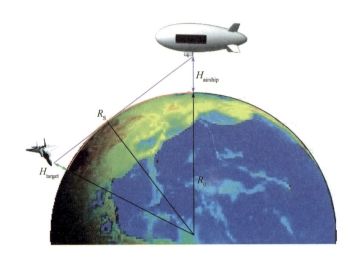

图 2.10 升空高度视距范围

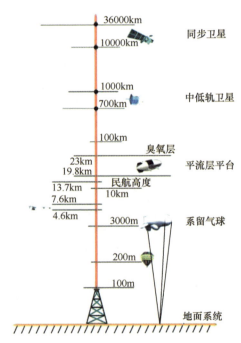

图 2.11 各种雷达在空中的分布

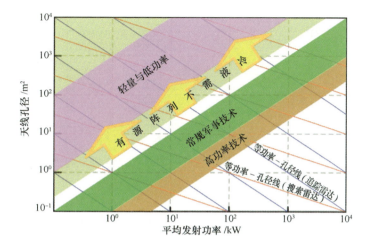

图 2.12　雷达功率孔径[5]

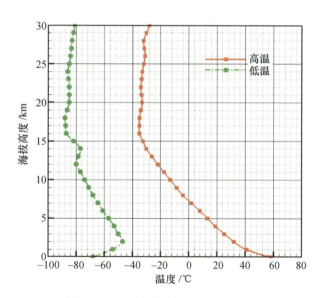

图 3.4　30km 高度范围内大气温度极值

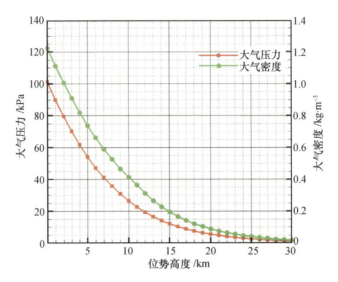

图 3.5 30km 高度范围内大气压力、密度随高度变化曲线

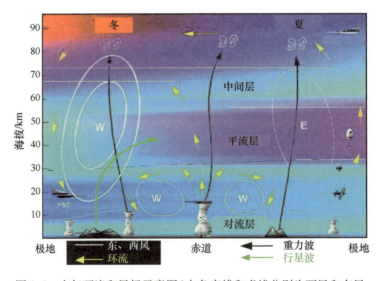

图 3.6 大气环流和风场示意图（白色实线和虚线分别为西风和东风，黄色箭头为环流，黑色和绿色箭头分别为重力波和行星波。图的左侧为冬半球，右侧为夏半球）

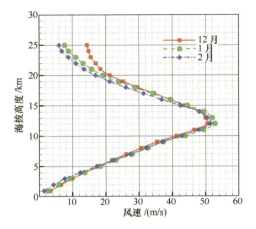

图 3.7　某地冬季 25km 范围内各高度层风速随海拔高度的变化

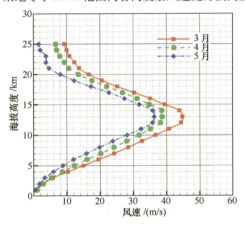

图 3.8　某地春季 25km 范围内各高度层风速随海拔高度变化

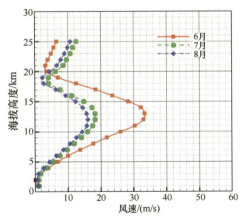

图 3.9　某地夏季 25km 范围内各高度层风速随海拔高度变化

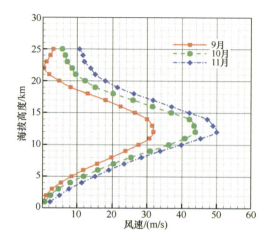

图 3.10 某地秋季 25km 范围内各高度层风速随海拔高度变化

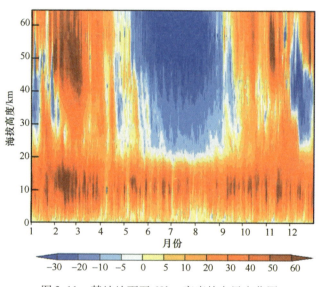

图 3.11 某地地面至 60km 高度纬向风变化图

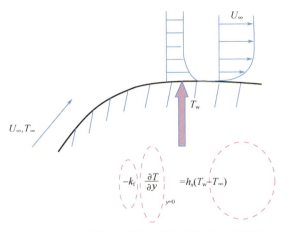

图 3.12　固体表面强迫对流换热基本原理图

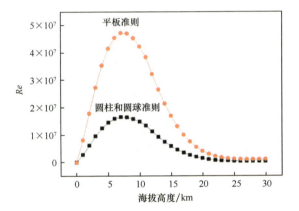

图 3.17　不同准则下飞艇表面平均对流换热雷诺数 Re 随海拔高度变化值

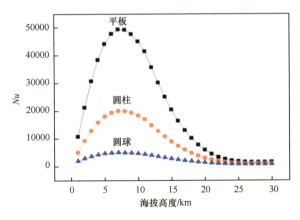

图 3.18　不同准则下飞艇表面平均对流换热准则数 Nu（努塞尔数）随海拔高度变化值

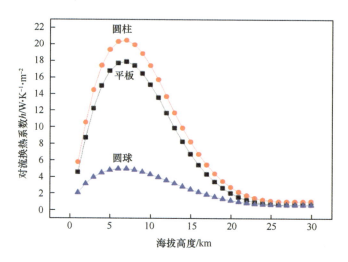

图3.19 不同准则下飞艇表面平均对流换热系数随海拔高度变化值

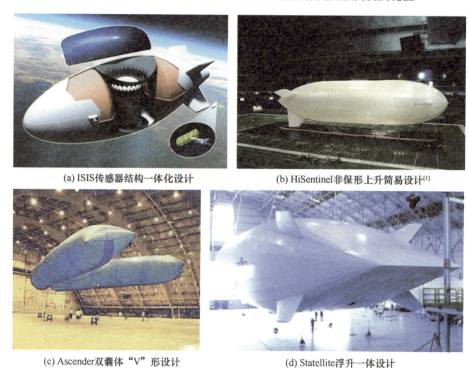

图4.1 各种平流层飞艇概念设计与布局形式

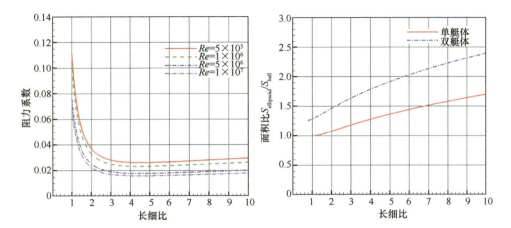

图4.2　根据阻力公式计算不同长细比囊体的零阻系数

图4.3　等体积不同长细比椭球的囊体表面积与球体表面积之比

图4.4　美国JP宇航公司多球体平流层样机

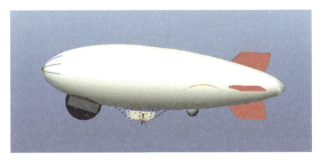

图4.6　载荷外置式、吊舱式布局

图 4.7 载荷与内部气囊共形的一体化形式

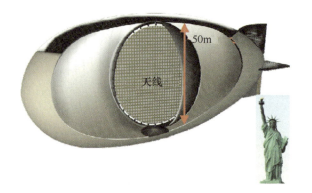

图 4.8 载荷内置旋转阵面形式

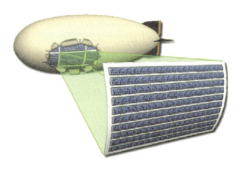

图 4.9 载荷与飞艇表面共形的一体化形式

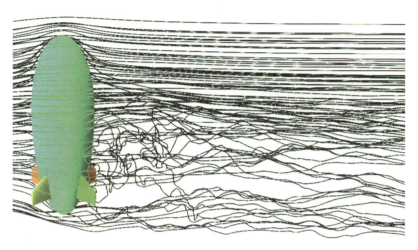

图 5.3　90°迎角飞艇流线

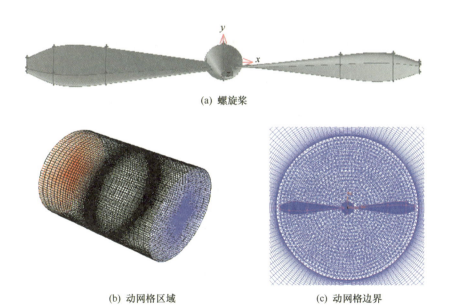

(a) 螺旋桨

(b) 动网格区域　　　　(c) 动网格边界

图 5.6　螺旋桨三维模型及流场网格划分

图 5.8 丝线显示试验

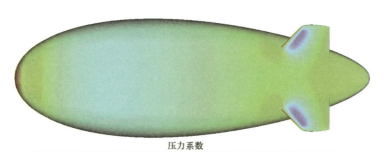

图 5.9 飞艇表面压力系数

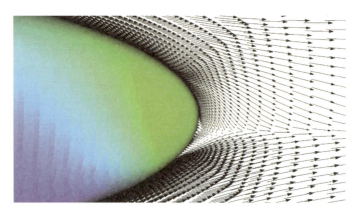

图 5.10 飞艇尾部空间速度矢量图

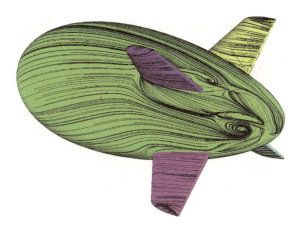

图 5.11 飞艇表面流线

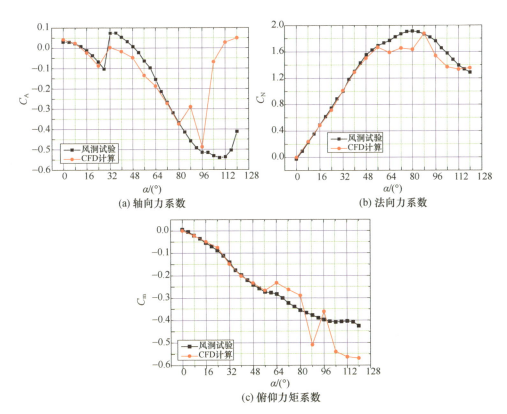

(a) 轴向力系数

(b) 法向力系数

(c) 俯仰力矩系数

图 5.14 大迎角基本纵向气动特性计算

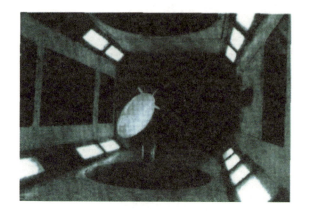

图 5.15　柔性飞艇试验情况

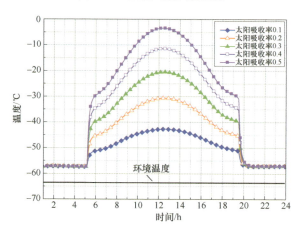

图 6.6　不同太阳辐射吸收率艇内气体温度变化曲线

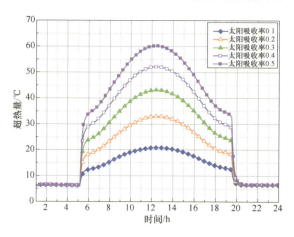

图 6.7　不同太阳辐射吸收率艇内气体超热变化曲线

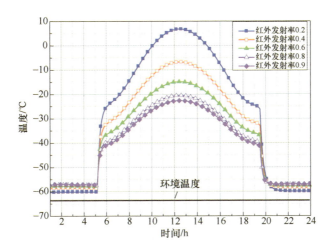

图 6.8 不同长波发射率艇内氦气温度变化曲线

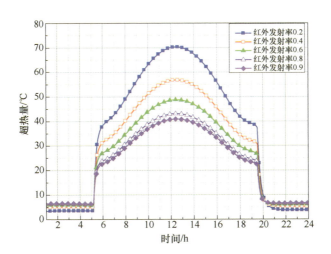

图 6.9 不同长波发射率艇内氦气超热变化曲线

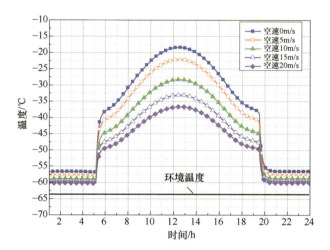

图 6.10　不同空速艇内气体温度变化曲线

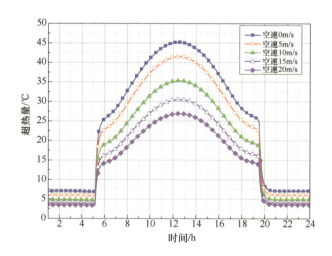

图 6.11　不同空速艇内气体超热变化曲线

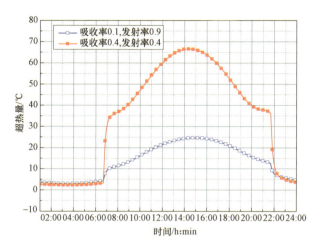

图 6.12 采用不同蒙皮热物性下飞艇超热对比结果

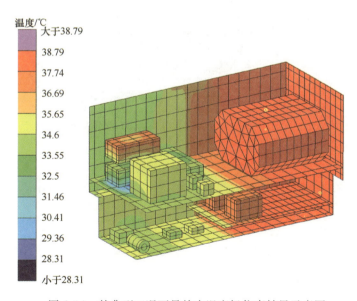

图 6.14 某典型工况下吊舱内温度场仿真结果示意图

图 6.17　薄膜型电加热器

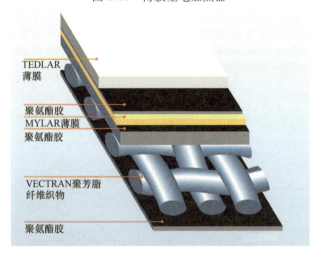

图 7.1　蒙皮材料多层结构示意图

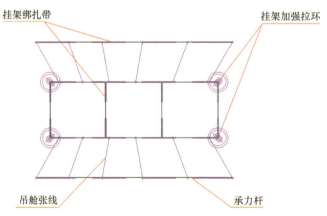

图 7.6　平流层飞艇的吊舱悬挂结构示意图

图 8.1　Spirit of Akron 飞艇

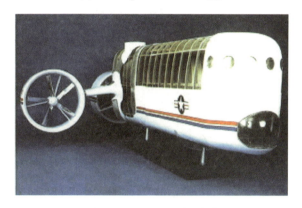

图 8.2　YEZ-2A 飞艇吊舱

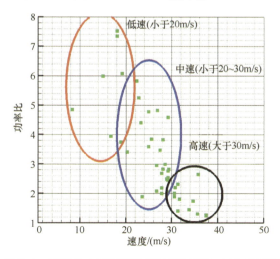

图 8.4　飞艇动力配置特性统计图(低速、中速、高速)

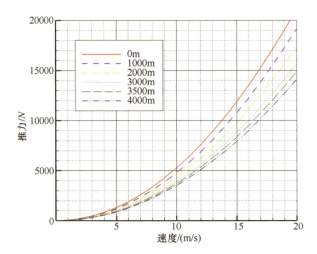

图 8.5　飞艇需用推力、高度与飞行速度的关系

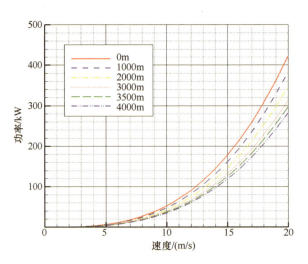

图 8.6　飞艇需用功率、高度与飞行速度的关系

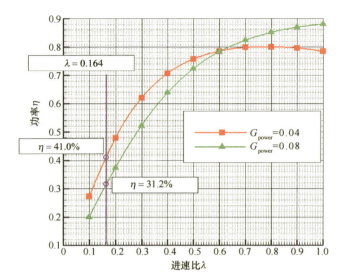

图 8.7　某型变距螺旋桨特性曲线(部分)

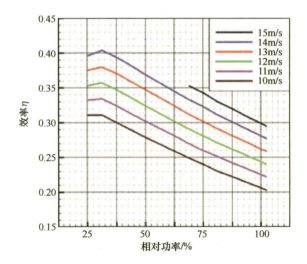

图 8.8　发动机与螺旋桨匹配后的效率、空速与功率的关系

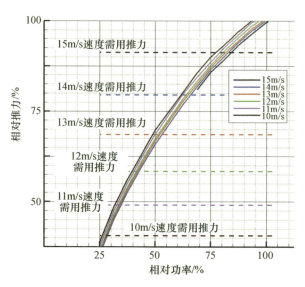

图 8.9 发动机与螺旋桨匹配后不同功率变化下的推力覆盖能力

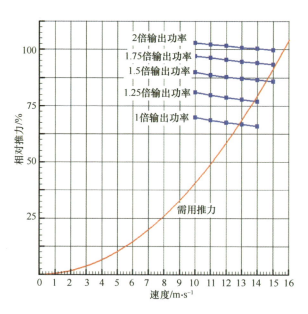

图 8.10 不同功率输出下的飞行速度覆盖能力

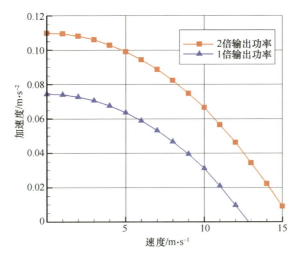

图 8.11　不同功率输出下的加速能力

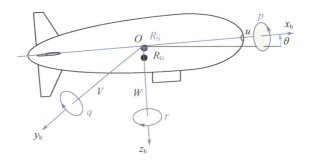

图 9.1　普通构型艇体坐标系

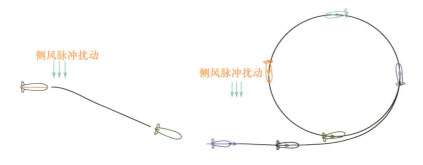

(a) 侧滑稳定飞艇的水平轨迹　　　(b) 侧滑不稳定飞艇的水平轨迹

图 9.4　侧滑模态的扰动响应

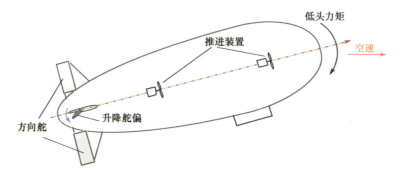

图 9.6 升降舵俯仰操纵示意图

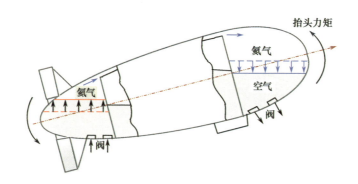

图 9.7 通过（前后副气囊）调整质心进行俯仰操纵示意图

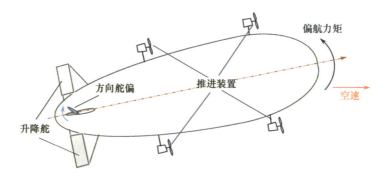

图 9.8 方向舵航向操纵示意图

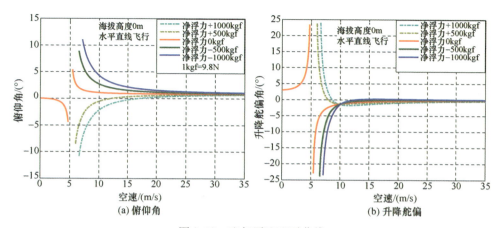

图 9.10 飞艇平飞配平曲线

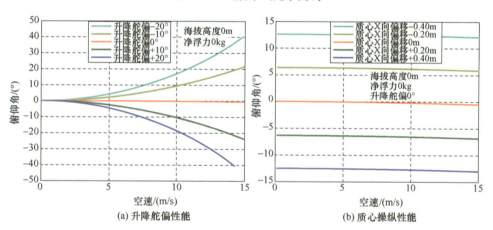

图 9.11 飞艇俯仰配平性能

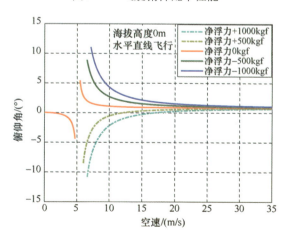

图 9.12 平飞俯仰角-速度曲线

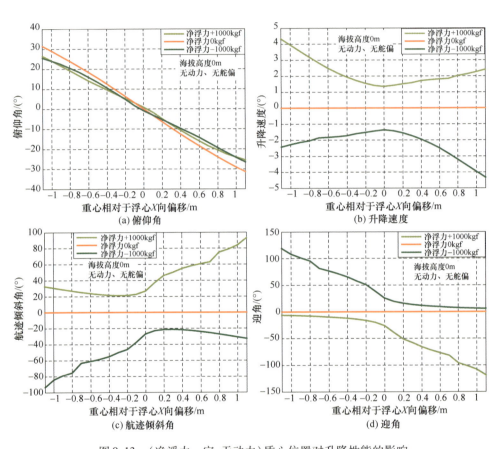

图9.13 （净浮力一定、无动力）质心位置对升降性能的影响

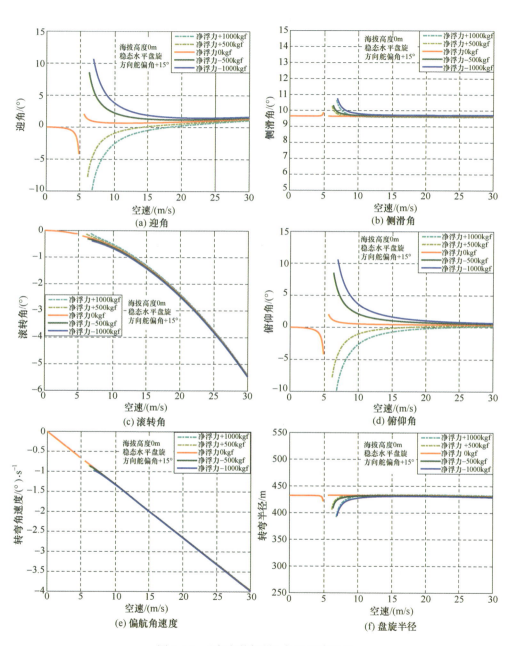

图9.15 （方向舵操纵）水平盘旋性能

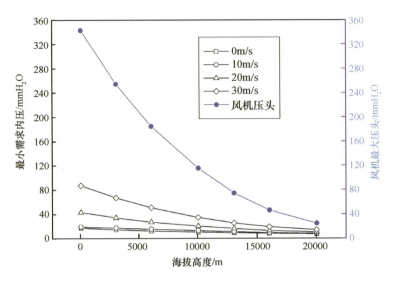

图 10.2 某飞艇在不同高度最小需求内压和风机最大压头对比

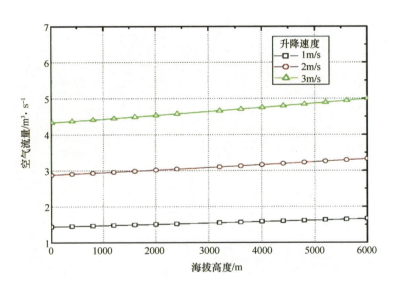

图 10.4 不同高度、不同升降速度下空气囊的空气流量

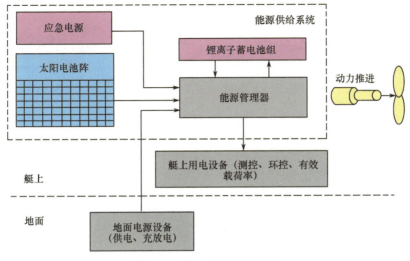

图 11.1　飞艇能源系统框图

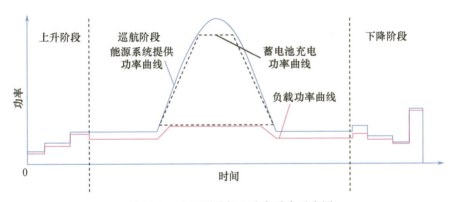

图 11.2　全程覆盖艇上功率需求示意图

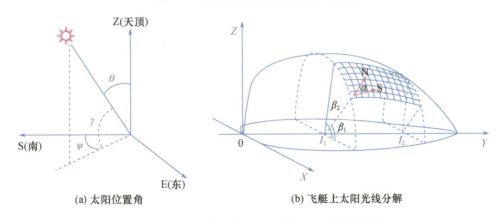

(a) 太阳位置角　　　　(b) 飞艇上太阳光线分解

图 11.3　飞艇接受太阳能辐射通量计算示意图

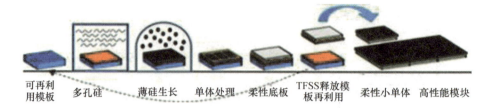

图 11.5　Solexel 公司薄晶硅电池工艺方案

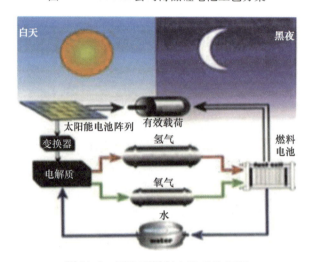

图 11.8　再生型燃料电池系统框图

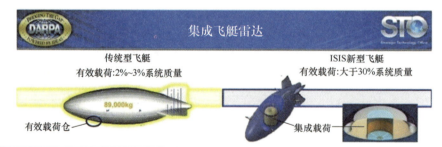

采用技术	DARPA ISIS 成果
船体材料	• 当前囊体材料质量减小 4 倍的同时寿命周期提高 10 倍
有效阵列天线	• 由尺寸提升了性能 • 减除了沉重的功率器件、冷却装置 • 移除的结构:安装于压力容器的操作面板 • 基于低功耗"手机"技术的低功率发射/接收模块
电源系统	• 太阳能再生能源与燃料电池替代传统电池组供能 • 空速:60n mile/h(持续),100n mile/h(短时)

图 11.9　ISIS 飞艇项目技术状态

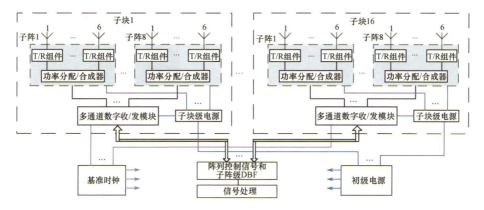

图 12.1　子阵级数字有源相控阵天馈系统基本构成框图

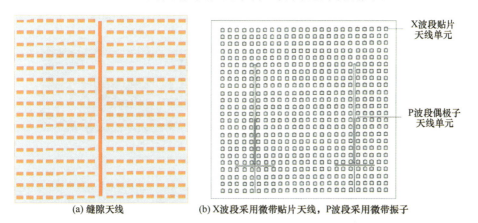

(a) 缝隙天线　　(b) X波段采用微带贴片天线，P波段采用微带振子

图 12.2　两种共口径方式的比较

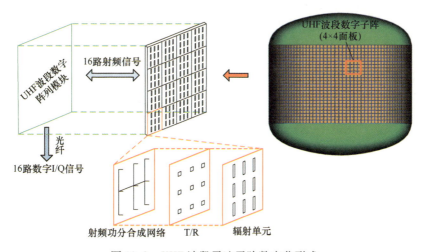

图 12.3　UHF 波段雷达子阵数字化形式

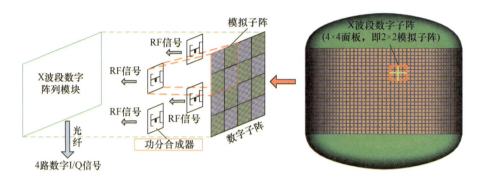

图 12.4　X 波段雷达原理框图

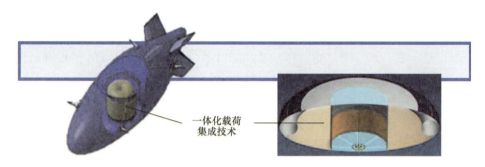

图 12.5　雷达载荷与飞艇平台一体化设计

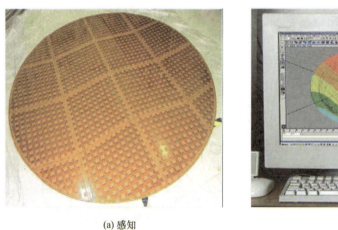
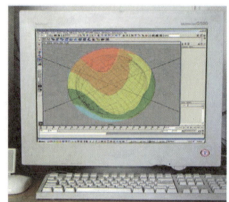

(a) 感知　　　　　　　　　　　　　(b) 补偿

图 12.7　天线阵面形变感知与补偿